学术研究专著·材料科学与工程

碳/碳复合材料 $AlPO_4$ 抗氧化陶瓷涂层研究

曹丽云　王彩薇　黄剑锋
杨文冬　王开通　郝　巍　著

国家自然科学基金(51272146)
国家自然科学基金(51472152)
国家自然科学基金(51672165)
国家自然科学基金(51172134)
陕西省重点科技创新团队基金(2013KCT-06)

西北工业大学出版社
西　安

【内容简介】 本书总结了陕西科技大学曹丽云教授团队近几年关于碳/碳复合材料 $AlPO_4$ 抗氧化陶瓷涂层的研究，针对碳/碳复合材料涂层防氧化技术存在的问题，研究了 $AlPO_4$ 外涂层的制备方法——水热电泳沉积法和脉冲电弧放电沉积法，并在此基础上制备复相涂层，研究其涂层结构和性能影响，对高性能涂层材料的制备具有深刻的指导意义。

本书可作为碳/碳复合材料涂层的制备方法及结构与性能研究的参考资料，同时也可供从事碳/碳复合材料抗氧化研究的科研工作者以及工厂企业的相关人员阅读参考。

图书在版编目(CIP)数据

碳/碳复合材料 $AlPO_4$ 抗氧化陶瓷涂层研究/曹丽云等著. —西安：西北工业大学出版社，2017.12
(学术研究专著·材料科学与工程)
ISBN 978-7-5612-5780-7

Ⅰ.①碳… Ⅱ.①曹… Ⅲ.①碳/碳复合材料—氮化物陶瓷—抗氧化涂层—研究 Ⅳ.①TQ174.75

中国版本图书馆 CIP 数据核字(2017)第 311646 号

策划编辑： 雷　军
责任编辑： 张珊珊

出版发行： 西北工业大学出版社
通信地址： 西安市友谊西路 127 号　　邮编：710072
电　　话： (029)88493844　88491757
网　　址： www.nwpup.com
印 刷 者： 陕西向阳印务有限公司
开　　本： 787 mm×1 092 mm　1/16
印　　张： 10.125
字　　数： 243 千字
版　　次： 2017 年 12 月第 1 版　2017 年 12 月第 1 次印刷
定　　价： 42.00 元

前　　言

碳/碳复合材料是当前世界各国重点发展和研究的关键材料之一，它有许多优良的性能，如密度低、质量轻、摩擦因数小、耐磨损等，在高技术领域占有重要的地位。传统的碳/碳复合材料涂层制备工艺(如固渗法、化学气相沉积法、熔浆法等)，由于步骤繁琐且涂层结构不均一，已经不能满足生产需求。本书中介绍了两种新方法：水热电泳沉积法和脉冲电弧放电沉积法。

水热电泳沉积法通过控制温度形成特殊的水热环境，利用电泳沉积固体颗粒的优点和线性直流稳压稳流的电源形成的阴阳电场，带正电的微粒朝阴极试样上移动，经过多次沉积，形成外貌均一、性能优良的固体膜。其优点是制备温度低、生产成本低以及不必进行后期高温的煅烧处理。

脉冲电弧放电沉积法其特点是将脉冲技术和电弧放电技术应用于电泳沉积过程中，在脉冲功能下，涂层周期性沉积，并且伴随阴阳两极间的电弧放电烧结过程，使沉积在基体表面的荷电颗粒高效沉积，从而成功获得均匀致密且结晶性较好的涂层。

通过近几年的研究，笔者对碳/碳复合材料 $AlPO_4$ 抗氧化陶瓷涂层的新型制备工艺有了更加全面和清晰的认识。本书系统地总结了陕西科技大学曹丽云教授团队关于碳/碳复合材料 $AlPO_4$ 抗氧化陶瓷涂层的研究成果。本书第1～7章由曹丽云教授撰写，其余作者对图表编辑、内容审定等做了大量工作。

全书内容主要包括碳/碳复合材料简介、碳/碳复合材料的防氧化技术、$C-AlPO_4$ 外涂层简介、水热电泳沉积法和脉冲电弧放电沉积法制备 $C-AlPO_4$ 外涂层、水热电泳沉积法和脉冲电弧放电沉积法制备以 $AlPO_4$ 外涂层为基础的复相外涂层等。

在此特别感谢为本书撰写提供帮助的硕士杨文冬、王开通、郝巍，同时也对本书写作中曾参阅的文献资料的作者表示衷心的感谢。此外，感谢国家自然科学基金(51272146，51472152，51672165，51172134)和陕西省重点科技创新团队基金(2013KCT-06)的大力支持！

本书的内容力求安排合理、概念清晰、逻辑性强、通俗易懂，便于自学。由于水平有限，书中难免会有一些不足之处，真诚希望得到广大读者的批评指正。

曹丽云
于陕西科技大学
2017年8月

目　　录

第1章 引 论

1.1 碳/碳复合材料简介

碳/碳复合材料(即C/C复合材料)的成分仅为碳元素,由于其兼具石墨和其他碳材料的特点,具有导热性高、CTE低以及热冲击性能高等特性,在航空、航天、生物医药等领域得到了广泛的应用[1-5]。

C/C复合材料具有十分优异的综合性能,但也有不足之处,其在高温有氧环境表现出较差的抗氧化性能,即在空气中370℃就会开始氧化,且在超过500℃后,其氧化速度会随着温度的增加而急剧增加,大大削弱其高温性能。因此,高温下保护C/C基体对于提高应用领域意义重大[6-8]。关于C/C基体的氧化保护研究,在各大科研机构迅速展开,取得了不同程度的进展。随着我国科技力量的壮大,我们探索的领域在快速拓展,对于性能优良的新型材料需求甚多,尤其是近几年发展起来的C/C复合材料。因此,我们需要进一步优化保护C/C材料的防氧化技术并开辟新的抗氧化涂层系统[9]。

1.1.1 C/C复合材料的发展概况

C/C复合材料是世界各个国家重点发展和研究的关键材料之一[10]。美国研究人员偶然在实验过程中,实验操作失误导致酚醛基热解成为碳基体,得到了具优异性能的复合型材料[11-14]。

最初发展速度比较缓慢,到了20世纪60年代末,C/C复合材料才正式发展为材料体系中的一员;从60年代末70年代初开始,欧美国家通过大力发展和研究,开发了许多具有优异性能复合材料的制备技术,大范围地提高了生产的效率和应用的空间[15];80年代以来,C/C复合材料的发展进入了一个更高的层次,经济发达国家如日本、俄罗斯等也纷纷加入到这一领域,在致密化工艺和优化性能等方面取得了较大的进步。C/C复合材料已成为当今的热门新型材料之一[5,16-17]。

1.1.2 C/C复合材料的性能及应用

C/C复合材料有许多优良的性能,在高技术领域占有重要的地位。其密度低,因而质量很轻,摩擦因数小,因而具备耐磨损的优势,根据其以上特点,科研工作者经过研究和实际应用,将其应用到飞机和汽车的刹车系统上,如今以碳/碳复合材料为原料的刹车片已大范围运用于大型客机[18];制造的飞行器系统中的刹车片不仅质量大幅度减轻,而且超级耐磨，驾驶人员操作起来简单平稳，遇到紧急情况需要制动时，刹车片可以承受住制动过程中产生的热量。另外，相比于钢制刹车片，碳刹车片的使用寿命较长，这样可以较大程度节省费用[19-22]。因其高温下耐烧蚀、强度和模量高的特点，C/C 复合材料可以运用于高标准的器件中，并能服务于恶劣的烧蚀的领域，如中国长征系列火箭、东风系列导弹系统的喷管、喉衬部件上，中国制造的神舟系列飞船的耐热结构材料[23-27]。优异的生物相容性与潜在的力学相容性使 C/C 复合材料在生物医药方面也具有很好的应用前景[28-32]：C/C 复合材料制成的骨盘、骨夹板和骨针已有临床应用，用其制成的中耳修复、人工齿根也有研究报道。

1.2 C/C 复合材料的氧化过程及特点

C/C 复合材料的氧化过程[33-34]是一个非碳化的多相反应。同其他碳材料一样，C/C 复合材料中存在一系列的晶格缺陷，或碳化、石墨化过程中产生的内应力，以及杂质的存在使得 C/C 复合材料中存在一些活性点部位。这些活性点部位易吸附空气中的氧气，并且在温度高于 370℃时开始发生氧化反应，生成 CO 和 CO_2（见式(1-1)，式(1-2)），即使在极低的氧分压下，也具有很大的吉布斯(Gibbs)自由能差，驱动反应快速进行，其氧化速度与氧分压成正比。

$$2C+O_2 = 2CO \tag{1-1}$$

$$2CO+O_2 = 2CO_2 \tag{1-2}$$

C/C 复合材料的氧化过程可简述如下：①反应气体沿着碳材料表面传递；②反应气体吸附在碳材料表面；③在材料表面进行氧化反应；④氧化反应生成的气体产物的脱附；⑤生成的气体产物反向传输进入到环境中去。因为 C/C 复合材料是多孔材料，在外部表面没有反应完的气体通过气孔扩散到材料内部，气体一边扩散到材料内部，一边和气孔壁上的碳原子反应。在低温下（400℃左右），气孔内的扩散速度比反应速度大得多，整个试样均匀地起反应；随着温度地升高（450～650℃），碳的氧化反应速度加快，因反应气体在气孔入口附近消耗得多，故试样内部的反应量减少。温度进一步升高（650℃），反应速度进一步增大，则反应气体在表面就消耗完了，气孔内已经不能起反应。也就是说，纤维/基体界面的高能和活性区域或孔洞是 C/C 复合材料中优先氧化的区域，所产生的烧蚀裂纹不断扩大并向材料内部延伸，并产生表面氧化。随后的氧化部位依次为纤维轴向表面、纤维末端和纤维内芯层间各向异性碳基体、各向同性碳基体。C/C 复合材料的氧化失效是由于氧化对纤维/基体界面的破坏及纤维强度的降低，形成大量的热损伤裂纹，并不断扩展，引起材料结构的破坏。C/C 复合材料的氧化过程在一定程度上还受到纤维及基体类型、编织方式、热处理温度、杂质含量和石墨化程度的影响。不同的工艺制备出的 C/C 复合材料的氧化性能也不同。

1.3 C/C 复合材料的防氧化技术

C/C 复合材料的防氧化途径主要有两种:①改性技术,其主要目的是使得 C/C 基体本身能够耐氧化;②涂层技术,其本质是利用高温涂层隔离氧和 C/C 基体来达到防氧化的目的。

1.3.1 C/C 复合材料的基体改性技术

C/C 复合材料的基体改性技术主要有以下几种方式。

1. 碳纤维改性

S. Labruquere 等[35]研究表明,碳/碳复合材料的氧化过程首先发生在碳基体/碳纤维界面,氧气通过不紧密的界面间隙进入材料内部,氧化碳纤维。根据这个思路得知,对碳纤维进行抗氧化改性能够在一定程度上对碳/碳复合材料进行保护,减小其氧化速率。他们采用 CVD 技术在碳纤维上沉积 Si－B－C 膜,再利用 CVI 技术制得 C/Si－B－C/C 复合材料,抗氧化测试结果表明该复合材料表面和界面处形成一种玻璃态化合物,有效抑制了界面处的氧化。T. M. Keller 等[36]在碳纤维表面多次涂敷有机硅硼基聚合物,经过低温预处理后,碳纤维表面沉积的聚合物涂层能够在 600℃的氧化气氛下有效保护碳纤维。除在碳纤维表面涂敷涂层外,对碳纤维表面进行气相处理同样可以在一定程度上提高其抗氧化性能。Y. Suzuki 等[37]用臭氧处理碳纤维和碳基体,表面处理加强了纤维和基体的界面结合,使材料的抗氧化性能大幅度提高。文献[38]的研究结果表明,臭氧处理碳纤维不仅增加了羰基官能团的数目,而且使纤维表面变得光滑,石墨化程度提高,纤维的润湿性也得到很大改善,这些都有利于材料抗氧化性能的提高。

2. 液相浸渍法

由于成型、烧结工艺因素等原因,碳/碳复合材料基体中不可避免地存在着许多气孔和微裂纹,这些结构缺陷的存在不仅增加了材料的比表面积,使氧化反应的活化点增多,而且为氧扩散到材料内部提供了通道。因此采用含有阻氧成分的溶液浸渍碳/碳基体,填充这些缺陷位,并在材料表面形成一层很薄的覆盖层,减少了氧化反应活化点,有效地提高材料的抗氧化性能。T. Sogabe 等[39]将碳/碳复合材料在 1 200℃的熔融 B_2O_3 中高压浸渍,在 800℃的静态氧化气氛下可以对材料有效保护 24 h,材料的氧化质量损失仅为 2.5%。而 2.5%的氧化质量损失据分析是由于浸渍过量的 B_2O_3 挥发引起的。因此,可以通过优化工艺参数控制 B_2O_3 的渗透量来减小氧化失重。W. M. Lu 等[40]将臭氧处理的多晶石墨浸入磷酸和氢氧化铝配成的溶液中,在 150℃保温 10 h,经过后期处理,不仅在材料的内孔隙,而且在材料表面形成了耐烧蚀的 $\alpha-Al(PO_3)_3$层,可以在 1 250℃的静态空气中对材料进行短时间保护。刘重德等[41]采用磷酸无机高分子复合盐浸渍处理一种本身抗氧化的碳/碳复合材料,改性后的材料在 650℃静态空气中氧化 65 h 后,质量损失仅为 5%。易茂中等[42]用磷酸、正硅酸乙酯、硼酸的单独或者混合液＋改性剂＋活化剂对碳/碳刹车副进行浸涂处理，使碳/碳复合材料的起始氧化温度提高了近200℃。

浸渍法是一种相对简单、快速的碳/碳复合材料基体改性方法，并且对材料的力学性能影响较小，但氧化抑制剂在较高温度便迅速挥发，导致氧化保护失效。因此，该方法只适用于在1 000℃以下温度保护碳/碳复合材料。

3.添加剂法

添加剂法是指在材料合成时通过共球磨或共沉淀等方法将氧化抑制剂或前驱体弥散到基体碳的前驱体中，共同成型为碳/碳复合材料。这些添加剂主要包括B,Si,Ti,Zr,Mo,Hf,Cr的氧化物、碳化物、氮化物、硼化物等，也可能是它们的有机烷类。它们提高碳/碳复合材料抗氧化性能的机理大致为，添加剂或者添加剂与碳反应的生成物与氧的亲和力大于碳和氧的亲和力，在高温优先于碳被氧化，反应产物不与氧反应，或高温反应形成高温黏度小、流动性好的玻璃相，不仅填充材料中的孔隙和微裂纹，使材料结构更加致密，而且在材料表面形成一层致密的化学阻挡层，减少材料表面的氧化反应活性点数目，阻止氧气和反应产物扩散到材料内部。McKee等[43]在合成碳/碳复合材料时加入ZrB_2，B,BC_4等氧化抑制剂粒子，高温下材料表面形成的氧气阻挡层可以在800℃以下温度段对材料进行有效保护。随着温度升高，水蒸气的存在导致氧化硼玻璃相快速挥发，氧化保护失效[44-45]。研究表明，SiO_2的存在则可以一定程度上稳定高温B_2O_3，使材料的抗氧化温度提高，达到中温段抗氧化。为此，刘其城等[46]在没有黏结剂的情况下，以石油生焦作碳源，掺入了B_4C和SiC两种氧化抑制剂模压成碳/碳复合材料。成型试样在1 200℃温度下氧化2 h后失重小于2%，而在1 100℃以下温度氧化10 h，失重均小于1%。

氧化抑制剂的添加可以极大地提高碳/碳复合材料的抗氧化性能。但是，氧化抑制剂的加入是以降低材料的力学性能为代价的。加入量过多就会使复合材料的力学性能明显下降，尤其是在较高温度条件下使用的碳/碳复合材料不允许加入过多低熔点异相物质；而加入量太少，不足以形成满足要求的玻璃层，起不到完全隔离氧扩散进入碳/碳复合材料基体的作用。因此，根据材料的用途来控制添加剂的量也成为制备碳/碳材料的一个重点。

4.溶剂热法

溶剂热法是近年来一种用于制备材料的新工艺，在材料科学和合成化学、化工领域被广泛用来制备无机纳米材料、有机聚合物和在常温条件下难以甚至无法制备出来的一些新材料。黄剑锋[47]等首次采用溶剂热法对碳/碳复合材料基体进行改性，使复合材料在低温下的抗氧化性能大幅度提高。其主要原理是溶剂热过程中形成的高温、高压超临界环境下的流体具有很强的运送能力，将液相中的氧化抑制粒子在一定温度和压力下，通过扩散、溶解和反应等物理化学作用运送到基体内部，填充基体的孔隙，阻止氧与碳基体反应，保护整个碳/碳复合材料。这种方法的优点是工艺控制简单，原料价格低廉，反应温度低，而且生成的抗氧化前驱体和基体的高温热匹配性能好，对材料的力学性能几乎没有影响。

5. 微波水热法

微波水热法是在微波法和水热法基础上发展起来的一种新的材料制备技术。这种技术独特之处就在于其采用的不是普通的加热方式，而是用微波对水热体系直接进行加热，不仅利用了微波选择性加热，加热速度快、均匀，没有温度梯度的独特优点，可以大大缩短反应时间，提高反应效率。同时，将水热反应温度低，反应过程中气-液-固相扩散、传质速度快、渗透能力强等特点结合起来，克服了普通水热反应时间过长的缺点，节约了成本。由于其操作工艺简单，是一种很好的碳/碳复合材料基体抗氧化改性方法。将电沉积和此方法结合起来，还可以制备出抗氧化性能很好的涂层材料[48]。

6. 超声水热法

超声水热法是近年来发展起来的一种将超声化学法与水热法结合起来制备材料的新工艺。其基本原理是利用超声波空化作用形成的持续高温、高压迅速分散、溶解反应物，加速化学反应，缩短反应时间。同时，利用水热过程中超临界流体强的运送、扩散等优点。因此，可以通过这种方法可以促进氧化抑制剂快速、均匀地渗入碳/碳复合材料。该工艺的优点是反应温度低，设备简单，反应时间短，效率高。笔者所在的课题组已在该方面开展了初步的研究工作[49]。

1.3.2 C/C 复合材料的防氧化涂层技术

1.3.2.1 防氧化涂层的特性

由于改性技术不能完全使 C/C 复合材料与氧隔离，因而防氧化温度和寿命都是有限的。通过改性技术得到的 C/C 复合材料工作温度一般不超过 1 000℃。要使 C/C 复合材料能在高温氧化气氛下长期、可靠地工作，并能承受从室温至高温的热冲击，必须依靠涂层技术来防氧化。

设计可靠的、有效的、长时间的高温抗氧化涂层必须具有以下特性：

(1)涂层材料的熔点要高，与 C/C 复合材料要有适当的热匹配，以避免涂覆和使用时因热循环造成的热应力引起涂层剥落；

(2)氧的扩散渗透率要低，涂层系统必须能够有效阻止氧向内侵入，在高温氧化环境中阻止各种氧化性物质向基体内部扩散；

(3)涂层与 C/C 复合材料的界面必须保证机械和化学相容性。在升、降温过程中，界面间不能互相生成一些不需要的相或相变；

(4)能够阻止基体碳向外扩散，另外涂层与基体要有适当的黏附性；

(5)涂层必须具有低的挥发性，避免高温下自行退化和防止在高速气流中很快被烧蚀；

(6)涂层要尽可能承受一定的压力和冲击力且同时涂层具有良好的耐腐蚀性能。

1.3.2.2 防氧化涂层体系

一、硅基陶瓷涂层

硅基陶瓷涂层是目前研究最深入,发展最成熟的抗氧化涂层体系。它的抗氧化机理是通过在材料表面合成 Si 基陶瓷化合物涂层,其中所含的硅化物先与氧反应,生成氧化硅,形成保护层,阻止材料中的碳结构进一步与氧反应,从而达到抗氧化的目的。

1.单层硅基陶瓷涂层

单层涂层分为单相涂层和复相多组元涂层。其中单相涂层往往很难实现 C/C 复合材料的全温度防氧化保护,而复相多组元涂层可以封闭氧化通道的产生。复相涂层通常是利用可以生成硅氧化合物的硅化物(如 WSi_2,$MoSi_2$ 和 $HfSi_2$)与热膨胀系数较小的陶瓷材料混合作为涂层材料。A. Joshi 等[50]在 Si-Hf-Cr 单层涂层的基础上,利用石墨颗粒与涂层中所含的 Si 原位反应,将 SiC 颗粒均匀地弥散在 Si-Hf-Cr 熔浆涂层中,研究表明,SiC 颗粒起到细化晶粒,阻止裂纹扩展的作用,从而提高了涂层的抗氧化性能。李贺军等[51]利用 SiC 晶须增韧 Si-SiC 涂层,研究发现,在硅化物涂层中引入一定量的 SiC 晶须,可改善涂层的微观结构,提高涂层的抗氧化能力。

2.双层硅基陶瓷涂层

双层涂层,内层一般选用硅基非氧化物作为阻挡层,外层选用高温玻璃作为封填层。阻挡层不仅阻挡氧化气体的渗入,还可以阻挡碳向外扩散。但是阻挡层涂层材料与 C/C 复合材料的热膨胀系数不可能完全匹配,由此产生的热应力使涂层内部出现了裂纹,裂纹成为氧扩散的通道,氧与 C/C 复合材料接触发生氧化反应,所以对涂层中的裂纹进行封填是必要的。SiC 与 C/C 基体良好的物理化学相容性,因此目前大多采用 SiC 作为双层涂层的内涂层,密封层则选用可以愈合 SiC 涂层的裂纹和孔隙的高温玻璃、高温合金和耐火氧化物等。

曾燮榕等[52-53]利用包埋法和浸渍法制备 $MoSi_2$-SiC/玻璃复合涂层系统。实验表明:该涂层在 1 500℃和 1 600℃高温氧化中表现出优异的抗氧化性能。这主要归因于 $MoSi_2$/SiC 相界面可以降低裂纹尖端的应力集中,又使裂纹优先沿相界面扩展,裂纹扩展路径曲折,不易形成穿透裂纹。

3.多层硅基陶瓷涂层

Yaocan Zhu 等[54]利用渗硅技术制得的(SiC/Si_3N_4)/C 功能梯度涂层,使 C/C 复合材料在 1 550℃氧化 20h 后失重仅为 0.25%。由于 Si_3N_4 拥有与 SiC 相当的耐火性能,而且其热膨胀系数小于 SiC,因此更好地解决了涂层与材料之间热膨胀系数不匹配的矛盾,提高了涂层的抗氧化能力。

黄剑锋、曾燮榕等[55]采用包埋法制备了含有莫来石,Al_4SiC_4,SiC,Al_2O_3 等的多组分复合涂层。研究表明,此涂层体系可以在 1 500℃有效保护碳/碳复合材料 41 h,氧化失重小于 2%,并表现出了优异的抗热震性能。利用上述的第二种多组分涂层形成原理,黄剑锋等[56]还采用二次固渗法制备了 SiC－Al_2O_3－莫来石涂层，其在 1 600℃下能有效保护碳/碳复合材料 80 h，氧化失重小于 2.3%。

黄剑锋等[57]利用原位形成法制备 SiC/硅酸钇/玻璃复合涂层，该涂层结构致密，能在 1 600℃下对碳/碳复合材料有效保护达 202 h，涂层试样的氧化失重小于 0.7%。

二、玻璃涂层

由于以硅化物为主要成分的陶瓷涂层与 C/C 复合材料的热膨胀系数依然存在差异，因此，在高温下涂层所产生的裂纹为氧气的扩散提供了通道，使得该类涂层的抗氧化性能减低并最终失效。玻璃涂层可以解决此类缺陷，能在高温下愈合涂层中的裂纹。

1. 硼酸盐玻璃涂层

B_2O_3为硼酸盐玻璃的主要熔体成分。然而在室温条件下，B_2O_3对潮湿环境表现出高敏感性及高挥发性，另外随着温度的升高其润湿性也减低。这些特点都大大地限制了硼酸盐玻璃涂层的抗氧化作用，使其在 1 000℃以上的有氧环境里失效。

考虑到以上性能难题，研究者们对 B_2O_3涂层进行了改善，使其发挥更好的抗氧化功效。在 C/C－SiC 基体材料表面，制备金属氧化物（Na_2O，K_2O，Al_2O_3，CaO 等）及碳化硼封填层，通过在高温过程中成分的相互反应生成金属硼化物，涂层的抗氧化温度可达 1 100℃。

高温下 B_4C－SiC 玻璃涂层体系中，由于 B_4C 及 SiC 会与氧反应，因而可以形成稳定 B_2O_3－SiO_2二元体系。该体系通过 B_2O_3的流动性可以携带 SiO_2对内层的裂纹进行愈合，形成致密的阻氧屏障，掩蔽 C/C 复合材料表面氧化活性点，提高涂层的抗氧化性能。其有效防护温度可以达到 1 200℃。

Federico Smeacetto 等[58]在 C/C－SiC 涂层表面制备了双层结构硼酸盐玻璃，该试样在 1 300℃的条件下具有很好的抗氧化性能。

2. 磷酸盐玻璃涂层

磷酸盐是一种新型的无机黏结剂，具有无味、无毒以及良好的高温性能等优点。磷酸铝、磷酸钙、磷酸钡等磷酸盐作为玻璃形成体通过相互结合可获得所需性能的玻璃。稳定的磷酸盐玻璃中重要的组分为磷酸铝，结构以[PO_4^{3-}]网络为基础。

磷酸盐涂层具有较强的黏结能力，固化后生成的产物与涂层粉料及基体有着良好的相容性。磷酸盐系列的胶结理论可分为两种：①薄膜胶结理论。通过受热，酸式磷酸盐生成一层薄膜包裹住周围的颗粒，从而使颗粒黏结在一起；②无机聚合理论。通过受热，酸式磷酸盐发生聚合作用生成链状分子，形成玻璃态而使颗粒黏结。

相比于其他涂层，磷酸盐涂层原材料价格低廉，涂刷工艺简便，并且适用于飞机碳刹车盘的工作温度范围，因而在飞机碳刹车盘非摩擦面的防氧化研究领域受到重视。

磷酸盐涂层系统具有良好的致密性与结合性，其抗氧化性能和抗热震性能均较好。磷酸盐能够润湿 C/C 复合材料基体，将其涂层浆料充分地铺展在 C/C 表面，从而可以封填住 C/C 表面的孔洞等缺陷，降低基体材料的氧化活性点及热膨胀失配。另外，磷酸通过受热脱水会产生P_4O_{10}。P_4O_{10}的结构为磷氧相互交联的网络架状，因而当其附着在C/C复合材料内孔表面时会形成一层薄的内孔涂层。当环境中的氧通过外涂层或涂层裂纹渗入，这种P-O网状结构内涂层会起阻挡作用，因而使材料无法发生氧化，而且P_4O_{10}在一定温度下会沿着氧分子向涂层内扩散的通道反向逐渐逸出，这也加强了涂层系统的抗氧化能力。

目前国内部分科研机构在磷酸盐涂层的相关理论及实验研究方面取得了较大的进展，主要集中于飞机碳刹车盘的抗氧化防护。

华兴航空机轮公司杨尊社等[59]以磷酸和金属磷酸盐为主料，以硼酸和酸溶性金属氧化物为辅料，再加入少量磷酸盐改性剂，采用溶胶-凝胶工艺，在C/C复合材料试样上制备了磷酸盐涂层。该涂层试样在温度710℃，空气流量为200 mL/min的双管式炉管内氧化24 h后，失重率为4.7%。涂层试样经710℃，2 min→室温，3 min循环50次，850℃，2 min→室温，3 min循环5次，1 100℃，2 min→室温，3 min循环3次的热震试验后，失重率为0.58%。

中南大学刘槟等[60]以磷酸、磷酸盐等为原料研制的多组分涂层在900℃氧化10 h后，失重率为10.37%。

西北工业大学超高温复合材料重点实验室C/C复合材料研究中心对磷酸盐涂层也进行了大量的研究。他们选用不同的原材料制备了两种磷酸盐涂层[61]。其中，以氧化铝、氧化硼、磷酸铝以及几种酸性氧化物为涂料制备所得的Ⅰ型磷酸盐涂层在静态空气中经650℃氧化30 h后失重率为1.2%；经800℃氧化8 h后失重率为7.07%。以氧化硼、氧化硅以及几种磷酸盐为涂料制备所得的Ⅱ型磷酸盐涂层在700℃下氧化66 h后失重率为1.11%；900℃，3 min→室温，2 min急冷急热于10 h内循环100次后失重率为1.6%。在氧化实验过程中，Ⅱ型磷酸盐涂层与基体结合牢固，一直保持完好，没有发生剥落，说明该涂料具有耐高温、热稳定型好的优点，适合作为C/C复合材料表面防氧化涂层。

西安航天复合材料研究所超码科技有限公司薛宁娟等[62]研制了一种以磷酸、磷酸盐、硼化物等为原材料的磷酸盐涂层，对其抗氧化性能及表面微观形貌进行了研究。结果表明：650℃烧结的涂层氧化防护性能明显优于900℃烧结的；在700℃氧化30 h后，最小氧化失重率仅为1.76%，氧化后涂层仍然保持完整致密，经过900℃，3 min→室温，2 min循环30次和1 100℃，3 min→室温，2 min循环10次的连续热震后，失重率为1.97%，涂层与C/C基体结合良好，涂层的热性能稳定。

1.3.2.3 C/C复合材料表面防氧化涂层制备技术

1.包埋法

包埋法制备涂层的基本原理是把C/C复合材料包裹在欲包埋粉料里，在一定温度下经热处理，通过包埋粉料与试样表面发生复杂的物理化学反应而形成涂层。含硅涂层或向基体中渗硅都采用此法[63-64]。

包埋法与其他方法相比，优点在于：①过程简单；②从欲成形到最终产品，尺寸变化小；③对任何纤维增强结构都适用；④涂层与基体间能形成一定的成分梯度，与基体结合良好。缺点在于:①高温下容易发生化学反应使纤维受损,影响基体的力学性能;②涂层均匀性很难控制。

2.化学气相沉积法

化学气相沉积法是制备C/C复合材料抗氧化涂层的重要方法之一。其涂层材料是以化合物的方式引入沉积炉内,在一定温度、压力下,各种原料经过分解、合成、扩散、吸附、解吸,在C/C复合材料基体表面形成涂层的过程。该方法制成的涂层致密、纯度较高,而且涂层的组织、形貌、成分可以控制。目前已有报道利用该法在C/C复合材料表面制备了SiC,Si_3N_4,TiC,ZrC等涂层[65-66]。

3.原位形成法

原位形成法的基本原理是通过混合单质硅和与其润湿良好的金属氧化物,涂覆于预先制备有SiC内涂层的试样表面,在气氛保护下烧结预先形成致密的Si和金属氧化物前驱体涂层,然后在一定的温度和氧化气氛下预氧化一段时间,则可以原位生成抗氧化性能好、氧气渗透率低、耐高温的硅酸盐外涂层[67]。此方法的独特之处在于大胆采用高温氧化气氛来制备外涂层,不仅节约了成本,还开创了一条新的道路。这种方法容易对涂层的组分进行控制,可以制备多种硅酸盐涂层,以适应不同温度段涂层需要。但是该方法对内涂层的要求较高,要求内涂层在预氧化期间能对试样进行有效保护。用此方法制备的SiC/硅酸钇/玻璃涂层具有优良的抗氧化性能,能对碳/碳复合材料在1 600℃有效保护超过200 h,且试样表现出极低的失重速率。

4.凝胶注模反应烧结法

清华大学朱青山等[68]利用凝胶注模成型方法,应用固渗原理成功制备了性能优良的碳材料SiC抗氧化涂层。其基本过程是用所需粉料配制成料浆,往料浆中加入少量的有机单体,将基体浸入料浆中,然后加入催化剂及引发剂,使悬浮体中的有机单体聚合交联形成三维网状结构,将料浆原位凝固,则在基体表面生成较厚的含有反应粉体的凝胶层,经过干燥和高温热处理可制得致密的涂层。其优点是凝胶层干燥后涂层强度高、不易开裂,和固渗工艺相比,其粉体用量大大降低,有效降低了成本。采用此工艺制备得到的富Si的SiC涂层具有优良的抗氧化和抗热震性能,连续的单质硅相填充了SiC涂层孔隙,大大提高了涂层的抗氧化性能。

1.4 涂层C/C复合材料的静态氧化特征

涂层C/C复合材料的静态氧化过程除与C/C材料本身氧化规律有关外,还与涂层的性质,涂层与基体的界面结合等因素密切相关。

一般说来,涂层C/C复合材料静态氧化过程可分为以下几个步骤[69]:①介质(环境)中的氧通过涂层表面的空气流动至边界层;②氧通过涂层的微裂纹和孔隙扩散到达C/C材料与涂层的界面;③氧在致密的涂层内扩散,并到达C/C材料与涂层的界面;④氧与界面的碳反应生成气相产物;⑤生成的气相产物通过涂层的微裂纹、孔隙或致密的涂层反向扩散离开界面;⑥气相产物通过空气滞留边界层扩散到介质中。

涂层 C/C 复合材料的氧化过程主要受步骤②,③,④中最慢者控制。当涂层 C/C 复合材料的氧化过程受控于步骤③时,说明涂层致密,氧主要通过涂层体扩散进入 C/C 基体,此时的氧化失重服从抛物线或抛物线-直线规律,涂层具有良好的抗氧化性能,可达到长时间的抗氧化效果,通常将此过程称作涂层的本征抗氧化。当涂层 C/C 的氧化受步骤②控制时,材料则表现出线性的氧化失重规律,且氧化失重速率较快,此时涂层的抗氧化寿命是有限的,不具有持久的抗氧化能力,一般此过程称作涂层的缺陷氧化。若涂层 C/C 复合材料的氧化过程完全受步骤④控制,则表明涂层的完整性极差,此时的涂层不具备抗氧化性能,常称作 $C-O_2$反应控制或涂层失效。

1.5 C/C 复合材料氧化防护涂层当前待解决的问题及展望

C/C 复合材料涂层防氧化技术的研究既是其氧化防护领域的热点,也是该领域的难点。当前存在有待解决的问题主要有以下几方面:①涂层之间和涂层与 C/C 基体之间的热物理化学匹配问题;②涂层的高温稳定性不好,不能对 C/C 基体进行高温长时间保护;③缺乏系统研究涂层全温段的氧化保护过程;④涂层在高温动态冲刷条件下,保护 C/C 基体的能力有待提高;⑤重点开发比硅基物质性能更好的过渡层和密封层新材料。

基于以上存在的问题,为了更好满足涂层制备技术和应用要求,需要研究者尽力做到以下几点:①涂层体系设计应该满足各组分之间优势互补,各层之间应该具有优异的热物理化学匹配性,还要考虑梯度过渡层界面结合要好;②涂层材料应该具备优异耐高温,氧化防护性能好同时,材料之间高温下润湿性和铺展性较好,并且材料在高温下可以生成密实的缺陷填充层和氧气阻挡层;③涂层制备技术做到高效,节能,操作简单,对设备要求低等;④以充分满足对基体材料有效防护为导向的基础之上,同时满足涂层服役时的环境要求,即高温下机械性能好,耐摩擦磨损,优异的抵抗燃气冲刷性能等。

参考文献

[1] Fu Qiangang, Li Hejun, Shi Xiaohong, et al. Microstructure and anti-oxidation property of $CrSi_2-SiC$ coating for carbon/carbon composites[J]. Applied Surface Science, 2006, 252(10): 3475-3480.

[2] Xiong Xinbo, Zeng Xierong, Zou Chunli. Preparation of enhanced HA coating on H_2O_2-treated carbon/carbon composite by induction heating and hydrothermal treatment methods [J]. Materials Chemistry and Physics, 2009, 114(1): 434-438.

[3] Xiong Xinbo, Zeng Xierong, Zou Chunli, et al. Strong bonding strength between HA and $(NH_4)_2S_2O_8$-treated carbon/carbon composite by hydrothermal treatment and induction heating[J]. Acta Biomaterialia, 2009, 5(5): 1785-1790.

[4] 李贺军,罗瑞盈,杨峥. C/C 复合材料在航空领域的应用研究现状[J]. 材料工程,1997(8):8-10.

[5] 朱良杰,廖东娟. 碳/碳复合材料在美国导弹上的应用[J]. 宇航材料工艺,1993,12(4):10-13.

[6] 黄剑锋,李贺军,熊信柏,等. 碳/碳复合材料高温抗氧化涂层的研究进展[J]. 新型炭材料,2005,20(4):373-379.

[7] 罗瑞盈. C/C 复合材料制备工艺及研究现状[J]. 兵器材料科学与工程,1998,21(1):64-70.

[8] Cao Liyun, Liu Jia, Huang Jianfeng, et al. A $ZrSiO_4$/SiC oxidation protective coating for carbon/carbon composites[J]. Surface and Coatings Technology, 2012, 14(206): 3270-3274.

[9] 刘杨. C/C 复合材料抗抗高温氧化涂层研制及抗氧化性能研究[D]. 北京:北京化工大学,2008.

[10] 李林达,林得春. 碳/碳复合材料的特殊性与复杂性[J]. 固体火箭技术,1991,4:87-96.

[11] Buckley J D, Edie D D. Carbon-Carbon Materials and Composites[M]. Elsevier: William Andrew,1993.

[12] Meyer R A. Overview of International Carbon-Carbon Composite Research[C]. 8th Annual Conference on Materials Technology, Structural Carbons, USA, 1992: 147-158.

[13] Torsten W, Gordon B. Carbon-carbon Composites: A Summary of Recent Developments and Applications[J]. Materials and Design, 1997, 18(1): 11-15.

[14] Doin C. Improvements in Composite Tactical Solid Rocket Motor Technology [J]. AIAA, 1975: 90.

[15] 李蕴欣,张绍维. C/C 复合材料[J]. 材料科学与工程,1996,14(2):6-14.

[16] 丘哲明. 固体火箭发动机材料与工艺[M]. 北京:宇航出版社,1995.

[17] 左劲旅,张红波,熊翔,等. 喉衬用碳/碳复合材料研究进展[J]. 炭素,2003(2):7-10.

[18] 周瑞发,韩雅芳,李树索,等. 高温结构材料[M]. 北京:国防工业出版社,2006.

[19] Zhu Jia, Huang Jianfeng, Cao Liyun, et al. Influence of impregnating time on oxidation resistance of carbon/carbon composites modified by a solvothermal process[J]. Journal of Functional Materials, 2012, 43(1): 116-119.

[20] Wang Yaqin, Huang Jianfeng, Cao Liyun, et al. Influence of phase compositions on microstructure and performance of yttrium silicates coatings[J]. Journal of Functional Materials, 2009, 11: 1829-1832.

[21] 李贺军. 碳/碳复合材料[J]. 新型碳材料,2001,16(2):79-80.

[22] 王博. 碳/碳复合材料 SiC_n-$MoSi_2$/SiC 复合抗氧化涂层的制备及性能研究[D]. 西安:陕西科技大学,2011.

[23] Li Kezhi, Lan Fengtao, Li Hejun, et al. Oxidation protection of carbon/carbon composites with SiC/indialite coating for intermediate temperatures[J]. Journal of European Ceramic Society, 2008, 29: 1803 - 1807.

[24] Huang Jianfeng, Cao Liyun, Mi Qun, et al. Influence of hydrothermal treatment temperature on oxidation modification of C/C composites with aluminum phosphates solution by a microwave hydrothermal process [J]. Corrosion Science, 2010, (52): 3757 - 3762.

[25] Zhang Yu - Lei, Li He - Jun, Fu Qian - Gang, et al. A Si - Mo oxidation protective coating for C/SiC coated carbon/carbon composites[J]. Carbon, 2007, 45: 1105 - 1136.

[26] Buckley J D. Carbon - Carbon, An Overview[J]. American Ceramic Society Bulletin, 1988, 67(2): 364 - 368.

[27] Foster J C, Stone E L, Whitcher S L. Method and apparatus for manufacturing high speed rotors:US4862763[P],1989 - 01 - 01.

[28] 张玉龙.先进复合材料制造技术手册[M].北京:机械工业出版社,2003.

[29] 胡兴华,吴明铂,查庆芳.碳/碳复合材料抗氧化研究进展[J].碳素,2006(3):38 - 45.

[30] 赵稼祥.碳/碳复合材料的失效分析[J].碳素技术,1993(1):30 - 33.

[31] 刘培桐.碳纤维-树脂复合材料人工肋骨的研制与应用[J].碳素技术,1989(3):5 - 7.

[32] 侯向辉,陈强,喻春红,等.C/C复合材料的生物相容性及生物应用[J].功能材料,2000,31(5):460 - 463.

[33] 黄剑锋.碳/碳复合材料高温抗氧化SiC/硅酸盐复合涂层的制备、性能与机理研究[D].西安:西北工业大学,2004.

[34] 付前刚.SiC晶须增韧硅化物及SiC/玻璃高温防氧化涂层的研究[D].西安:西北工业大学,2007.

[35] Labruquere S, Blanchard H, Pailler R, et al. Enhancement of the Oxidation Resistance of Interfacial Area in C/C Composites. Part Ⅰ:Oxidation Resistance of B - C, Si - B - C and Si - C coated carbon fibres[J]. Journal of the European Ceramic Society,2002(22):1001 - 1009.

[36] Keller T M. Oxidative Protection of Carbon Fibers With Poly (carborane - siloxane - acetylene)[J]. Carbon,2002,40(3):225 - 229.

[37] Suzuki Y, Inoue Y, Izawa J, et a1. Microstructural Change of Pitch Derived Carbon Matrix in C/C Composite by Zone Treatment on Carbon Fiber [J]. Carbon,1996,34(5):689 - 689.

[38] Zheng Jin,Zhang Zhiqian,Meng Linghui,et al. Effects of Zone Method Treating Carbon Fibers on Mechanical Properties of Carbon/Carbon Composites [J]. Materials Chemistry and Physics,2006,97(1):167 - 172.

[39] Sogabe T, Okada O, Kuroda K, et al. Improvement in Properties and air Oxidation Resistance of Carbon Materials by Boron Oxide Impregnation[J]. Carbon,1997,35(1):67－72.

[40] Lu Weiming, et al. Oxidation Protection of Carbon Materials by Acid Phosphate Impregnation[J]. Carbon,2002,40(8):1249－1254.

[41] 刘重德,邵泽钦,陆玉峻,等.抗氧化浸渍炭-石墨材料氧化涂层性能的影响[J].中国有色金属,2001,12(2):260－263.

[42] 易茂中,葛毅成.预浸涂对航空刹车副用C/C复合材料抗氧化性能的研究及性能分析[J].碳素技术,2000(1):15－17.

[43] McKee D W. Borate treatment of carbon fibers and carbon/carbon composites for improved oxidation resistance[J]. Carbon,1986, 24(6):737－741.

[44] Steinbrück M. Oxidation of boron carbide at high temperatures[J]. Journal of Nuclear Materials,2005,336(2):184－191.

[45] Li Yuanqiang, et al. Oxidation behavior of boron carbide powder[J]. Materials Science and Engineering A,2007,444(1－2):184－191.

[46] 刘其城,周声励,徐协文,等.无黏结剂碳/陶复合材料的抗氧化机理[J].化工学报,2002,53(11):1188－1192.

[47] 黄剑锋,王妮娜,曹丽云.一种碳/碳复合材料溶剂热改性方法:200710018031[P].2007－12－05.

[48] 黄剑锋,李贺军,曹丽云,等.一种微波水热电沉积制备涂层或薄膜的方法及装置:200510096086[P]. 2006－04－26.

[49] 黄剑锋,李贺军,曹丽云,等.一种超声水热电沉积制备涂层或薄膜的方法及其装置:CN200510096087[P]. 2006－05－03.

[50] Joshi A,Lee J S,et al. Composites Part A[J]. 1997,28(2):181－189.

[51] Fu Qiangang,Li Hejin, Li Kezhi, et al. SiC Whisker－toughened $MoSi_2$－SiC－Si Coating to Protect Carbon/Carbon Composites Against Oxidation[J]. Carbon,2006,44(9):1866－1869.

[52] 曾燮榕,李贺军,杨峥.碳/碳复合材料表面 $MoSi_2$－SiC 复相陶瓷涂层及其抗氧化机制[J].硅酸盐学报,1999,27(1):8－15.

[53] 曾燮榕,李贺军,侯晏红,等. $MoSi_2$－SiC 抗氧化涂层对碳/碳复合材料弯曲性能的影响[J].复合材料学报,2000,17(2):46－49.

[54] Zhu Yaocan, Ohtan S I, Sato Y. Formation of a functionally gradient (Si_3N_4＋SiC)/C layer for the oxidation protection of carbon－carbon composites [J]. Carbon,1999,37(4): 1417－1428.

[55] Huang Jianfeng, Li Hejun, Zeng xierong, et al. Preparation and Oxidation Kinetics Mechanism of Three－layer Multi－layer－coatings－coated Carbon/Carbon Composites[J]. Surface & Coatings Technology,2006,200(18－19):5379－5385.

[56] Huang Jianfeng, Li Hejun, Zeng Xierong, et al. Al_2O_3 - mullite - SiC - Al_4SiC_4 Multi - composition Coating for Carbon/Carbon Composites [J]. Materials Letters, 2004, 58(21): 2627 - 2630.

[57] Huang Jianfeng, Zeng Xierong, Li Hejun, et al. Mullite - Al_2O_3 - SiC Oxidation Protective Coating for Carbon/Carbon Composites[J]. Carbon, 2003, 41(14): 2825 - 2829.

[58] Federico S, Monica F, Milena S. Multilayer coating with self - sealing properties for carbon - carbon composites[J]. Carbon, 2003, 41(11): 2105 - 2111.

[59] 杨尊社，卢刚认，曲德全. C/C 复合材料的磷酸盐与硼系涂料的防氧化研究[J]. 材料保护, 2001, 34(3): 12 - 13.

[60] 刘槟，易茂中，熊翔，等. C/C 复合材料航空刹车副表面防氧化涂料的研制[J]. 中国有色金属学报, 2000, 10(6): 864 - 867.

[61] 付前刚，李贺军，黄剑锋，等. 碳/碳复合材料磷酸盐涂层的抗氧化性能研究[J]. 材料保护, 2005, 38(3): 52 - 54.

[62] 薛宁娟，肖志超，苏君明，等. C/C 刹车材料用抗氧化涂层性能[J]. 宇航材料工艺, 2009, 1: 49 - 52.

[63] Oliver P, Alain D. Silicon Carbide Coating by Reactive Pack Cementation - PartII: Silicon Monooxide/Carbon Reaction[J]. Advanced Materials, 2000, 12(3): 41 - 50.

[64] 曾燮榕，李贺军，杨峥，等. 表面硅化对 C/C 复合材料组织结构的影响[J]. 金属热处理学报, 2000, 21(2): 64 - 67.

[65] Cheng Laifei, Xu Yongdong, Zhang Litong, et al. Preparation of An Oxidation Protection Coating for C/C Composites by Low Pressure Chemical Vapor Deposition[J]. Carbon, 2000, 38(10): 1493 - 1498.

[66] Shu Wubong, Guo Haiming, Qiao Shengru, et al. Phase Composition and Surface Morphology of TiC Coating by Chemical Vapor Deposition[J]. Xi Bei Gong Ye Da Xue Xue Bao, 2000, 18(2): 229 - 232.

[67] Huang Jianfeng, Li Hejun, Zeng Xierong, et al. Yttrium silicate oxidation protection coating for SiC coated Carbon/carbon composites [J]. Ceramics International, 2006, 32(4): 417 - 421.

[68] Zhu Qingshan, Qiu Xueliang, Ma Changwen. Oxidation resistant SiC Coating for Graphite Materials[J]. Carbon, 1999, 37(9): 1475 - 1484.

[69] 李龙. 碳/碳复合材料多重环境下的氧化机理研究[D]. 西安：西北工业大学, 2005.

第2章 C－$AlPO_4$外涂层简介

2.1 磷酸铝的物理化学性质及结构特点

磷酸铝是无色六角形的晶体或粉末，不溶于水，可溶于浓盐酸、浓硝酸、碱和醇，熔点>1 500℃。市售$AlPO_4$原料通常为非晶相，需进行高温烧结预处理方可使用。表2－1是磷酸铝的物理化学性能数据。

表2－1 磷酸铝的物理化学性能数据

名 称	数 值
相对密度	2.566
溶度积	3.87×10^{-11}
熔点/℃	>1 500
摩尔热容/($cal\cdot mol^{-1}\cdot ℃^{-1}$)	2 227
生成热/($cal\cdot mol^{-1}$)	−414.44
熵/($cal\cdot mol^{-1}\cdot ℃^{-1}$)	21.7
自由能/($kcal\cdot mol^{-1}$)	−382.7
折射率	1.556

注：1 cal(卡)＝4.184J(焦耳)。

磷酸铝在晶体结构上与二氧化硅密切相关。低温下二者晶型相同，即其中的硅原子位置，很有规律地被铝和磷原子所占据；高温下不熔融，成为胶状体。室温至1 400℃之间，磷酸铝有石英型(B－$AlPO_4$)、鳞石英型(T－$AlPO_4$)和方石英型(C－$AlPO_4$)三种不同的晶型，相变过程如下所示：

石英型(B) ⟷ 鳞石英型(T) ⟷ 方石英型(C)

其中B－$AlPO_4$到T－$AlPO_4$的相变会产生强烈热膨胀；T－$AlPO_4$具有高热膨胀系数且介电性能比其他类型的磷酸铝差；C－$AlPO_4$具有最小的相对介电常数$\varepsilon=5.1$，最低的损耗$\tan\delta=0.005$且其热膨胀系数(5.5×10^{-6}/℃)与SiC($4.3\sim5.4\times10^{-6}$/℃)很匹配，还可以充分地铺展在基体材料表面，封填基体材料表面的孔洞等缺陷，减少基体材料的氧化活性点及基体材料与涂层系统的热膨胀失配，是很有潜力的高温涂层材料。

2.2 磷酸铝的制备方法及应用

2.2.1 磷酸铝的制备方法

磷酸铝的制备方法很多，比较成熟且应用于生产的有液相反应法、固相反应法和气相反应法[1]。

1. 液相反应法

液相反应法所用的原料通常有磷酸钠-硫酸铝、磷酸-铝酸钠和磷酸-氢氧化铝。

(1)磷酸钠-硫酸铝法是利用它们的复分解反应，生成磷酸铝沉淀出来，而硫酸钠则留在溶液之中。所发生的化学反应为

$$Al_2(SO_4)_3 + 2Na_3PO_4 \xlongequal{} 2AlPO_4 \downarrow + 3Na_2SO_4 \quad (2-1)$$

制备工艺：将磷酸三钠和硫磺铝用热水溶解配成溶液，并用板框压滤机除去不活性杂质，然后将两种溶液以适当的浓度和准确的物质的量比（$Al_2(SO_4)_3/Na_3PO_4=1:2$）送入反应釜进行复分解反应，生成白色胶状磷酸铝沉淀，如系统中 Na_3PO_4 稍微过量，则有利于 $AlPO_4$ 的沉淀，加速反应的进行。反应完成后用板框压滤机直接进行料浆分离，固相留在压滤机内，用稀盐酸和清水洗涤以除去夹带的 SO_4^{2-} 然后烘干、粉碎得到成品。过滤出的母液则送去回收硫酸钠。

(2)以磷酸-铝酸钠为原料的液相反应则需要在耐压釜内加热至 250℃才能完成，发生的化学反应为

$$2H_3PO_4 + NaAlO_2 \xlongequal{} AlPO_4 + NaH_2PO_4 + 2H_2O \quad (2-2)$$

制备工艺：先将铝酸钠用热水溶成浓液并加热至 85℃，然后加入 85%的磷酸进行反应，使溶液 pH 值在 4.2～4.5 之间，再将反应料浆移入密封耐压并备有搅拌装置的反应釜内，在 250℃下加热数小时，然后用离心机进行固液分离，分离出的固体物质为白色晶体磷酸铝及少量磷酸二氢钠等盐类，将固体物质移入洗涤槽内，用稀盐酸和清水洗剂除去水溶性杂质，再次过滤，干燥后即得成品。液固分离后的母液成分是磷酸二氢钠，经回收处理后可以作为生产其他磷酸盐的原料。

(3)以磷酸-氢氧化铝为原料的液相反应为

$$Al(OH)_3 + H_3PO_4 \xlongequal{} AlPO_4 + 3H_2O \quad (2-3)$$

制备工艺：将 60%浓度的磷酸在反应釜内加热至 85～90℃，加入氢氧化铝中和至终点，继续加热使之完全溶解，将得到的糊状溶液注入 20～30 倍的水，则生成白色磷酸铝沉淀。将料浆压入过滤机中进行固液相分离，分离出的固相用水洗涤，烘干，再经 800℃以上的高温焙烧，即得到六方晶型的磷酸铝。

2. 固相反应法

固相反应制造磷酸铝，方法之一是磷酸二氢铵-氢氧化铝固相反应法，即将 α 型三氧化二铝或氢氧化铝与磷酸二氢铝以物质的量比 1∶1～1∶3 的比例混合，混合均匀后的物

料转入捏合机内，预热反应 30 min，然后在 900℃的焙烧炉内加热合成磷酸铝，再经粉碎得到需要细度的成品。所发生的化学反应为

$$Al_2O_3+2NH_4H_2PO_4 = 2AlPO_4+2NH_3+H_2O \quad (2-4)$$

方法之二为五氧化二磷-α氧化铝固相反应法，即将干燥而流动性很好的五氧化二磷及α氧化铝在有搅拌装置的混料机内，以摩尔比为 1∶1 进行均匀混合，混合后的物料输入捏合机内，经 500～900℃焙烧，然后粉碎得到磷酸铝成品。所发生的化学反应为

$$Al_2O_3+P_2O_5 = 2AlPO_4 \quad (2-5)$$

生产中应特别注意使反应物混合均匀，否则成品中常会含有不规则的磷酸铝。

3. 气相反应法

在特殊的气相反应器中，将三氯化铝和三氯化磷在含氢的火焰上燃烧气化，使三氯化磷氧化为三氯氧磷，并水解成气态磷酸，气态磷酸和气态三氯化铝作用，生成磷酸铝。

$$2H_2+O_2 = 2H_2O \quad (2-6)$$

$$2PCl_3(g)+O_2 = 2POCl_3(g) \quad (2-7)$$

$$2POCl_3(g)+3H_2O(g) \longrightarrow H_3PO_4(g)+3HCl(g) \quad (2-8)$$

$$AlCl_3(g)+H_3PO_4(g) = AlPO_4+3HCl \quad (2-9)$$

除此之外，最近几年还出现了一些新的制备方法。陈梓云，彭梦侠等利用微波诱导，由磷酸二氢钠和氯化铝快速合成了磷酸铝。初步实验表明，磷酸二氢钠与氯化铝的配比、微波晶化时间、微波功率对反应影响较大，用该方法合成磷酸铝的最佳条件：磷酸二氢钠与氯化铝的配比为 4∶1，微波晶化时间为 40 min，微波功率为 600 W，产率可达 95.8%。

2.2.2 磷酸铝的应用

1. 胶黏剂

磷酸铝胶黏剂具有优良的耐高温性能及耐候性能，它不仅是耐火材料中使用较多的一种结合剂，而且是无机涂料配方中重要的组分。

磷酸铝胶黏剂通常用铝的氢氧化物或氧化物、氮化物与磷酸反应制得。其反应程度可用中和度来表示。中和度(MR)用生成的磷酸铝中 Al_2O_3 与 P_2O_5 的摩尔比百分数来表示，即：$MR=Al_2O_3/P_2O_5\times 100\%$。磷酸铝的 MR=100%。中和度对磷酸铝胶黏剂的胶黏性能的影响很大，一般 MR 在 33%～67%之间的磷酸铝胶黏剂具有较好的胶黏性能。

磷酸铝胶黏剂可用于硅质、高铝、镁质、碳化硅质和氧化物混凝土的生产上。

2. 分子筛

磷酸铝($AlPO_4$-n)分子筛是美国 UCC 公司 1982 年开发的一类新型分子筛，在它的骨架结构中首次不含硅氧四面体，具有新型的晶体结构和独特性能。它的出现受到各国科学工作者的高度重视，相继进行了大量的研究，至今已开发出 60 多种这类微孔分子筛材料。由于 $AlPO_4$-n 的中性骨架结构，没有离子交换性能，表面酸性较弱，于是人们对 $AlPO_4$-n 分子筛进行改性研究，通过同晶置换，使许多元素部分取代骨架的磷和铝，已合

成出大量的 SAPO－n、MeAPO－n 以及 MeAPSO－n 等系列分子筛。它们包括类似 $AlPO_4$－n 的 30 多种结构，16 种元素的骨架组成和 200 种以上的化学组成。由于杂原子被引入 $AlPO_4$－n 的骨架上，极大地提高了磷酸铝系列分子筛的离子交换性能和催化性能。每种构型的分子筛在加氢裂化、异构烷基化、聚合、重整、加氢、脱氢、水合等反应中都具有自己的独特性能。

水热合成和溶剂热合成是磷酸铝系分子筛的主要合成方法，且随着合成化学的发展，磷酸铝系分子筛正朝着高稳定和高有序度方向发展，并出现了一些新的改性技术。

磷酸铝分子筛具有的新型骨架结构和独特的性能，使其作为吸附剂和催化剂材料，在石油炼制工业中占有十分重要的地位。

3. 特种水泥

磷酸铝水泥，为特种水泥的主要组成之一。在冶金、建材工业中作为热力设备材料。磷酸铝水泥属聚合-聚硬化胶结材料类，其性能由 Al_2O_3－P_2O_5－H_2O 和 Al_2O_3－P_2O_5 系统的化合物来确定。按“OH”链的性质，水化磷酸铝可分为两组。第一组含有结合水，通式为 $AlPO_4 \cdot H_2O$，它在低于 200℃的温度下脱水。第二组水化磷酸铝含有化合水。根据铝原子取代磷酸中氢的程度，可分为一取代磷酸铝和二取代磷酸铝。这两种磷酸铝溶解于水，并形成带黏性的胶状溶液。

制备磷酸铝水泥的原料为氢氧化铝。未经煅烧和煅烧过的氧化铝，人造氧化铝则作为填料。

磷酸铝水泥用于建筑材料工业的热力机组的内衬，冶金工业的马丁炉和电容炉的内衬也都可以用，其特点是耐火度高、无收缩性、强度和耐磨性高。以磷酸铝水泥为主的耐火砌体的寿命，约比传统的砌筑砂浆和其他砌筑材料大四倍。此外磷酸铝水泥还可以用于仪器制造，例如固定金属薄片与电解质，生产真空仪器和应变计，大型设备上的仪器可以用磷酸铝隔热材料进行热防护。在动力工业方面成功地用来生产耐热绝缘制品。

此外磷酸铝是制造特种玻璃的助溶剂，还可作生产润肤剂、防火涂料、导电水泥等的添加剂，纺织工业用作抗污剂，有机合成中用作催化剂、医药工业和造纸工业中的应用等。

2.3 C－$AlPO_4$ 外涂层的制备方法

2.3.1 水热电泳沉积法

2.3.1.1 悬浮液稳定机制

悬浮液的稳定性是指悬浮液在分散介质中各点的密度在一定时间内保持不变的能力。悬浮液的稳定性不仅与悬浮介质和分散介质的性质有关，还与悬浮液所处的状态有关(静止还是流动)。性能稳定的悬浮液，方可用于水热电泳沉积。

悬浮液体系是一个热力学不稳定体系，微粒有相互聚结而降低其表面积的趋势，因此要得到稳定的悬浮液必须使微粒表面荷电。一般微粒在与极性介质(如水、乙醇、异丙醇等)接触的界面上,由于发生电离、离子吸附或离子溶解等作用,使得粒子的表面或者荷正电,或者荷负电。

稳定悬浮液的形成有一个临界陈化时间,只有在该时间之后才能得到电泳沉积层,在这个时间之前无论如何改变实验条件都不能得到沉积层。非质子型有机溶剂必须加入表面活性剂或添加剂才能形成稳定的陶瓷悬浮液。

2.3.1.2 水热电泳沉积机理

水热电泳沉积法是水热和电泳沉积法的相互作用,因而它的沉积机理也是两者的相互作用。

电泳沉积是悬浮液中带电粒子在电场作用下,向电极移动并在基体表面或沉积层表面放电的过程[2-5]。

Hamaker 和 Vervay 认为,当外加电场力克服了粒子间的静电排斥力,将固体粒子相互压缩到对方双电层内层,固体粒子靠范德华力相互吸引而聚沉。Koelmans 等认为电泳过程伴随着电解反应。在电场力作用下粒子在电极附近积累并不立即聚沉,在电极电解反应产生了足够浓度电解质后,电解质中和了粒子双电层中的部分电荷,使 ζ 电势下降而引起粒子在电极表面聚沉。据文献报道,在乙酰丙酮中加入少量的 I_2后,二者之间产生以下反应:

$$CH_3COCH_2COCH_3 + 2I_2 = ICH_2COCH_2COCH_2I + 2H^+ + 2I^- \quad (2-10)$$

反应产生的 H^+ 被颗粒所吸附,从而带上正电荷。在电泳前对悬浮液进行超声震荡可以将团聚的颗粒分散开,这时在带电粉末颗粒表面附近的溶液出现电量相等、电性相反的电荷扩散层,形成双电层结构。电泳过程中,在电场力的作用下,固体颗粒被互相压入对方的双电层内层,颗粒间由于范德华力吸引而发生聚沉。

黄勇等认为电泳沉积是带电颗粒的电泳迁移和颗粒在电极上放电沉积两个过程组成,随着溶液 pH 值从低到高,电泳沉积成型由电泳控制向沉积控制转变。Hushkin 等提出电泳沉积膜的形成分为以下几个阶段:

(1)成核期,颗粒聚集在电极表面形成小的团聚体——岛;

(2)岛的长大,岛状团聚体因新颗粒的加入而逐渐长大;

(3)岛间的连接,当岛状团聚体长大到一定尺寸,相互间连接起来形成网络状结构;

(4)形成紧密层,随着颗粒的不断填充,网络中的空隙逐渐变小,填充到一定程度,颗粒更倾向于在第一层上形成第二层膜,而不是继续填充空隙。

2.3.1.3 水热电泳条件下涂层晶粒生长机理

水热电泳创造了一个高温、高压的环境,使得通常难溶或不溶的物质溶解或溶解度增大。高温、高压气氛一方面使溶液的黏度下降,造成了离子迁移的加剧,另一方面使溶液的介电常数明显降低。但前者的影响可抵消后者的影响,因而总体来看,溶液仍然比常温常压下的水溶液具有更高的导电性。同时水热电泳体系中,溶液的热扩散系数较常温、常压有较大的增加。这表明水热溶液具有更大的对流驱动力。因此在水热电泳溶液中存在十分有效的扩散，从而使得涂层晶粒生长较其他水溶液晶体生长具有更高的生长速率，生长界面附近有更窄的扩散区，以及减少出现组分过冷和枝晶生长的可能性等优点[6-8]。

水热电泳条件下涂层晶粒的生长包括以下步骤：

(1)微粒在水热介质里溶解以荷电离子的形式进入溶液；

(2)由于体系中存在十分有效的热对流以及溶解区和生长区之间的浓度差，这些荷电粒子被输运到生长区；

(3)荷电粒子在生长界面上的吸附、分解与脱附；

(4)吸附物质在界面上运动；

(5)生长。

2.3.1.4 水热电泳沉积技术沉积功能涂层的影响因素

影响水热电泳技术沉积功能涂层的因素主要有以下几种[9-13]。

1.沉积温度

由于温度直接影响到吸附原子在基片表面的迁移能力，从而影响涂层的结构、成分、晶粒尺寸、晶面取向以及各种缺陷的数量和分布。当温度较低时，吸附原子或离子在基体表面的迁移能力较低，晶粒粒度较小，因而涂层具有较多的缺陷，诸如针孔等。此时涂层中存在的应力为张应力，涂层与基体间的结合也较差。随着温度提高，原子或离子的迁移能力增强，晶粒粒度也增大，因而制备出的涂层会具有较少的缺陷，同时涂层中存在的张应力会逐渐转变成压应力，涂层与基体间的结合会较好，然而温度不是越高越好。由于反应处于密闭的容器中，因而当温度大于或等于临界值时，悬浮液溶剂气化产生一定的饱和蒸气压，即反应体系的压强。此时体系压强对厚度的影响将大于温度的作用，涂层将会产生波浪状的堆积，稳定性及均匀性变差。在保证涂层外观质量、均匀性的前提下，沉积温度控制在60～120℃为宜。

2.沉积电压

水热电泳沉积包括粒子的定向移动和在电极表面沉积两个连续过程，外加电压是这两个部分进行的驱动力，电压的高低对涂层的质量影响很大。通常电泳时间是固定的，通过提高或降低电压来调节涂层厚度。当沉积的颗粒达到很好的级配时，涂层与基体间会有很好的物理结合，形成均匀致密的结构。极间电压越高，电场强度越强，较小的颗粒就易于优先在基体上沉积，沉积层由相对较细的颗粒组成，可以得到连续均匀分布且较为致密的沉积层。但电压过高，开始电泳时冲击电流太大，涂层沉积速度过快，易造成涂层外观和性能变差。当电压高到超过电泳涂层的击穿电压时，沉积涂层被击穿，电解反应加剧，电极表面产生大量气体，涂层表面产生大量气泡。电泳电压过低，泳透力差，沉积速度慢，效率低，涂层变薄。一般在保证涂层外观质量前提下，尽可能采用较高的电压进行水热电泳沉积，电压控制在150～340 V为宜。

3.悬浮液固含量及电导率

悬浮液中粉体的含量会对电泳后所得到的涂层的形貌有较大的影响。一方面，要求悬浮液系固含量不能过高，以使粉体颗粒在沉积过程中能达到均匀分散；另一方面，要求体系具有一定的浓度，以保证一定的沉积速率。如果悬浮液浓度过大则悬浮液导电性好，颗粒之间相互碰撞的概率增大，沉积量也随之增加，但固含量过高（>30%），沉积量增加过多，涂层变得过厚；如果浓度过低（<10%），涂层的遮盖力差，沉积速度也低，需要较长时间才能沉积足够厚度的涂层且涂层易产生针孔，悬浮液稳定性变差。如果提高沉积电压以维持沉积速度则导致沉积层不致密也不均匀。阴极水热电泳悬浮液含量通常控制在18%～25%（质量分数）。

悬浮液的电导率通常在1 200～1 600 μS/cm，维持一定的导电能力，保证涂层的质量。电导率如果过高既增加耗电量，降低了泳透力，又使悬浮液升温过快，沉积颗粒从涂层上析出，涂层质量变差。

4. 电泳时间及极间距与极比

一般情况下，电泳时间长，涂层厚度会增加，沉积一定的时间后，涂层厚度就几乎不再增加。电泳时间过长，会导致涂层缺陷产生，外观变差。因此，在保证涂层质量前提下，应尽量缩短电泳时间，电泳结束后，被涂物应尽快从悬浮液中取出，以免沉积层颗粒发生脱附而变薄。

电泳时阳极与阴极（被涂物）之间的距离（极间距）和面积比值（极比）对电沉积效率有一定影响。极间距过远，则极间电阻增大，电沉积效率降低，沉积量减小，涂层不均匀，局部甚至电泳不上；反之则会产生局部电流大和过量电沉积，影响膜厚均匀度。一般合适的极间距为50～400 mm，合适的极比为1/4～1/6。

5. 分散介质

用水还是有机物作为分散介质对于电泳沉积层的性能有着较大的影响。采用水作为分散介质时施加的电压或电流都不能太大，否则得到的涂层密度或者均匀性都较差。相比而言，采用有机介质得到的涂层致密，如若有机介质中存在少量的水，则涂层会变得光滑并且均匀。

2.3.2 脉冲电弧放电法

脉冲电弧放电沉积法其优势在于高电压条件下阴阳两极间的产生电弧放电现象，使得沉积在基体上的荷电颗粒结晶形成涂层。首先，此种方法将涂层的沉积与烧结同步进行且在较低温度下进行，避免传统高温制备涂层中带来的缺陷及相变，同时也不会引入热损伤；其次，优点在于能够在表面结构复杂以及异形基体表面制备涂层，并且此沉积过程是非线性过程，同时能够高效沉积复相涂层或者多层梯度的涂层且可以控制涂层的成分、厚度和密度；另外，在脉冲电弧放电沉积过程中，无论脉冲的导通与否，由于电场极化作用使得阴极附近的荷电颗粒浓度均衡，溶液的电阻就会降低，保证沉积效率高，从而所获得的涂层质量好。脉冲占空比是在一个脉冲周期内，脉冲导通时间占整个周期时间的百分比[14-16]。此外，脉冲电弧放电沉积法还具有操作简单方便高效、成本低、沉积工艺易控制等特点。

脉冲电弧放电沉积法的工艺过程是在电泳沉积制备涂层的基础上，把脉冲技术和周期性放电烧结技术引入其中，在荷电颗粒在电场驱动作用下迁移沉积于阴极基体表面的同时伴随电弧放电烧结过程，在试样表面形成一层烧结致密的涂层[17]，具体过程如图2-1所示。

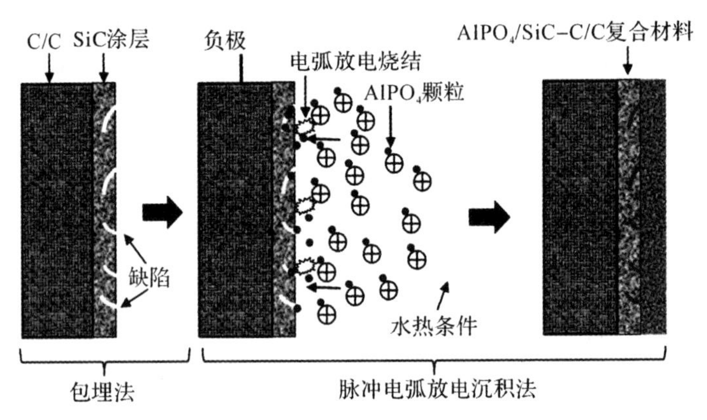

图2-1 脉冲电弧放电沉积法制备C-$AlPO_4$外涂层的沉积过程示意图

参考文献

[1] 杨文冬，黄剑锋，曹丽云. 磷酸铝的制备及其应用[J]. 无机盐工业，2009，41(4):1-3.

[2] Sarkar P, Nicholson P S. Electrophoretic Deposition (EPD): Mechanisms, Kinetics, and Application to Ceramics[J]. J Am Ceram Soc, 1996, 79(8):1987-2002.

[3] 赵建玲，王晓慧，郝俊杰. 电泳沉积及其在新型陶瓷工艺上的应用[J]. 功能材料，2005, 36(2):165-172.

[4] 张建民，杨长春，石秋芝，等. 电泳沉积功能陶瓷涂层技术[J]. 中国陶瓷，2000, 36(6):36-40.

[5] 张道礼，胡云香，黎步银，等. 电泳沉积原理及其在陶瓷制备中的应用[J]. 现代技术陶瓷，1999,(4):23-26.

[6] 郑燕青，施尔畏，李汉军，等. 晶体生长理论研究现状与发展[J]. 无机材料学报，1999, 14(3):321-332.

[7] 张勇，王友法，闫玉华，等. 水热法在低维人工晶体生长中的应用与发展[J]. 硅酸盐通报，2002,(3):22-26.

[8] 王立明，韦志仁，吴峰，等. 水热条件下影响晶体生长的因素[J]. 河北大学学报：自然科学版，2002, 22(4):345-350.

[9] Fukada Y, Nagarajan N, Mekky W, et al. Electrophoretic deposition-mechanisms, myths and materials[J]. Journal of Materials Science, 2004, 39(3):787-801.

[10] Besra L, Liu M. A review on fundamentals and applications of electrophoretic deposition (EPD)[J]. Progress in Materials Science, 2007, 52(1): 1-61.

[11] Boccaccini A R, Roether J A, Thomas B J C, et al. The electrophoretic deposition of inorganic nanoscaled materials[J]. Journal of the Ceramic Society of Japan, 2006, 114(1325): 1-14.

[12] Moritz K, Müller E. Electrophoretic deposition of ceramic powders - Influence of suspension and processing parameters[J]. Key Engineering Materials, 2006, 314: 51-56.

[13] Kaya C, Kaya F, Su B, et al. Structural and functional thick ceramic coatings by electrophoretic deposition[J]. Surface and Coatings Technology, 2005, 191(2-3): 303-310.

[14] 侯进. 浅谈脉冲电镀电源[J]. 电镀与环保, 2005, 25(3): 4-8.

[15] 向国朴. 脉冲电镀的理论与应用[M]. 天津: 天津科学技术出版社, 1989.

[16] 曾育才, 潘湛昌. 脉冲技术电沉积铅镉合金的研究[J]. 广州化工, 1998, 26(1): 16-19.

[17] Huang Jianfeng, Hao Wei, Cao Liyun, et al. An $AlPO_4$/SiC coating prepared by pulse arc discharge deposition for oxidation protection of carbon/carbon composites[J]. Corrosion Science, 2014, 79: 192-197.

第3章 水热电泳沉积法制备 C-$AlPO_4$ 外涂层

3.1 引　言

综观当前国内外对 C/C 复合材料抗氧化涂层的研究，不难发现多相复合涂层和梯度陶瓷涂层具有很大的发展空间和潜力，然而，由于制作工艺的不完善使得涂层中存在许多缺陷，涂层与基体的结合性不好，大大降低了涂层 C/C 的实际使用效果。因此，开发新的涂层工艺，在低成本下简单高效地制备多相复合涂层和梯度陶瓷涂层，成为 C/C 复合材料抗氧化涂层下一步研究工作的重点。

水热电泳沉积是指在水热的特殊物理化学环境下，依靠直流电场的作用，粉体颗粒从悬浮液中沉积在具有相反电荷和具有一定形状电极上的现象。它综合了电泳沉积法和水热法两者优点，将电泳沉积过程在水热的超临界状态下进行。用水热电泳沉积法制备涂层具有以下优点[1-3]：①水热电泳条件下制备的涂层不需要后期的晶化热处理，一定程度上避免了在后期热处理过程中可能导致的卷曲、晶粒粗化等缺陷；②可避免采用传统高温涂覆而引起的相变和脆裂，在一定程度上解决涂层制备过程中对基体的热损伤；③该方法具有沉积速率快，电流效率高等优点，在简单的操作情况下可在复杂的表面和多孔的基体上获得均匀致密的涂层。

另外作为涂层材料，C-$AlPO_4$具有较高的热稳定性和抗氧化性能[4-5]。①C-$AlPO_4$熔点大于 1 500℃；②C-$AlPO_4$的热膨胀系数与 SiC 很匹配；③C-$AlPO_4$材料具有良好的润湿性，其—PO_4—基团可沿着氧分子向涂层内扩散的通道反向逐渐逸出，这也加强了涂层系统的抗氧化能力；④涂层料浆可以充分地铺展在基体材料表面并封填基体材料表面的孔洞等缺陷，减少了基体材料的氧化活性点及基体材料与涂层系统的热膨胀失配；⑤更高温度下 C-$AlPO_4$自身能与氧气能生成低氧渗透率和高温稳定性良好的 Al_2O_3，也可以起到很好的抗氧化作用。

基于以上考虑，本章采用水热电泳沉积方法在 C/C-SiC 基体表面制备 C-$AlPO_4$外涂层。

本章内容主要包括以下三方面：一是在 C/C 复合材料外涂层新技术新材料的开发方面，研究了水热电泳沉积方法制备方石英型磷酸铝（C-$AlPO_4$）外涂层的沉积工艺，如 C-$AlPO_4$悬浮液分散介质的选取、悬浮液中含碘量（c_I）与电导率的关系、水热电泳温度（T）、电压（U）、悬浮液含量（$c_{悬}$）等对水热电泳沉积涂层的显微结构的影响；二是在优化工艺因素的基础上，特别研究了不同 $AlPO_4$晶形对复相涂层显微结构的影响；三是研究了C－AlPO$_4$外涂层的沉积动力学。

3.2 C－AlPO$_4$外涂层的水热电泳沉积法制备及表征

3.2.1 实验和仪器

3.2.1.1 实验原料

本实验所选用的化学试剂见表3－1。

表3－1 实验用原料一览表

药品名称	化学式	摩尔质量/(g·mol^{-1})
磷酸铝	$AlPO_4$	122(C.P.)
无水乙醇	CH_3CH_2OH	46.07(A.R.)
异丙醇	$(CH_3)_2CHOH$	60.10(A.R.)
碘	I_2	253.81(A.R.)

3.2.1.2 实验仪器

本试验中所需的仪器见表3－2。

表3－2 实验用仪器一览表

实验仪器名称	厂商或参数
101－1型电热鼓风干燥箱	上海实验仪器有限公司
HGXSL箱式电阻炉	咸阳华光窑炉设备有限公司
KQ5200DE型数控超声波清洗器	昆山市超声仪器有限公司
NO.52873型万分之一数显电子分析天平	上海实验仪器有限公司
85－1恒温磁力搅拌器	杭州实验仪器有限公司
SHZ－3型循环水真空泵	河南省巩义市英峪仪器厂
WJT15003D型直流电源	电压可调0～150 V
MPS－3003L－3型直流电源	电压可调0～60 V
水热釜	容积270 mL
可控硅温度控制器	上海实验电炉厂
金相试样预磨机	上海金相机械有限公司
金相试样抛光机	上海金相机械有限公司
金相试样切割机	上海金相机械有限公司

3.2.2 C - $AlPO_4$粉体的制备

采用上海兴塔美兴化工公司的化学纯级磷酸铝，首先将实验原料进行必要的干燥预处理，然后使用 NETZSC14STA449C 热分析仪，在空气气氛下以 10℃/min 的升温速度进行 DSC/TG 分析，参比物为 $\alpha - Al_2O_3$，温度范围为 0～1 400℃。

图 3-1 所示为磷酸铝升温过程的 DSC/TG 曲线图。结合差热分析原理和热重分析原理，由 a，b 两条曲线分析可知，峰 1 为吸热峰，并且伴随有质量的减少，这是粉体中的水分散失的过程，原因是市售磷酸铝粉体干燥不充分，本身含有水分，以及暴露于空气中时受潮所致。通过 XRD 分析表明，峰 2(284℃)和峰 3(397℃)为非晶相之间的转变，峰 4(483℃)为 B - $AlPO_4$晶相生成峰，峰 5(953℃)和峰 6(1 303℃)分别为 T - $AlPO_4$和 C - $AlPO_4$晶相生成峰。由此可以确定 C - $AlPO_4$晶相的形成温度为 1 303℃。在此温度下将化学纯级磷酸铝进行高温烧结预处理，得到方石英型(C - $AlPO_4$)粉体。

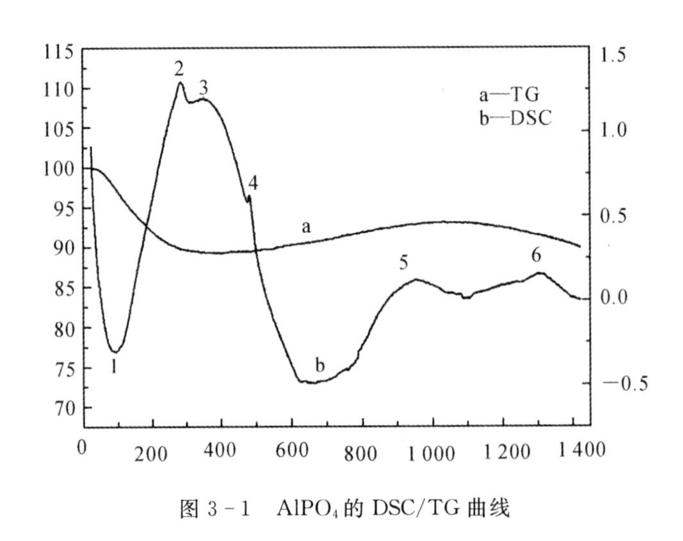

图 3-1 $AlPO_4$的 DSC/TG 曲线

3.2.3 涂层的沉积

称取一定质量的 C - $AlPO_4$粉体，分别悬浮于 150 mL 异丙醇、丙酮及乙醇中，先磁力搅拌 24 h，然后超声波振荡 15 min(功率为 200 W)，再搅拌 24 h，配得三组悬浮液。

取分散稳定性好且电导率高的一组 C - $AlPO_4$悬浮液置于水热釜内，控制水热釜的填充比为 67%。水热釜的阳极选用 20 mm×10 mm×3 mm 的石墨基体，阴极选用经预处理的 C/C - SiC 基体。依据前期课题组的研究成果，选取沉积温度为 80～120℃，沉积电压为 180～220 V，沉积时间 15～45 min 进行水热电泳沉积实验。沉积完成后取出样品，置于 60℃的恒温干燥箱内干燥 4 h 即得涂层试样。实验装置如图 3-2 所示。

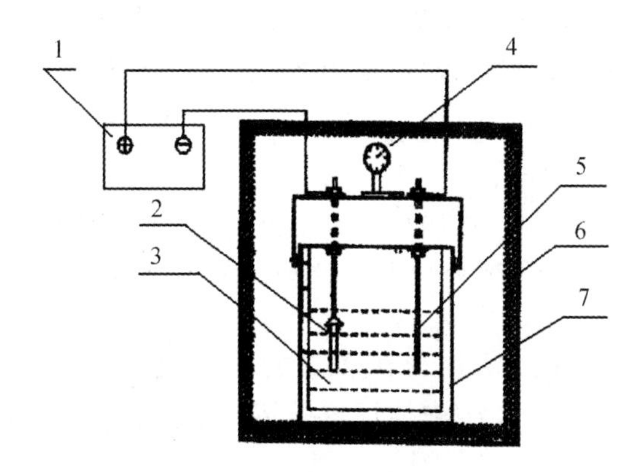

图 3-2 水热电泳沉积实验装置图

1—直流电源； 2—阴极； 3—悬浮液； 4—压力表； 5—阳极； 6—电热鼓风干燥箱； 7—水热釜

3.2.4 涂层的制备工艺流程

涂层的制备工艺流程如图 3-3 所示。

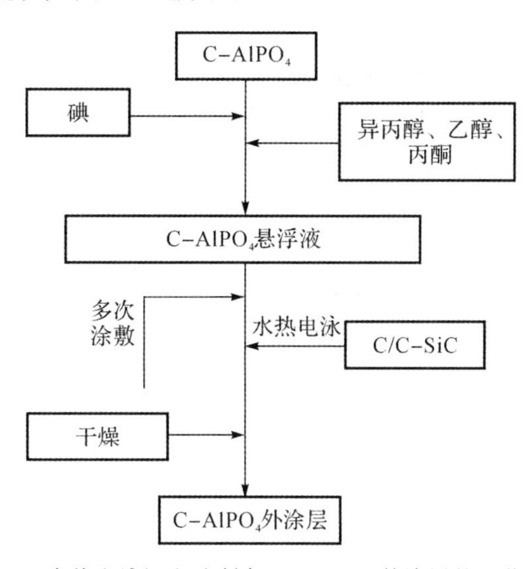

图 3-3 水热电泳沉积法制备 C-$AlPO_4$外涂层的工艺流程图

3.2.5 测试及表征

(1) 纯介质及其 C-$AlPO_4$悬浮液的电导率测试。采用上海精密科学仪器有限公司生产的 DDS-307 型电导率仪进行悬浮液电导率的测试。

(2) C-$AlPO_4$粉体在不同悬浮介质中的分散稳定性测试。悬浮液分散稳定性的测试采用粉末沉降体积百分比方法。测试浓密液占全部悬浮液的体积含量(q)随时间(t)的变化。

(3) 晶体结构分析。采用日本理学 D/max2200PC 型自动 X 射线衍射仪用于样品的物相定性测定和粒度的测定。测试条件:铜靶 $K\alpha$ 射线,X 射线波长 λ=0.154 056 nm,管压 40 kV,管流 40 mA,狭缝 D_S,R_S和 S_S分别为 1°,0.3 mm 和 1°,扫描速度为 16 °/min,采样宽度为 0.02 °,石墨单色器。

(4) 显微形貌分析。采用带 EDS(Energy dispersive X－Ray spectroscopy)能谱仪的 JSM－6460 型扫描电子显微镜(Scanning Electron Microscope, SEM)观察涂层的表面及断面形貌特征。

(5) 涂层的结合强度测试。采用长春第二材料试验机厂生产的 DL－1000B 电子拉力试验机进行涂层与基体的结合力实验,固定样品的黏结剂为环氧 E－7 胶,测试用夹具如图 3－4 所示。

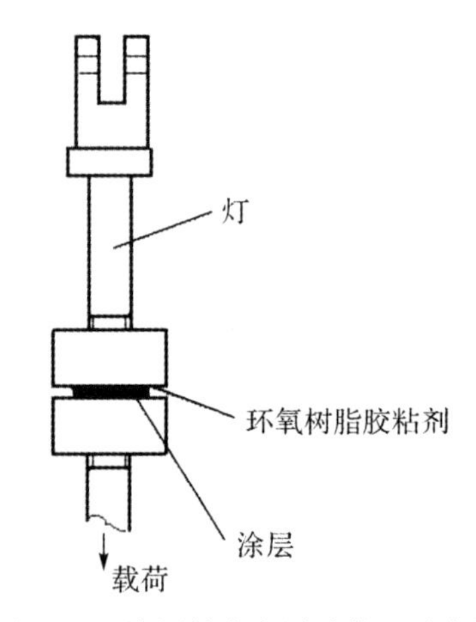

图 3－4　涂层结合力测试装置示意图

(6) 涂层的抗氧化性能测试。略。

3.3　结果与讨论

3.3.1　C－$AlPO_4$粉体在悬浮介质中的荷电机理

实验测定的纯介质及相应的悬浮液(c=20 g/L)的电导率在表 3－3 列出。由表 3－3 可知,纯有机介质的电导率较小,分散有 C－$AlPO_4$ 粉体悬浮液的电导率较高。分析认为,C－$AlPO_4$粉体由于吸附有机介质分子离解出的 H^+ 而荷正电。

$$AlPO_4 + nH^+ + (n-x)AA^* = AlPO_4 \cdot nH^+ \cdot (n-x)AA^* \qquad (3-1)$$

表 3－3　纯介质、悬浮液的电导率　(单位:10^{-6}S/m)

分散介质	异丙醇	丙酮	乙醇
纯介质	0.152	0.250	0.193
C－$AlPO_4$悬浮液(c=20g/L)	44.7	14.8	38.0

3.3.2 C-$AlPO_4$粉体在不同悬浮介质中的分散稳定性

水热电泳沉积方法是通过在直流电场作用下使稳定悬浮体系中的荷电粒子的运动来实现的,因此,悬浮介质的选取很重要。获得分散稳定性好的悬浮液是成功制备涂层的关键。

依据 DLVO 理论[6],悬浮液稳定性取决于质点之间吸引与排斥作用的相对大小。从极性大小来比较丙酮(5.1)>乙醇(4.3)>异丙醇(3.9),丙酮分子是强极性分子,不能很好地润湿 C-$AlPO_4$粒子表面,故其荷电性差、团聚度大、分散性差。而异丙醇是极性不强的极性分子,容易润湿 C-$AlPO_4$粒子表面,使其分散,故悬浮液稳定性较好。

采用文献[7]所述的粉末沉降体积含量方法对悬浮液的分散稳定性进行考察。将不同悬浮介质分别与 C-$AlPO_4$粉体混合,制得浓度为 20 g/L 的悬浮溶液,超声分散 15 min(功率为 200 W)后,盛于 200 mL 中,测定浓密液体占全部悬浮液的体积百分数随时间的变化,实验结果如图 3-5 所示(q 代表浓密液占全部悬浮液的体积含量,t 代表时间)。结果表明,C-$AlPO_4$的分散稳定性在异丙醇中最好,在乙醇中次之,在丙酮中很差。测量结果与上述分析是一致的。因此,选取异丙醇作为悬浮介质。

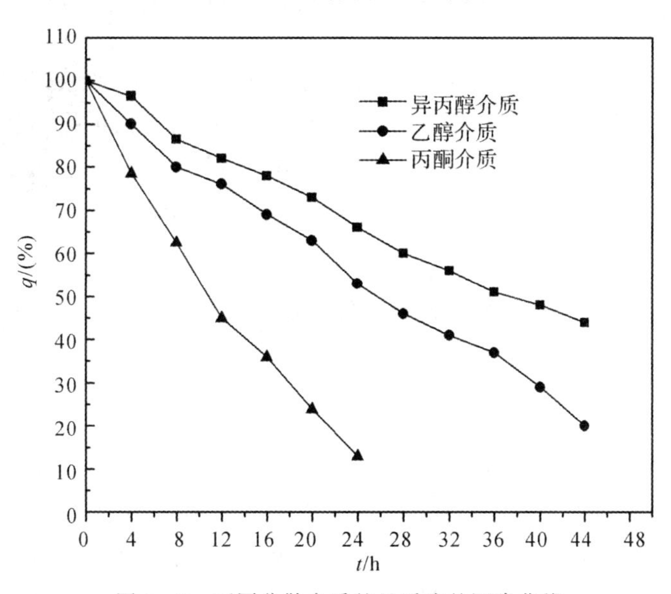

图 3-5 不同分散介质的悬浮液的沉降曲线

3.3.3 C-$AlPO_4$异丙醇悬浮液的电导率与含碘量的关系

研究表明[8],悬浮液中加入少量的碘可以极大地提高悬浮液的电导率。因而本实验考察了以异丙醇作为悬浮介质,C-$AlPO_4$悬浮液电导率与含碘量的关系。结果如图3-6所示。

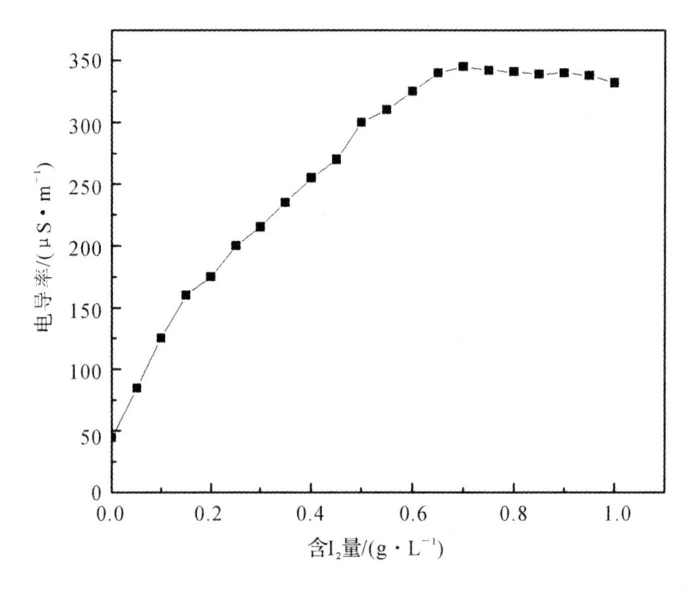

图 3-6 方石英型磷酸铝悬浮液电导率与含碘量的关系

图 3-6 表明,C-$AlPO_4$悬浮液的电导率随着含碘量的增加先是以直线方式增加后似抛物线式增长。当悬浮液碘浓度(c_1)为 0.6 g·L^{-1}时,悬浮液电导率呈缓慢变化趋势。进一步添加碘的含量,电导率变化不大且略有降低。分析是因为碘过多时,产生的大量的I^-,H^+,使 C-$AlPO_4$粒子双电层的 ξ 电势降低所致。由此选取 C-$AlPO_4$悬浮液中碘的浓度为 0.6 g·L^{-1}。

3.3.4 水热沉积电压对涂层显微结构的影响

1. 沉积涂层的 XRD 分析结果

图 3-7 所示为不同沉积电压下所制备涂层表面的 XRD 谱(悬浮液固含量 c= 20 g/L,沉积温度 100℃,沉积时间 25 min,碘浓度 c_1=0.6 g/L)。由图 3-7 可以看出:180~220 V 沉积电压范围内,涂层的 XRD 谱均出现了 C-$AlPO_4$晶相衍射峰,其特征衍射峰在 2θ=20°~35°之间,符合初始粉体的物相构成。随着沉积电压的升高,C-$AlPO_4$晶相衍射峰逐渐增强。沉积电压为 180 V 时,C-$AlPO_4$晶相的衍射峰较弱,并且伴随少许 SiC 的衍射峰,这可能是由于沉积电压较低,涂层薄且厚度不均,从而被 X 射线探测到基体所致。当沉积电压升高为 200 V 时,C-$AlPO_4$晶相衍射峰明显增强,SiC 的衍射峰消失。沉积电压升高为 220 V 时 C-$AlPO_4$晶相衍射峰最强。由此可见,涂层中 C-$AlPO_4$晶相的结晶程度随着沉积电压的升高而提高。这可能是由于电压升高后,阴阳两极之间会产生放电烧结现象,电压越大,烧结现象越明显,导致涂层中 C-$AlPO_4$晶相结晶程度的提高。

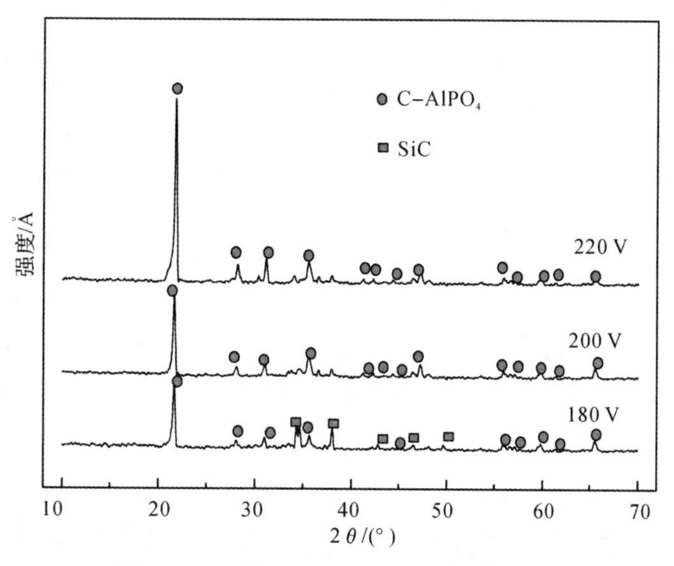

图3-7 不同电压下沉积的涂层的XRD谱

2. C-$AlPO_4$涂层的形貌

图3-8所示为不同沉积电压下所沉积C-$AlPO_4$涂层表面形貌(悬浮液固含量$c=$20 g/L,沉积温度100℃,沉积时间25 min,碘浓度$c_1=0.6$ g/L)。由图可以看出:涂层中没有发现裂纹,这进一步证实C-$AlPO_4$外涂层和SiC内涂层之间热膨胀系数接近,不会导致应力产生。沉积电压为180 V时,涂层表面由较少的颗粒状晶粒构成,涂层比较疏松,还有一些较大的孔洞存在(见图3-8(a)),这与图3-7中的沉积电压在180 V下涂层衍射峰微弱且有少许SiC的衍射峰是完全吻合的。随着沉积电压升高到200 V,涂层表面颗粒状晶粒较多,涂层的致密性和均匀性有很大的提高,孔隙率明显降低,表面较均匀(见图3-8(b))。当沉积电压为220 V时,涂层表面致密性和均匀性进一步提高,没有发现裂纹及其他明显缺陷(见图3-8(c))。出现这种现象是由于电压越大,阴阳两极放电烧结现象越明显,同时电压的升高也加速了C-$AlPO_4$荷电颗粒向C/C-SiC基体的扩散,有利于制备出致密而均匀的涂层。

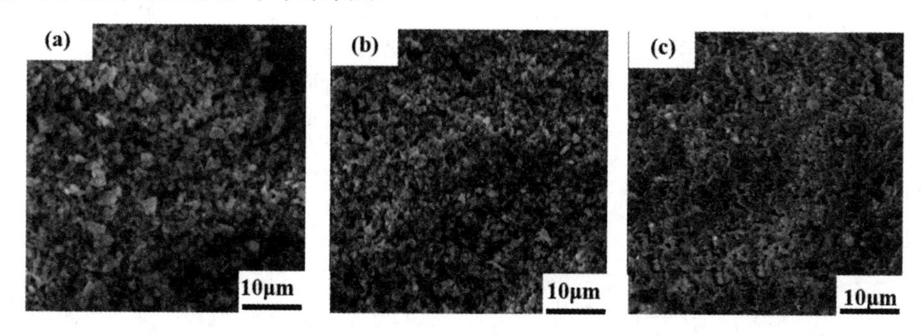

图3-8 不同沉积电压时制备涂层的表面形貌

(a)180 V; (b)200 V; (c)220 V

图 3-9 所示为不同沉积电压下制备的 C-$AlPO_4$ 涂层断面形貌(悬浮液固含量c=20 g/L,沉积温度 100℃,沉积时间 25 min,碘浓度 c_1=0.6 g/L)。由图 3-9 可以看出:所制备的外涂层与 SiC 内涂层之间结合紧密,无开裂及剥离等现象,说明制备的 C-$AlPO_4$ 外涂层与 SiC 内涂层之间具有良好的物化相容性。从图 3-9(a)可以看出,涂层厚度在 60~70 μm 之间。沉积电较低时(见图 3-9(a)),涂层较薄而且厚度不均匀,涂层和基体的结合很差,明显有裂纹存在。随着电压升高(见图 3-9(b)),涂层和基体结合明显改善,结合力有所提高,但涂层的厚度仍不很均匀。沉积电压升高至220 V时(见图 3-9 (c)),涂层与树脂间(做涂层断面时,用树脂封嵌涂层试样)出现裂纹,相比图 3-9 (b)可知涂层和基体结合力有所提高,整个涂层厚度均匀且致密。结合图3-7和图 3-8 的分析结果可知,沉积电压增加后,阴阳两极之间放电烧结作用越强,有利于制备表面致密、厚度均匀且结合力好的涂层。

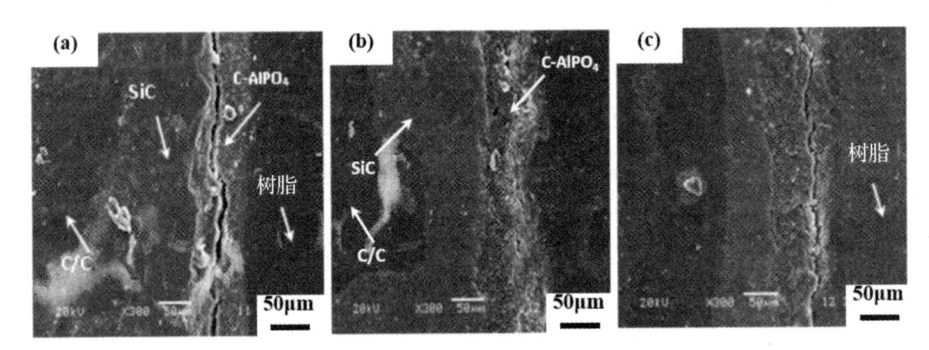

图 3-9　不同沉积电压时制备涂层的断面形貌

(a)180 V;　(b)200 V;　(c)220 V

3. C-$AlPO_4$涂层沉积量与沉积电压的关系

图 3-10 为涂层沉积量与沉积电压的关系,这里沉积量是指不同沉积电压下单位面积所获得的 C-$AlPO_4$ 涂层的净质量。由图 3-10 可以看出:涂层沉积量随着沉积电压的增加也呈增加的趋势。这是由于增大沉积电压,即增加了两极间的电势能,使带电颗粒在电场中的移动速率增加,从而导致沉积量增加。

依据 Chr Argirusis[9] 的分析可知,电泳沉积过程中涂层的沉积厚度与时间存在式(3-2)的关系。式(3-3)成立时(本实验过程满足式(3-3),阳极与 SiC-C/C 基体间距离远远大于沉积层的厚度且悬浮液的电导率大于沉积层的电导率),式(3-2)可以转为式(3-4),即

$$d_s(t)=-\frac{\sigma_s d_1}{\sigma_1}+\sqrt{\left(\frac{\sigma_s d_1}{\sigma_1}\right)^2+\frac{2mU\sigma_s}{ze_o\rho_s}t} \tag{3-2}$$

$$\frac{d_1}{d_s(t)}\gg\frac{\sigma_1}{\sigma_s} \tag{3-3}$$

$$\frac{\Delta m(t)}{A}=d_s(t)\cdot\rho_s=\left(\frac{2U\sigma_s m\rho_s}{ze_o}t\right)^{1/2} \tag{3-4}$$

式中,A 为沉积基体的表面积(cm^2);d_1 为阳极与基体间的距离(cm);e_o 为单位电荷(C);

m 为悬浮颗粒的平均质量(g);ρ_s 为沉积层的有效密度(g/cm^3);σ_l 为悬浮液的电导率(μS/cm);σ_s 为沉积层的电导率(μS/cm);U 为电压(V);$d_s(t)$ 为沉积层的厚度(cm);z 为悬浮颗粒的平均电价。

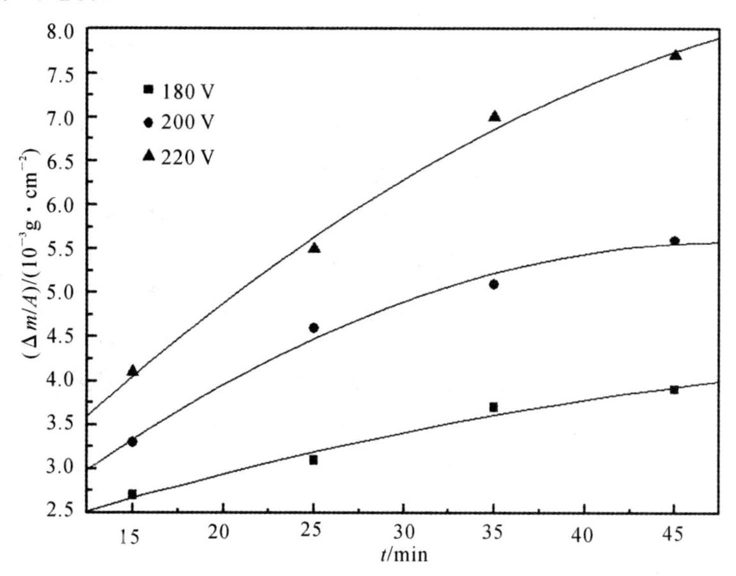

图 3-10　不同水热沉积电压下涂层沉积质量与时间的关系

(c=20 g/L,c_1=0.6 g/L,T=100℃)

式(3-4)表明电泳沉积过程中涂层的沉积质量与时间的二次方根呈直线关系。

图 3-11 所示为不同水热沉积电压下涂层单位面积沉积量与时间二次方根的关系曲线图。由图可以看出,不同水热沉积电压下,单位面积沉积量与时间的二次方根之间呈线性关系,这符合一般电泳沉积的线性规律。

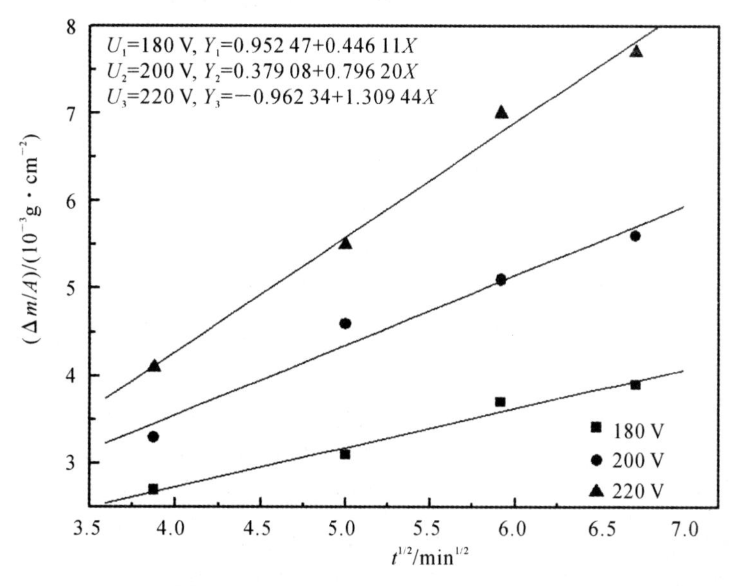

图 3-11　不同水热沉积电压下涂层沉积质量与时间二次方根的关系

(c=20 g/L,c_1=0.6 g/L,T=100℃)

3.3.5 水热沉积温度对涂层显微结构的影响

1. 沉积涂层的 XRD 分析结果

图 3－12 所示为不同沉积温度下所制备涂层表面的 XRD 分析谱图(悬浮液固含量 c＝20 g/L,沉积电压 220 V,沉积时间 25 min,碘浓度 c_1＝0.6 g/L)。从图中可以看出:在 80～120℃沉积温度范围内,涂层的 XRD 谱均出现了 C－$AlPO_4$晶相衍射峰,其特征衍射峰在 2θ＝20°～35°之间,符合初始粉体的物相构成。随着沉积温度的升高,C－$AlPO_4$晶相衍射峰逐渐增强。当沉积温度为 80℃时,C－$AlPO_4$晶相的衍射峰稍弱,并且伴随少许 SiC 的衍射峰,这可能是由于沉积温度较低,涂层比较薄,从而被 X 射线探测到基体所致。当沉积温度升高至 100℃时,C－$AlPO_4$晶相衍射峰有所增强,SiC 的衍射峰明显减弱。当沉积温度为 120℃时,C－$AlPO_4$晶相衍射峰最强,SiC 的衍射峰消失,这可能是由于沉积温度的升高加速了离子的迁移和扩散速率,加快了涂层的沉积所致。由此可见,涂层中C－$AlPO_4$晶相的结晶程度随着沉积温度的升高而提高。

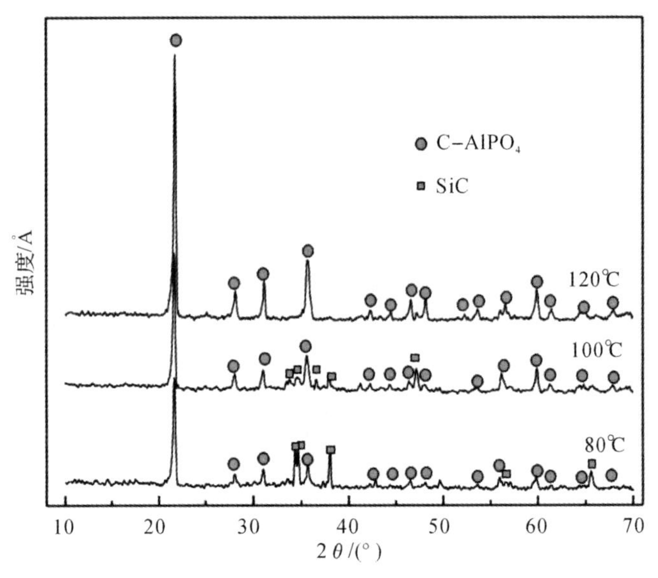

图 3－12 不同制备温度时涂层的 XRD 分析谱图

2. C－$AlPO_4$涂层的形貌

图 3－13 所示为不同沉积温度下所制备 C－$AlPO_4$涂层的表面形貌(悬浮液固含量 c＝20 g/L,沉积电压 220 V,沉积时间 25 min,碘浓度 c_1＝0.6 g/L)。由图 3－13 可以看出,涂层表面由许多细小的颗粒状晶粒组成,颗粒紧密堆积,由图 3－10 可知,其均为 C－$AlPO_4$。涂层中没有发现裂纹,这进一步证实 C－$AlPO_4$外涂层和 SiC 内涂层之间热膨胀系数接近,不会导致应力产生。当沉积温度为 80℃时,涂层比较疏松,还有一些较大的孔洞存在(见图 3－13(a)),这与图 3－12 中的沉积温度在 80℃下涂层衍射峰微弱且有少许 SiC 的衍射峰是完全吻合的。涂层致密性和均匀性较差。随着沉积温度的升高(见

图 3－13(b)),涂层致密性和均匀性明显提高。进一步升高水热温度(见图 3－13(c)),发现涂层的致密性和均匀性下降,部分区域出现了高低不平以及脱落现象。水热电泳沉积过程中,C－$AlPO_4$颗粒由于吸附有机介质分子(异丙醇)离解出的 H^+ 而荷正电(见式(2－10))。

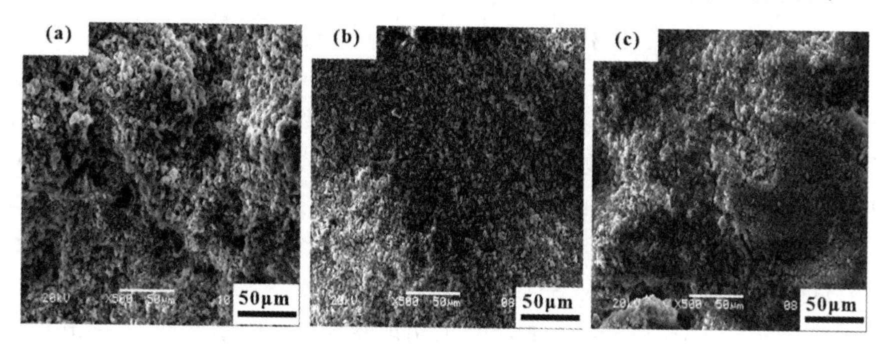

图 3－13 不同沉积温度时制备涂层的表面形貌

(a)80℃; (b)100℃; (c)120℃

在其他工艺条件不变的情况下,升高温度,C－$AlPO_4$荷电颗粒的迁移和扩散速率加快,悬浮液黏度会降低,同时涂层的电阻值也下降,有利于电泳沉积,使涂层厚度增加。但温度过高,涂层会变得粗糙,产生波浪状的堆积,稳定性变差。温度过低,沉积量很小,涂层很薄,光泽度和遮盖力都差,且悬浮液黏度大,电泳沉积过程中易出现小孔。因而出现了以上的现象。

图 3－14 所示为不同沉积温度下制备的涂层断面形貌。由图 3－14 可以看出,采用包埋法所制备的 SiC 内涂层的涂层厚度大约在 100 μm,采用水热电泳沉积法所制备的 C－$AlPO_4$外涂层厚度在 50～70 μm 之间。内外涂层之间结合紧密,无开裂及剥离等现象,说明制备的磷酸铝外涂层与 SiC 内涂层之间具有良好的物理化学相容性。沉积温度较低时(见图 3－14(a)),涂层较薄且涂层内明显有裂纹存在,这可能是由于制备温度比较低,外涂层内聚力较差所致。随着温度升高(见图 3－14(b)),外涂层的厚度逐渐增加,与内涂层结合力无明显改善,涂层比较致密均匀。当沉积温度升高至 120℃时(见图 3－14(c)),外涂层均匀性开始变差,这是由于温度升高会导致扩散系数按指数规律增加,溶液中的离子能够更加快速扩散到表面进行反应,因而相应的沉积量增大所导致。结合图 3－13 和图 3－14 可知,在 80～120℃之间,100℃时沉积的涂层效果较好。

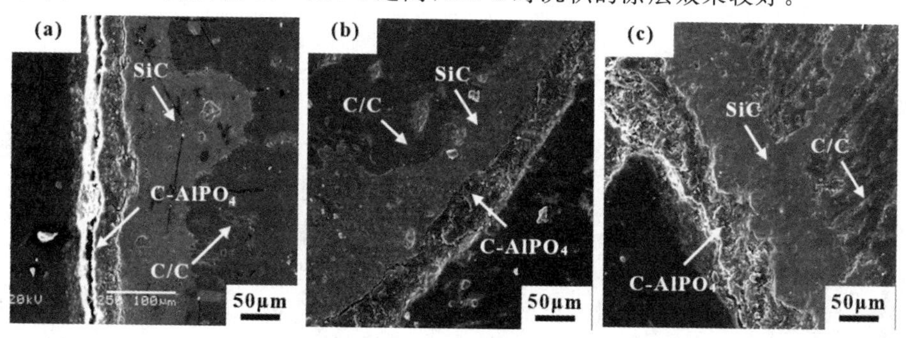

图 3－14 不同沉积温度时制备涂层的断面形貌

(a)80℃; (b)100℃; (c)120℃

3.3.6 悬浮液固含量对涂层显微结构的影响

1. 沉积涂层的 XRD 分析结果

图 3 - 15 所示为不同粉体含量悬浮液(c=5 g/L,10 g/L,20 g/L,沉积电压 220 V,沉积温度 100℃,沉积时间 25 min,碘浓度 c_I=0.6 g/L)条件下所获得的 C - $AlPO_4$涂层试样表面的 XRD 谱图。各谱线均出现了 C - $AlPO_4$ 晶相衍射峰,其特征衍射峰在 2θ=20°~35°之间,符合初始粉体的物相构成。当悬浮液粉体含量为 10 g/L 时,C - $AlPO_4$ 晶相的衍射峰较弱,伴随大量 SiC 的衍射峰,这可能是由于悬浮液含量较低,涂层太薄且厚度不均,从而被 X 射线探测到基体所致。当悬浮液粉体含量增加到 10 g/L 时,C - $AlPO_4$晶相衍射峰明显增强,SiC 的衍射峰变弱。当悬浮液粉体含量继续增加到 20 g/L 时,C - $AlPO_4$晶相衍射峰最强,SiC 的衍射峰消失。由此可见,涂层中 C - $AlPO_4$ 颗粒晶相的结晶程度是随着悬浮液含量的升高而提高的。这可能是由于悬浮液固含量升高后,颗粒之间相互作用的概率增大,有利于涂层沉积所致。

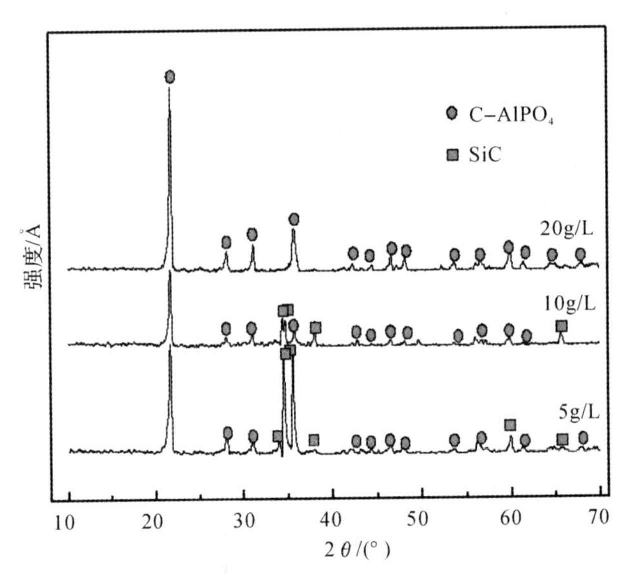

图 3 - 15 不同粉体含量悬浮液条件下沉积涂层的 XRD 谱图

2. C - $AlPO_4$涂层的形貌

图 3 - 16 所示为不同固含量悬浮液条件下所沉积 C - $AlPO_4$涂层表面的 SEM 照片(c=5 g/L,10 g/L,20 g/L,沉积电压 220 V,沉积温度 100℃,沉积时间 25min,碘浓度 c_I=0.6g/L)。由图可以看出,涂层中没有发现裂纹,这进一步证实 C - $AlPO_4$外涂层和 SiC 内涂层之间热膨胀系数接近,不会导致应力产生。当悬浮液中 C - $AlPO_4$粉体含量为 5 g/L 时,涂层中存在较多的孔洞(图中箭头所示),这与图 3 - 16 所示的固含量为 5 g/L 下涂层衍射峰较弱且伴随有大量 SiC 的衍射峰是完全吻合的。随着粉体含量的增加,涂层中孔洞数量减少,孔洞尺寸减小;当粉体含量增加到20 g/L时,得到了比较致密的涂层。

由此可知，增加悬浮液粉体含量，可以提高电泳沉积涂层的致密性。这是由于当悬浮液中粉体含量较高时，同一时刻到达电极表面的颗粒数目较多，有足够的颗粒形成紧密的排列堆积，因此得到的涂层比较致密；反之，若悬浮液粉体含量较低，则颗粒排列堆积比较松散，涂层中残留较多的孔洞。

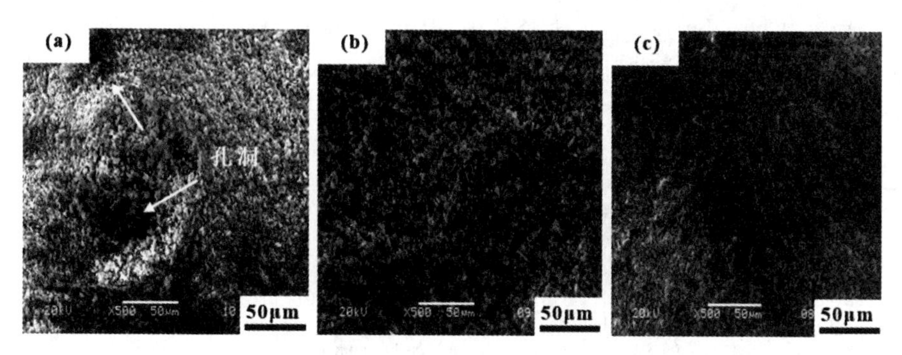

图 3-16 不同固含量悬浮液条件下所制备的 C-$AlPO_4$涂层的表面 SEM 照片

(a)5 g/L； (b)10 g/L； (c)20 g/L

图 3-17 所示为不同固含量悬浮液条件下所制备的 C-$AlPO_4$涂层断面形貌(c=5 g/L,10 g/L,20 g/L,沉积电压 220 V,沉积温度 100℃,沉积时间 25 min,碘浓度c_I=0.6 g/L)。从断面形貌的对比也可看出，随着悬浮液粉体含量的增加，涂层的致密化程度越来越高；此外，涂层与基底的界面结合状态也越来越紧密。当悬浮液中粉体含量为5 g/L时，涂层比较疏松，涂层与基底界面结合状态较差且有裂纹出现；随着悬浮液粉体含量的增加，涂层致密性提高，与基底之间的结合状态得到改善；当悬浮液中粉体含量增加到20 g/L时，涂层致密，与基体紧密地结合在一起，部分还渗入到基体内部(图中箭头所示)。由此可知，增加悬浮液粉体含量，有利于制备表面致密、厚度均匀且结合力好的涂层。

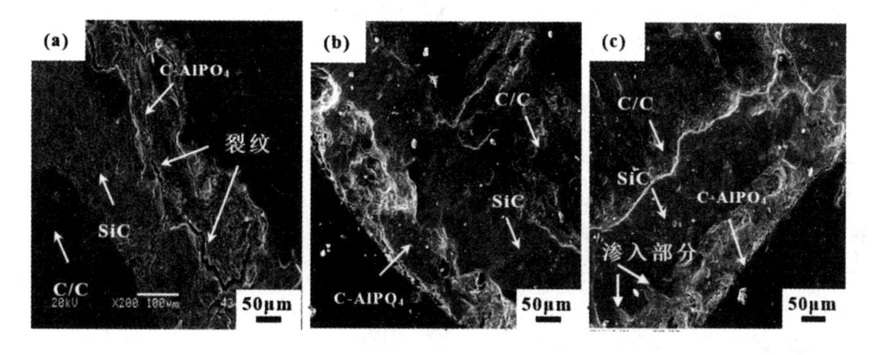

图 3-17 不同固含量悬浮液条件下所制备的 C-$AlPO_4$涂层断面的 SEM 照片

(a)5 g/L； (b)10 g/L； (c)20 g/L

3.3.7 水热电泳沉积 C - $AlPO_4$ 涂层优化工艺参数的确定

水热电泳沉积过程中影响因素多，作用机理复杂，实验中忽略部分参数如粒子电荷、黏度等，这里只研究外部参数对水热电泳沉积的影响(悬浮液的浓度 $c=20\ g \cdot L^{-1}$，碘的浓度为 $0.6\ g \cdot L^{-1}$)。结合前面的实验基础，以 C - $AlPO_4$ 涂层的沉积量作为考察指标，选取沉积温度、沉积电压、沉积时间三个因素作为变化因素，采用 $L^9(3^3)$ 正交表进行实验。实验结果见表 3 - 4。

表 3 - 4 正交实验结果

序 号	沉积电压/V	沉积时间/min	沉积温度/℃	沉积量/(10^{-3}g · cm^{-2})
1	1(180)	1(15)	1(80)	1.8
2	1(180)	2(25)	2(100)	3.1
3	1(180)	3(35)	3(120)	5.1
4	2(200)	1(15)	2(100)	3.3
5	2(200)	2(25)	3(120)	7.3
6	2(200)	3(35)	1(80)	6.4
7	3(220)	1(15)	3(120)	9.5
8	3(220)	2(25)	1(80)	7.7
9	3(220)	3(35)	2(100)	12.2
K_1	0.010 0	0.014 6	0.015 9	
K_2	0.017 0	0.018 1	0.018 6	
K_3	0.029 4	0.023 7	0.021 9	
k_1	0.003 3	0.004 9	0.005 3	
k_2	0.005 7	0.006 0	0.006 2	
k_3	0.009 8	0.007 9	0.007 3	
R	0.006 5	0.003 0	0.002 0	

由表 3 - 4 可见，所选工艺参数对涂层的沉积量有较为明显的影响，其中第 9 组工艺水平组合 $A_3B_3C_2$ 所得沉积量最高。表中极差值的大小反映涂层沉积量随因素水平变化的幅度。根据各因素极差值的大小可知，各因素对沉积量的影响作用：沉积电压 $>$ 沉积时间 $>$ 沉积温度。

考虑到过长的沉积时间和过高温度会导致涂层不均匀，另外高沉积电压和短时间所获涂层较好，涂层表现为致密无裂纹，所以经综合分析可以得出最优工艺水平组合为 $A_3B_2C_2$，即沉积电压 220 V，沉积时间 25 min，沉积温度 100℃。

图 3 - 18 所示为优化条件下($c=20$ g/L，$c_1=0.6$ g/L，$U=220$ V，$T=100$℃，$t=$

25 min)所制备的复合涂层的表面 SEM 谱图。可以看出，涂层表面由许多细小的颗粒状晶粒组成，颗粒紧密堆积，涂层比较致密和均匀。相应的 EDS 面能谱分析表明(见图 3－19)，涂层表面主要由 O，Al 及 P 元素组成，半定量计算为 $AlPO_4$。符合粉体的物相构成。

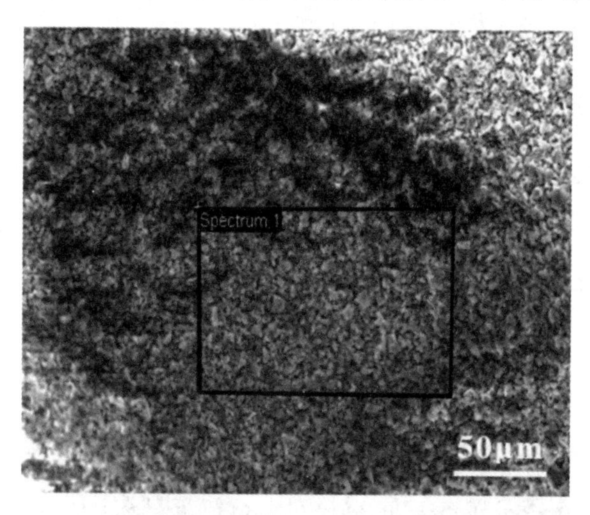

图 3－18 优化条件下复合涂层表面 SEM 谱图
(c=20g/L，c_1=0.6g/L，U=220V，T=100℃，t=25 min)

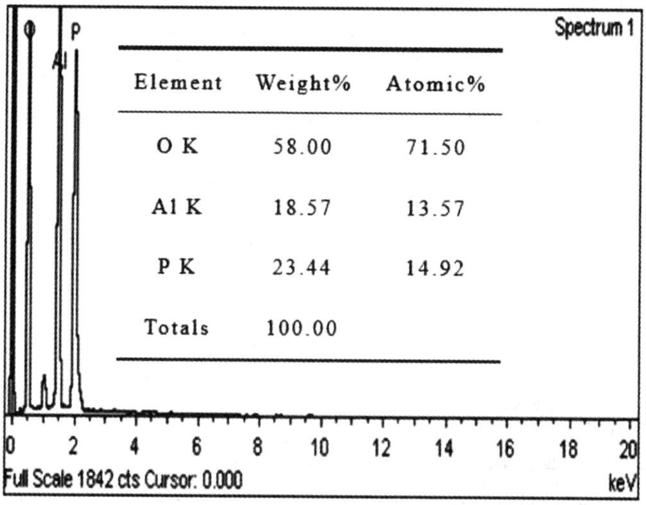

Spectrum 1

Element	Weight%	Atomic%
O K	58.00	71.50
Al K	18.57	13.57
P K	23.44	14.92
Totals	100.00	

O Al P
0 2 4 6 8 10 12 14 16 18 20
Full Scale 1842 cts Cursor: 0.000 keV

图 3－19 优化条件下复合涂层断面元素面能谱分析

图 3－20 所示为优化条件下所制备的复合涂层的断面 SEM 谱图。由图可知，涂层为 2 层结构，采用包埋法制备的 SiC 内涂层的厚度大约为 100 μm，采用水热电泳沉积法所制备的 C－$AlPO_4$ 外涂层厚度大约为 60 μm，整个涂层厚度均匀且致密，内外涂层之间结合紧密，无开裂及剥离等现象，这说明 C－$AlPO_4$ 外涂层与 SiC 内涂层之间具有良好的物化相容性，同时也说明了该制备工艺的优越性。对应的 EDS 线能谱扫描分析表明(见图

3－21)，外涂层主要由O，Al及P三种元素组成，为C－$AlPO_4$涂层，内层则基本由Si和C元素组成，为SiC涂层。少量Al元素的存在是由于在内涂层制备过程引入的Al_2O_3促渗剂所致。未见B_2O_3促渗剂所致的B元素，分析是因为B的原子量小，线能谱打不出。以上基本符合涂层的结构设计。

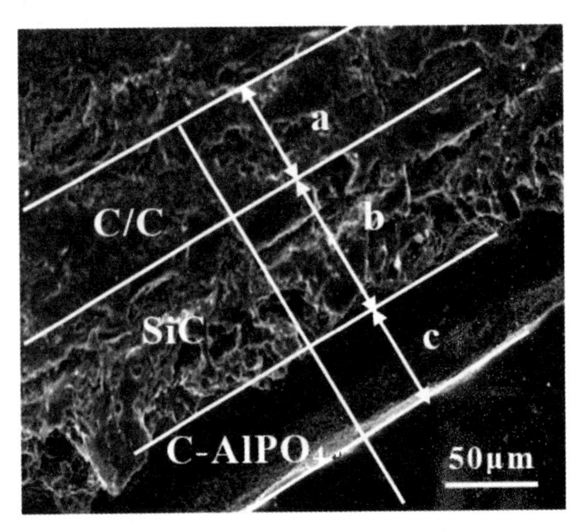

图3－20　复合涂层断面SEM谱图

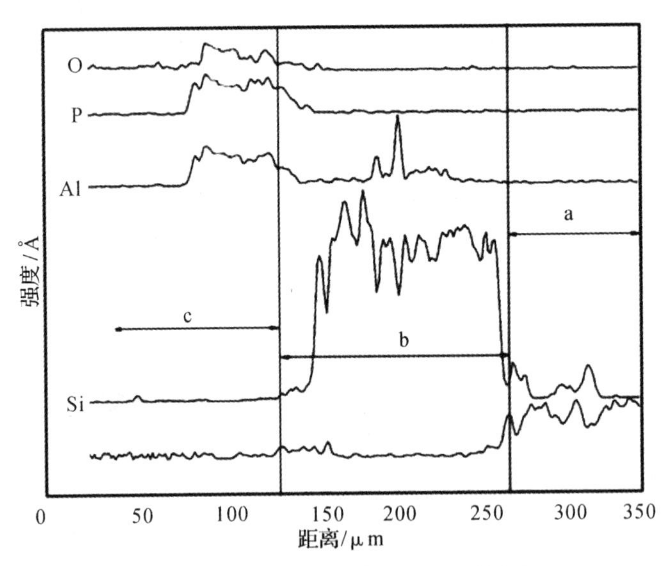

图3－21　复合涂层断面元素线能谱分析

注：图中的a，b，c分别对应图3－20中的C/C，SiC和C－$AlPO_4$

3.3.8　水热电泳沉积制备C－$AlPO_4$外涂层的结合强度

结合力强度测试表明(见表3－5)，采用优化工艺参数(c＝20 g/L，c_1＝0.6 g/L，U＝

220 V,T=100℃,t=25 min)在C/C-SiC基体表面制备的C-AlPO$_4$外涂层的结合强度可达30 MPa左右。采用常规电泳方法(c=20 g/L,c_1=0.6 g/L,U=220 V,室温,t=25 min)在C/C-SiC基体表面沉积的C-AlPO$_4$外涂层,其结合强度大概为9 MPa。充分说明了水热电泳沉积法的优点。

表3-5 结合强度测试结果

采用工艺	结合强度/MPa	偏 差
电泳沉积	9	±3.18
水热电泳沉积	30	±3.21

3.3.9 磷酸铝晶相结构对复合涂层显微结构的影响

1.涂层的XRD分析

图3-22所示为不同晶相条件下,采用优化工艺所制备涂层表面的XRD谱图。从图3-22可以看出:涂层中晶相分别为B-AlPO$_4$,T-AlPO$_4$及C-AlPO$_4$,对应的JCPDS卡片号分别为48-0652;51-1674及11-0500,符合初始粉体的物相构成。采用B-AlPO$_4$粉体所制备的涂层中B-AlPO$_4$晶相的衍射峰较弱,这是由于B-AlPO$_4$为石英型磷酸铝,与石英晶体类似,因而衍射峰类似于馒头峰。另外所制备的涂层中SiC晶相的衍射峰较强,这可能是由于所制备涂层薄且厚度不均,从而被X射线探测到基体所致。采用B-AlPO$_4$及C-AlPO$_4$粉体所制备的涂层中没有SiC晶象的衍射峰,且其晶相衍射峰均比较强。

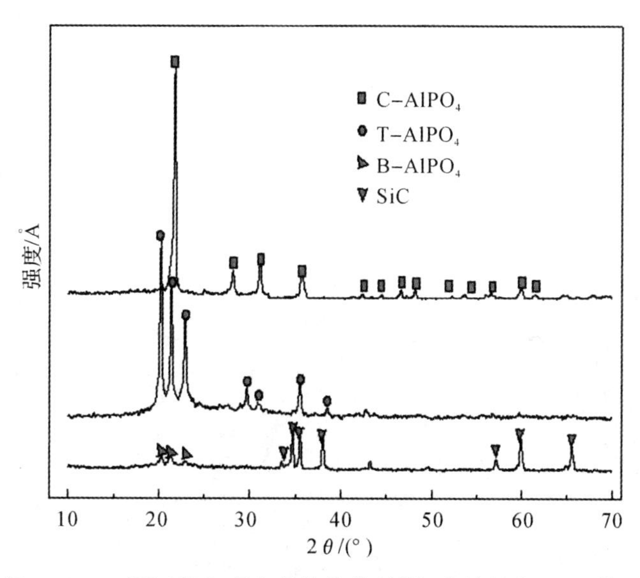

图3-22 不同AlPO$_4$晶相结构条件下所沉积涂层的XRD谱图

2. 涂层的形貌分析

图 3-23 所示为不同 $AlPO_4$ 晶相条件下所沉积涂层表面的 SEM 照片。由图可以看出涂层表面由颗粒状晶粒构成，结合图 3-22 的 XRD 分析可知，其分别为 B-$AlPO_4$，T-$AlPO_4$ 及 C-$AlPO_4$ 晶粒。涂层的均匀性及致密性随着 $AlPO_4$ 晶相的不同表现出较大差异。采用 B-$AlPO_4$ 粉体所制备的涂层比较疏松，还有一些较大的孔洞及裂纹存在(见图 3-23(a))，这与图 3-22 中采用 B-$AlPO_4$ 粉体所制备的涂层衍射峰弱且有大量 SiC 的衍射峰存在是完全吻合的。采用 T-$AlPO_4$ 粉体所制备的涂层的致密性和均匀性相比于 B-$AlPO_4$ 有很大的提高，但是表面存在较多小孔(见图 3-23(b))。采用 C-$AlPO_4$ 粉体所制备的涂层的孔隙率明显降低，表面比较均匀致密(见图 3-23(c))。

图 3-23　不同 $AlPO_4$ 晶相条件下所沉积涂层表面的 SEM 照片

图 3-24 所示为不同 $AlPO_4$ 晶相条件下所沉积涂层的断面形貌。由图可以看出，由包埋法所制备的 SiC 内涂层厚度大约为 80 μm，水热电泳沉积法所制备的C-$AlPO_4$外涂层的厚度在 50～60 μm 之间。所制备的外涂层与 SiC 内涂层之间结合程度随着 $AlPO_4$ 晶相的不同表现出较大差异。采用 B-$AlPO_4$ 粉体所制备的涂层(见图3-24(a))较薄而且厚度不均匀，涂层自身的内聚力较差且内部存在较多缺陷。采用T-$AlPO_4$ 粉体所制备的涂层(见图 3-24(b))的均匀性和致密性相对于 B-$AlPO_4$ 有明显改善，涂层与基体的结合也有所改善但是明显存在裂纹。采用 C-$AlPO_4$ 粉体所制备的涂层厚度均匀且致密，涂层与基体之间结合得也较好，没有裂纹存在(见图 3-24(c))。

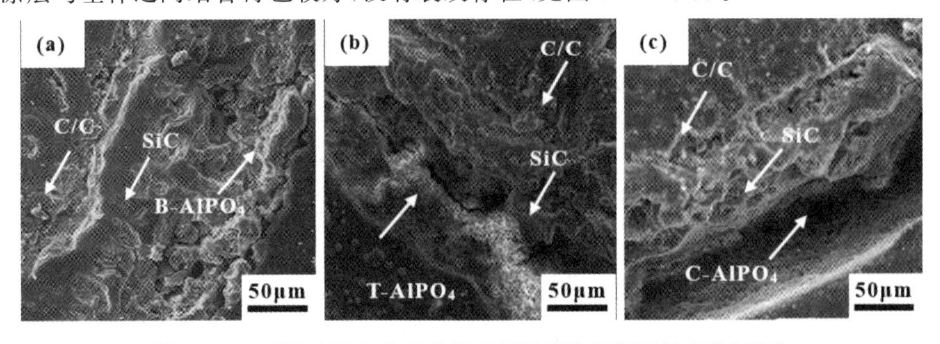

图 3-24　不同 $AlPO_4$ 晶相条件下所沉积涂层断面的 SEM 照片

表3-6给出了不同$AlPO_4$晶相的热膨胀系数及晶胞参数。相比于SiC的热膨胀系数($4.3\times10^{-6}\sim5.4\times10^{-6}$℃),C-$AlPO_4$最为接近,B-$AlPO_4$与T-$AlPO_4$的相差较大。水热电泳沉积过程中,热膨胀系数的差异会使内外涂层之间产生热应力,是导致涂层产生裂纹的直接原因。B-$AlPO_4$与T-$AlPO_4$由于热膨胀系数与SiC的热膨胀系数相差较大,因而不同程度地与基体间出现了裂纹。C-$AlPO_4$由于热膨胀系数十分接近SiC的,因而与基体间表现出了良好的物理化学相容性,无显微裂纹。另外由表3-6的晶胞参数可知石英型磷酸铝(B-$AlPO_4$)晶体结构为棒状结构,鳞石英型磷酸铝(T-$AlPO_4$)晶体结构为片状结构,方石英磷酸铝(C-$AlPO_4$)晶体结构为立方结构。

表3-6 $AlPO_4$晶相的热膨胀系数及晶胞参数

$AlPO_4$晶相	相变温度/℃	热膨胀系数/(10^{-6}℃$^{-1}$)	晶胞参数
(B-$AlPO_4$)	500	7.5	a=9.638,b=8.664,c=18.280
(T-$AlPO_4$)	953	8.3	a=37.399,b=5.047,c=26.224
(C-$AlPO_4$)	1 303	5.5	a=7.082,b=7.098,c=6.993

电泳过程中,涂层的形成过程如下所述:①微粒以荷电离子的形式进入溶液;②由于电压驱动力以及溶解区和生长区之间的浓度差,这些荷电粒子被输运到生长区;③荷电粒子在生长界面上的吸附、分解与脱附;④吸附物质在界面上运动;⑤成核期,微粒聚集在基体表面形成小的团聚体——岛;⑥岛的长大,岛状团聚体因新微粒的加入而逐渐长大;⑦岛间的连接,当岛状团聚体长大到一定尺寸,相互间连接起来形成网络状结构;⑧形成紧密层,随着颗粒的不断填充,网络中的空隙逐渐变小,填充到一定程度,颗粒更倾向于在第一层上形成第二层,如此继续,最终形成涂层。

水热电泳沉积过程中,C-$AlPO_4$颗粒由于吸附有机介质分子(异丙醇)离解出的H^+而带正电(见式(2-10))。

按照此过程以及沉积过程中荷电颗粒的吸附-聚集随机性,B-$AlPO_4$与T-$AlPO_4$及C-$AlPO_4$涂层的形成将如图3-25所示。由于晶体结构在很大程度上影响涂层的致密性、均匀性及缺陷程度,因而采用不同晶相结构的$AlPO_4$粉体所制备的涂层在形貌上表现出了较大的不同(见图3-23和图3-24)。B-$AlPO_4$棒状晶粒会形成疏松且缺陷较多的涂层(见图3-25(a)),C-$AlPO_4$立方结构的晶粒则会形成致密且缺陷少的涂层(见图3-25(c)),T-$AlPO_4$则介于二者之间(见图3-25(b))。

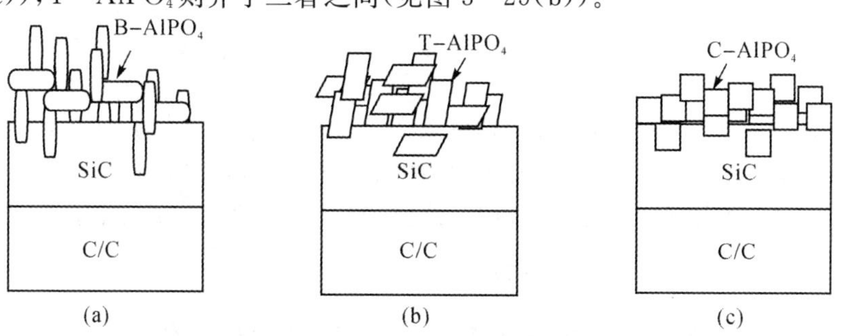

图3-25 不同$AlPO_4$晶相条件下所制备涂层的形成过程

3.4 水热电泳沉积制备 C－$AlPO_4$ 外涂层的动力学研究

动力学可以从电化学角度去分析，结合菲克扩散定律给出相应的方程式，沉积活化能可以利用 Arrhenius 方程求出。笔者课题组邓飞等[2]做了此方面的初步研究，给出了不同沉积温度下涂层的沉积量 X 与时间 t 的关系：

$$X=\mathrm{Const}\sqrt{Dt} \tag{3-5}$$

依据此关系式如果涂层沉积量 X 与时间 $t^{1/2}$ 曲线满足线性关系，则可以证明悬浮液荷电颗粒向阴极基体的扩散迁移为涂层沉积的控制步骤。

图 3－26 所示为在 80～120℃之间 C－$AlPO_4$ 涂层沉积量随温度的变化关系曲线图。由图可知涂层的沉积量随着水热温度的提高而增加。分析是因为温度升高导致了扩散系数按照指数规律增加，因而溶液中的离子能够更快速地扩散到基体表面进行沉积，故相应的沉积量增大。图 3－27 所示是温度为 80℃，100℃和 120℃时，C－$AlPO_4$ 涂层沉积量与时间平方根的关系曲线图。由图可以看出，C－$AlPO_4$ 涂层沉积量与时间平方根呈很好的线性关系，这说明 C－$AlPO_4$ 带电颗粒向阴极基体的扩散迁移为涂层沉积过程中的控制步骤。

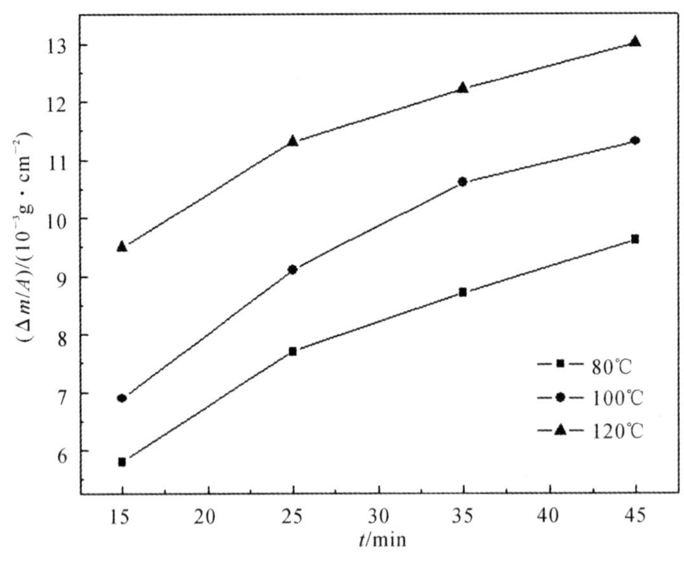

图 3－26　不同温度下沉积涂层质量与时间的关系

图 3－27 所示的实验数据经过计算可以得到 ln$K$($K=(X/t^{1/2})$，式中，X 为涂层沉积质量，t 为沉积时间)与 $1/T$(T 为沉积温度)的关系曲线图，如图 3－28 所示。经数据拟合发现 ln$K$ 与 $1/T$ 之间存在线性关系，相关系数较高($R=0.997\ 38$)，则有

$$D=D_0\exp\frac{-E_a}{RT} \tag{3-6}$$

式中，D 为扩散系数；E_a 为反应的活化能；T 为沉积温度；D_0 和 R 为常数。

将 Arrhenius 方程代入式(3-6),两边同取自然对数可得

$$\ln K = -\frac{E_a}{2RT} + \ln K_0 \tag{3-7}$$

由式(3-7)可知,图3-28中直线的斜率为 $-\frac{E_a}{2R}$,从而可求出采用水热电泳沉积在C/C-SiC表面制备C-$AlPO_4$涂层的沉积活化能 E_a。经计算 E_a 为21.88 kJ/mol,低于一般化学反应的活化能(40～40 010 kJ/mol)。这是因为水热条件下的特殊物理化学环境加快了溶液中的传质速度,充分说明了水热电泳沉积法的优越性。

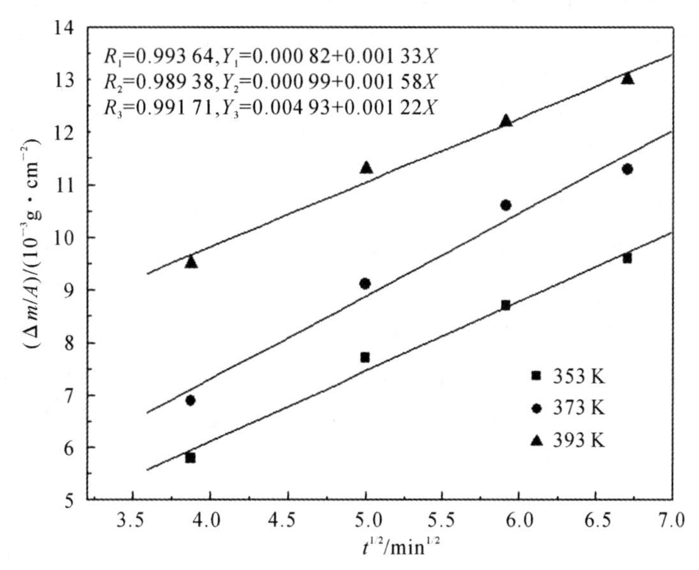

图3-27 不同温度下涂层沉积质量与时间二次方根的关系

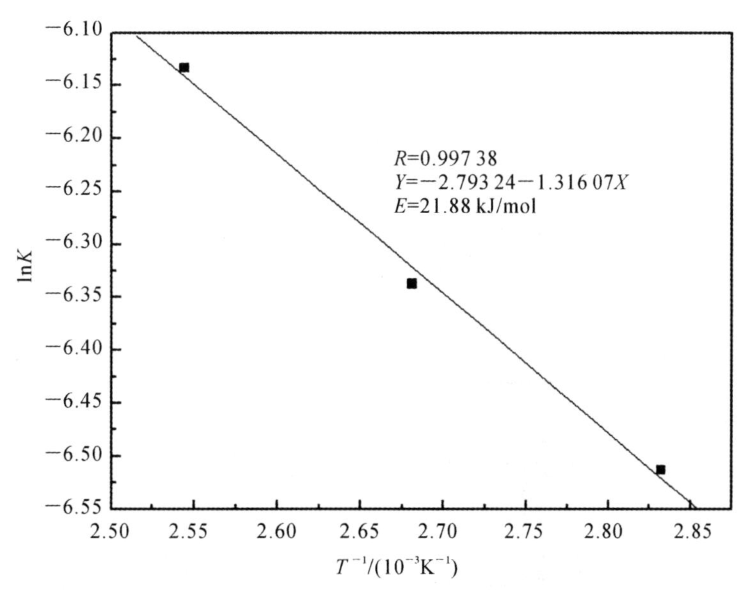

图3-28 水热电泳沉积C-$AlPO_4$涂层的 $\ln K-1/T$ 曲线

3.5 复合涂层的抗氧化性能及其氧化、失效机理

将优化条件下(c=20 g/L,c_1=0.6 g/L,U=220 V,T=100℃,t=25 min)所获得的致密均匀的 C-$AlPO_4$ 涂层试样放在 1 500℃ 静态空气中进行抗氧化试验。由于 C-$AlPO_4$ 自身物理化学特性,在高温氧化试验中会使涂层出现自愈合现象来避免样品表面存在细小缺陷,因而可以使样品具有长时间的抗氧化性能。图 3-29 所示为 SiC/C-$AlPO_4$涂层 C/C 试样在 1 300~1 500℃ 条件下氧化 21 h 后的失重曲线。其中 1 300℃的氧化失重率为0.16%,1 400℃的氧化失重率为 0.25%,1 500℃的氧化失重率为 0.32%。相比于单纯 SiC 的涂层,试样的抗氧化性能大大改善。另外由图 3-29 可以看出,在1 300~1 500℃的温度区间,随着温度的升高,涂层的氧化失重率呈现缓慢增长的趋势,且均表现为上凸型的曲线关系。这可以说明涂层的等温氧化质量损失随时间增加是减小的。将相应的单位面积涂层失重率 ΔW_t的平方对时间 t 作图(见图 3-30),发现确实为直线规律,由此证明试样在不同温度下的氧化失重行为服从抛物线规律。

当材料进入氧化失重阶段时,涂层的防氧化主要由以下依次相随的几个过程所决定:①氧由介质/C-$AlPO_4$层界面扩散穿过 C-$AlPO_4$层向 SiC/C-$AlPO_4$界面迁移;②氧通过涂层晶界或缺陷向涂层/基体界面的快速迁移;③在 SiC/C-$AlPO_4$界面处氧与 SiC 发生反应;④在涂层/基体界面处氧与 C 发生氧化反应。依据材料的氧化理论,具有 SiC/C-$AlPO_4$涂层的 C/C 复合材料的氧化将受以上步骤中速率最慢的过程所控制。

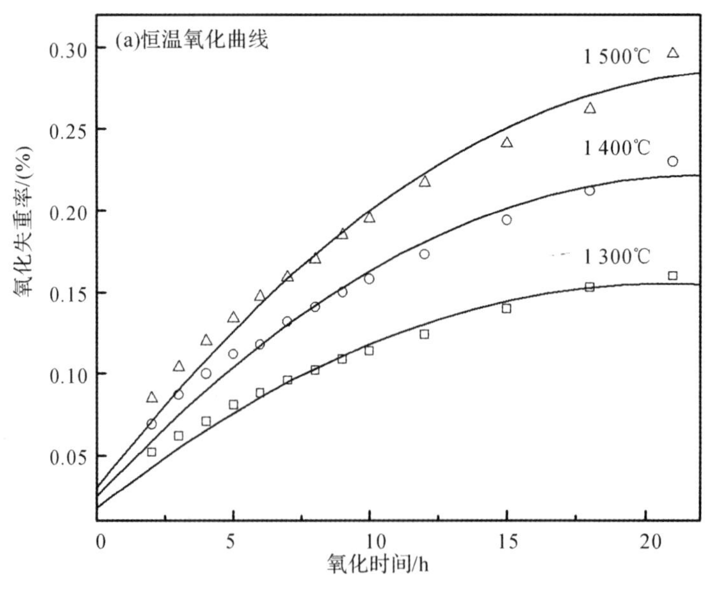

图 3-29 不同温度下 SiC/C-$AlPO_4$涂层 C/C 试样的氧化失重曲线

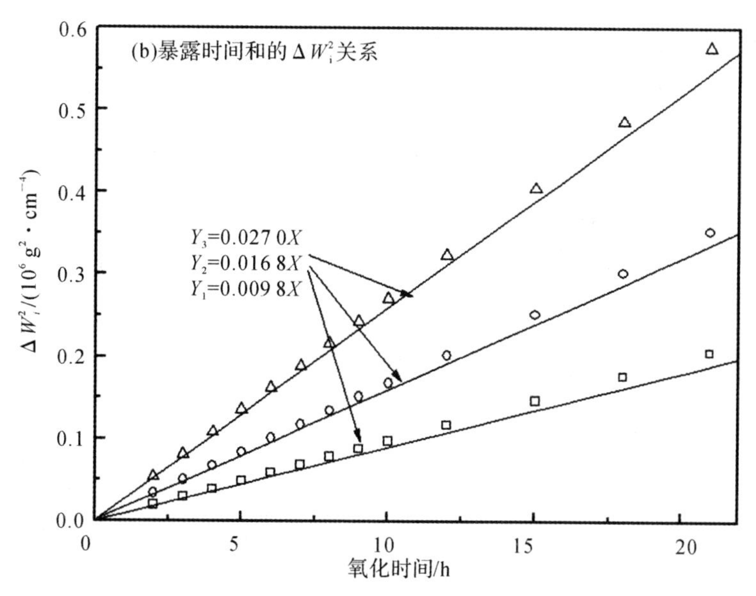

图 3－30 不同温度下 SiC/C－$AlPO_4$涂层 C/C 试样的氧化失重平方(ΔW_t^2)与时间的关系曲线

当氧化受过程①控制时，氧在 C－$AlPO_4$层中的体扩散速率决定了涂层 C/C 复合材料的氧化质量损失速率。在大于 C－$AlPO_4$层熔化温度（约 1 300℃）条件下，SiC/C－$AlPO_4$涂层相将形成具有一定黏性的类玻璃态熔体，近一步流渗可愈合涂层内的缺陷，因而可使涂层获得最有效的防氧化效果。如果材料的氧化受过程②控制，由于氧在晶界、孔隙、微裂纹等缺陷处的扩散系数明显大于其在晶格内的扩散系数，使氧向基体入侵时的扩散通量增大，材料的氧化失重速率加快。但由于该过程同样受控于氧在涂层缺陷内的扩散速率，因此涂层仍然具有一定的氧化防护作用。如果材料的氧化受碳的氧化反应控制时，即过程④，则氧在涂层中的迁移速率不影响整个氧化过程的反应速率，氧在其传输通道中的浓度分布是均匀的，此时，涂层对 C/C 复合材料不具有保护作用。过程③的反应是氧化质量增加过程，显然该过程在材料氧化质量损失阶段不起主要作用。

结合李龙等[10]的分析可知，若涂层 C/C 试样在不同温度下的氧化失重行为服从抛物线规律，那么 O_2气通过环境在致密的涂层内扩散，并到达 C/C 基体与 SiC 涂层的界面应该为该涂层 C/C 试样氧化过程中最慢的一步，即控制步骤。

另外有研究表明[11]，当涂层 C/C 复合材料的氧化质量失重分别受过程①、过程②和④控制时，相应的氧化激活能分别为 112 kJ/mol，80 kJ/mol 和 164 kJ/mol。将图 3－30 拟合直线的斜率取对数对温度作图可以得到 SiC/C－$AlPO_4$涂层 C/C 试样在1 300～1 500℃范围内的 Arrhenius 曲线，如图 3－31 所示。经计算 SiC/C－$AlPO_4$涂层 C/C 复合材料在 1 300～1 500℃范围内的氧化激活能约为 117.2 kJ/mol，与过程①的激活能相当，说明 SiC/C－$AlPO_4$涂层试样的氧化过程主要受氧在 C－$AlPO_4$层中的体扩散速率所控制。因此，根据过程①的分析可知该涂层在 1 300～1 500℃温度下 21 h 内具有良好的抗氧化性能。

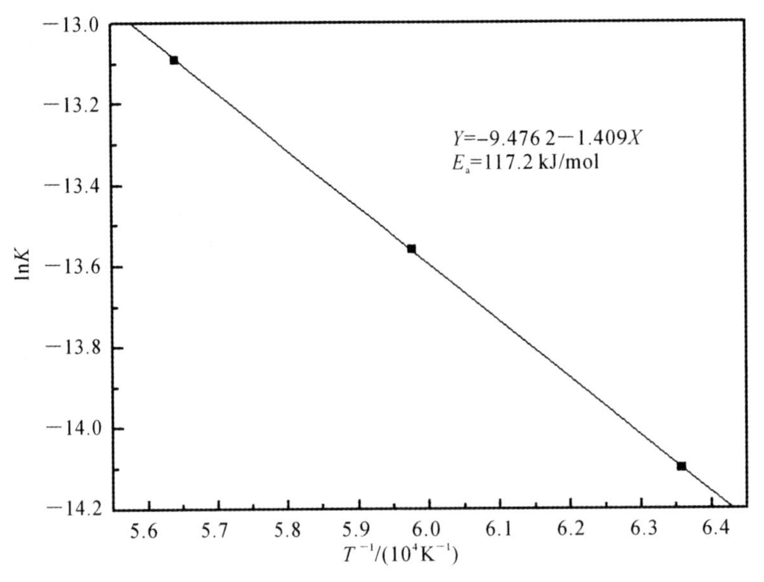

图 3-31　SiC/C-AlPO$_4$涂层 C/C 试样在 1 300～1 500℃范围内的 Arrhenius 曲线

进一步的氧化测试结果表明(见表 3-7),SiC/C-AlPO$_4$涂层 C/C 试样在 1 500℃条件下氧化 45 h 后失重较大,这说明涂层已经失效。相应的 XRD 谱图如图 3-32 所示。由图可知,氧化后复合涂层的物相为 $Al(PO_3)_3$,Al_2O_3及 SiO_2相,据此可以推断复合涂层试样在该氧化温度下大概发生了以下反应:

$$C-AlPO_4(s) \longrightarrow C-AlPO_4(m) \tag{3-8}$$

$$3C-AlPO_4(s) \longrightarrow Al(PO_3)_3(s)+Al_2O_3(s) \tag{3-9}$$

$$2C-AlPO_4(s) \longrightarrow Al_2O_3(s)+PO_x(g) \tag{3-10}$$

$$SiC(s)+2O_2(g) \longrightarrow SiO_2(s)+CO_2(g) \tag{3-11}$$

$$Si(s)+O_2(g) \longrightarrow SiO_2(g) \tag{3-12}$$

$$C(s)+O_2(g) \longrightarrow CO_2(g) \tag{3-13}$$

$$2C(s)+O_2(g) \longrightarrow 2CO(g) \tag{3-14}$$

其中式(3-9)和式(3-10)使试样失重,式(3-11)和式(3-12)使试样增重。C-AlPO$_4$涂层材料的分解生成了 $Al(PO_3)_3$及 Al_2O_3相。SiC 内涂层的氧化生成了 SiO_2相。式(3-13)、式(3-14)为 C/C 基体的氧化反应。

表 3-7　SiC/C-AlPO$_4$涂层 C/C 试样在 1 500℃ 空气环境中的等温氧化测试数据

t/h	氧化失重率 ΔW/(%)	t/h	氧化失重率 ΔW/(%)
0	0	12	0.217
1	0.062	15	0.241
2	0.085	18	0.262
3	0.104	21	0.320

续 表

t/h	氧化失重率 ΔW/(%)	t/h	氧化失重率 ΔW/(%)
4	0.121	26	0.401
5	0.134	30	0.449
6	0.147	35	0.483
7	0.159	37	0.530
8	0.172	40	0.828
9	0.185	43	1.346
10	0.195	45	1.951

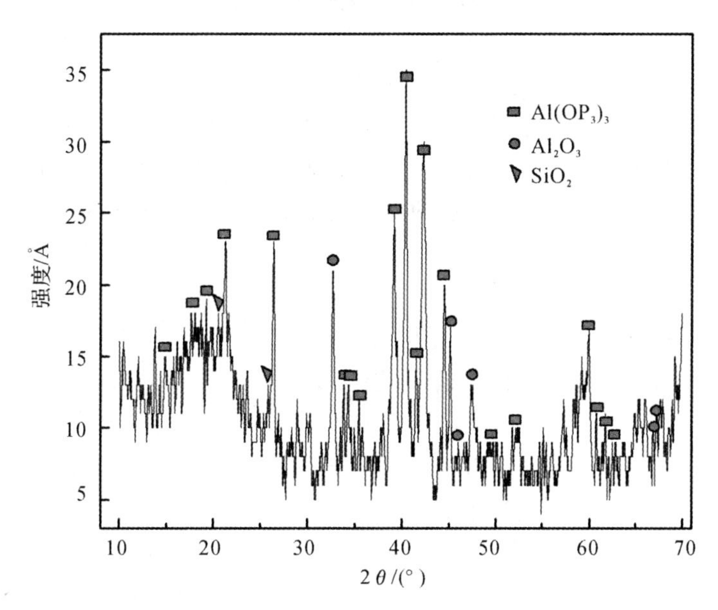

图 3－32 SiC/C－AlPO$_4$涂层 C/C 试样在 1 500℃条件下氧化 45 h 的 XRD 谱

结合复合涂层 C/C 试样氧化 45 h 后的表面形貌(见图 3－33(a))分析可知,涂层试样在氧化后确实生成了一层致密的偏磷酸盐玻璃相(含有 $Al(PO_3)_3$,Al_2O_3 及少量 SiO_2)。该偏磷酸盐玻璃层在氧化前期可有效阻止氧向试样内部扩散,因而可使涂层具有良好的抗氧化效果,这与前半部分的分析是相符合的。然而在试样中也同时存在如图 3－33(b)所示的氧化形貌,即试样表面存在大量孔洞。这是由于实验过程中因为称重,涂层遭受循环热冲击内部出现裂纹,为 O_2 向试样内部的扩散提供了通道,导致式(3－13)和式(3－14)反应的发生,产生了数目较多的 CO 和 CO_2 气体,这些气体不断地在偏磷酸盐玻璃层表面逸出所造成的。由于这些孔洞的存在,大大地降低了涂层结构的致密性,加速了 C/C 基体的氧化,因而最终导致了涂层的失效。

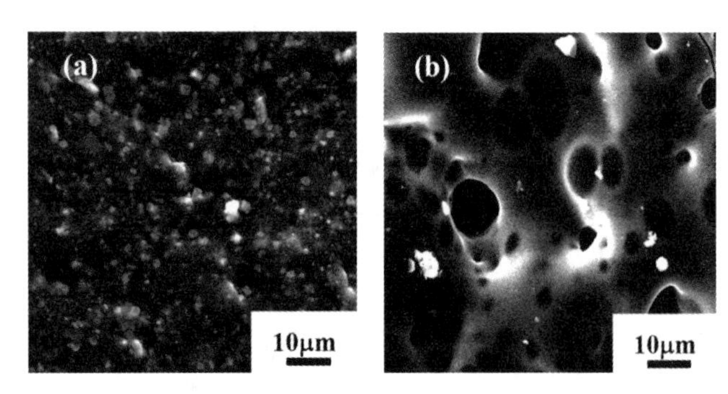

图 3-33　SiC/C-$AlPO_4$涂层 C/C 试样在 1 500℃条件下氧化 45 h 的表面形貌

3.6　本章小结

(1)方石英型磷酸铝粉粒(C-$AlPO_4$)由于吸附有机介质分子离解出的 H^+ 而带正电,其悬浮液的分散稳定性在异丙醇中最好,在乙醇中次之,在丙酮中很差。

(2)采用水热电泳沉积法可以在 C/C-SiC 表面制备 C-$AlPO_4$涂层。水热沉积电压、温度及悬浮液固含量对所制备涂层的晶相组成和显微结构有较大的影响。优化工艺参数为悬浮液固含量 c=20 g/L,碘浓度 c_1=0.6 g/L,电压 U=220 V,温度 T=100℃及时间 t=25 min。

(3)$AlPO_4$晶相对 C/C 复合材料复合涂层的显微结构有着有较大的影响。采用 B-$AlPO_4$粉体所制备的涂层比较疏松,涂层自身的内聚力较差且涂层内部存在较多缺陷,采用 T-$AlPO_4$粉体所制备的涂层的致密性和均匀性相比于 B-$AlPO_4$有很大的提高,但是表面存在一些小孔且涂层与基体间存在明显裂纹,采用 C-$AlPO_4$粉体所制备的涂层最致密且无明显的裂纹,与基体结合良好。

(4)动力学研究表明,C-$AlPO_4$带电颗粒在悬浮液中向阴极基体的扩散迁移为涂层沉积过程的控制步骤。经计算涂层的沉积活化能为 21.88 kJ/mol。

(5)复合涂层在 1 300~1 500℃的温度范围内具有良好的抗氧化性能,其氧化激活能为 117.2 kJ/mol。氧在 C-$AlPO_4$层中的扩散为复合涂层氧化过程的控制步骤。

(6)偏磷酸盐玻璃层上由于氧化气体的逸出而留下的孔洞是复合涂层防氧化失效的主要原因。

参考文献

[1]　Huang Jianfeng, Zhang Yutao, Zeng Xierong, et al. Hydrothermal Electrophoretic Deposition of Yttrium Silicate Coating on SiC-C/C Composites[J]. Mater Technol, 2007, 22(2): 85-87.

[2]　邓飞. 碳/碳复合材料抗氧化涂层水热电沉积新技术研究[D]. 西安: 陕西科技大

学，2007.

[3] Huang Jianfeng, Zhu Guangyan, Cao Liyun, et al. Novel Hydrothermal Electrodeposition Process Used to Coat Carbon/Carbon Composites With Hydroxyapatite[J]. American ceramic society bulletin，2008，87(1)：9201－9204.

[4] 王振杰，叶大年. $AlPO_4$高温高压相变研究[J]. 地质科学，1990，(3)：287－293.

[5] 王新鹏，田莳. 磷酸铝相变及其热性能和介电性能[J]. 稀有金属材料与工程，2005，34(s2)：716－719.

[6] 陈宗淇. 胶体与界面化学[M]. 北京：高等教育出版社，2001.

[7] 方敏，张宗涛，胡黎明. 纳米 ZrO_2 粉末的悬浮流变特性与注浆成型研究[J]. 无机材料学报，1995，10(4)：417－422.

[8] Sarkar P, Xuening H, Nicholson P S. Structural Ceramic Microlaminates by Electrophoretic Deposition [J]. J. Am. Ceram. Soc.，1992，75(10)：2907－2909.

[9] Argirusis C, Damjanovic T, Stojanovic M, et all. Synthesis and Electrophoretic Deposition of an Yttrium Silicate Coating System for Oxidation Protection of C/C－Si－SiC Composites[J]. Adv. Mater. Processes，2005，494：451－456.

[10] 李龙. 碳/碳复合材料多重环境下的氧化机理研究[D]. 西安：西北工业大学，2005.

[11] Wu Tsungming, Wu Yungrong. Methodology In Exploring the Oxidation Behaviour of Coated－Carbon/Carbon Composites[J]. J. Mater. Sci.，1994，29(5)：1260－1264.

第4章 脉冲电弧放电沉积法制备 C－$AlPO_4$ 外涂层

4.1 引 言

目前，对于碳/碳复合材料的氧化保护，不论是制备技术领域，还是涂层系统设计领域，我国的相关研究机构都取得了斐然的成就。尤其是近几年在抗氧化保护领域，很多高校和相关研究单位的研究体系和研究思路越来越宽，开发了许多抗氧化性能优异的涂层系统，发明了多种抗高温氧化的制备工艺。但是也存在很多问题，很多工艺技术虽然制备的涂层具有较好氧化防护性能，但是制备的工艺技术环境很多要求在超高温下开展，工艺流程操作复杂，消耗大量的时间和财力。因此，对于深入研究涂层技术是有其现实意义的，有望解决一直存在的问题。为此，本章提出一种简单高效制备涂层的方法——脉冲电弧放电沉积法，并采用脉冲电弧放电沉积法成功地制备了 C－$AlPO_4$ 外涂层。

脉冲电弧放电沉积是指将脉冲原理[1-2]和方法应用到电沉积技术中，将具有特殊性能的固体颗粒配置成一定固含量的悬浮液，经过搅拌或超声波分散使之均匀悬浮，脉冲电弧放电的过程中产生很大的瞬时峰值电流，在极高的电位下进行电沉积，固体颗粒在电沉积过程中与基体沉积结合，从而得到均匀致密且性能优异的沉积涂层。与水热电泳沉积技术相比，脉冲电弧放电沉积工艺能增加悬浮液体系的分散能力，具有沉积速率快，电流效率高等优点，在优等技术条件下可获得更加均匀致密、结合力优良且抗氧化性能更加优越的复合涂层[3-5]。

本章内容主要包括：采用更加低廉高效的脉冲电弧放电沉积制备方石英磷酸铝涂层，研究了脉冲电弧放电沉积方法制备方石英型磷酸铝（C－$AlPO_4$）外涂层的沉积工艺（放电电压 U、脉冲电源的频率 f、脉冲占空比 γ 等）对脉冲电弧放电沉积涂层的影响，继而得到防氧化性能最优的涂层工艺参数。

4.2 C－$AlPO_4$ 外涂层的制备及表征

4.2.1 C－$AlPO_4$/SiC－C/C 试样的制备

C－$AlPO_4$/SiC－C/C 试样制备的工艺条件：脉冲沉积电压为 330～420 V，脉冲频率为 200～2 000 Hz，脉冲占空比为 20%～50%。我们通过调整脉冲电弧实验过程中的脉冲电压、脉冲频率和脉冲占空比，寻求一种制备均匀致密且氧化防护性能良好的外涂层。

4.2.2 C-AlPO$_4$/SiC 复合涂层试样的表征及性能测试

XRD 测试分析过程具体见 4.3 中的图 4-1；SEM 测试分析具体见图 4-2；防氧化能力测试分析具体见图 4-3。

4.3 结果与讨论

4.3.1 脉冲沉积电压对涂层显微结构及性能的影响

1. 沉积 C-AlPO$_4$ 外涂层的 XRD 分析

图 4-1 所示为不同脉冲电压下制备的 C-AlPO$_4$ 外涂层的表面 XRD 谱图（脉冲电源的频率 f=800 Hz、脉冲占空比 γ=20%和沉积时间 t=15 min）。由该图可以看出，在实验选定的电压范围内（330～420 V），都出现了 C-AlPO$_4$ 和 Al_2O_3 的晶相衍射峰，由于脉冲放电在瞬间产生较大的峰值电流，阴阳两极之间产生放电烧结现象，使沉积的 C-AlPO$_4$ 在较高的电压环境下部分转变成 Al_2O_3。XRD 谱图中没有 SiC 的衍射峰出现，说明制备的 C-AlPO$_4$ 外涂层已经完全包覆了 SiC 内涂层。当沉积电压较低时，涂层试样的衍射峰比较弱，这是由于电压偏低，电场作用较弱，放电烧结不是很明显，C-AlPO$_4$ 和 Al_2O_3 结晶性能较低。随着沉积电压的加大，主晶相 C-AlPO$_4$ 和 Al_2O_3 的衍射峰逐渐增强，分析可知是由于电压升高，产生的电场就越强，阴阳两极之间产生放电烧结现象越明显，涂层中 C-AlPO$_4$ 和 Al_2O_3 的晶相结晶度有明显的提高。

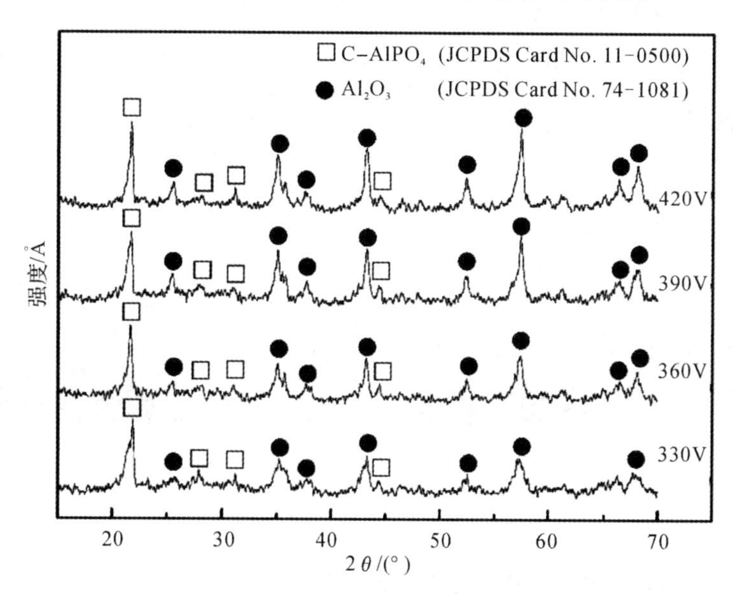

图 4-1 不同脉冲电压下脉冲电弧放电沉积法制备 C-AlPO$_4$ 外涂层表面 XRD 谱图

2.复合涂层的显微结构

图4-2所示为不同脉冲电压下制备的C-$AlPO_4$外涂层的表面SEM照片。由图可知,在实验选定温度范围内(330~420 V),SiC-C/C基体试样表面均制得了C-$AlPO_4$涂层,只不过涂层表面的形貌不一。当脉冲沉积电压为330 V时,所制备的外涂层整体呈现鱼鳞状分布,涂层中存在微孔,涂层的均匀性和致密性有待提高(见图4-2(a))。当脉冲沉积电压达到360 V时,涂层表面变得相对致密和均匀,孔隙率明显降低(见图4-2(b))。继续提高脉冲沉积电压到390 V时,制备的外涂层表面均匀平整而致密,没有孔洞和微裂纹存在(见图4-2(c))。当脉冲沉积电压增大到420 V时,制备的涂层致密性较好,但涂层中有微裂纹产生,这对于抗氧化性能是不利的(见图4-2(d))。产生上述现象的原因可能是随着沉积电压的加大,瞬间间歇在阴阳两极产生较大的峰值电流,一方面加速了C-$AlPO_4$颗粒的扩散速率,提高了沉积效率,另一方面提供的较大能力在阴阳两极间产生明显的放电烧结现象,大大提高了涂层的致密性和结晶性。当沉积电压高到超过涂层的击穿电压时,沉积涂层容易被击穿,在表面产生较明显的裂纹。

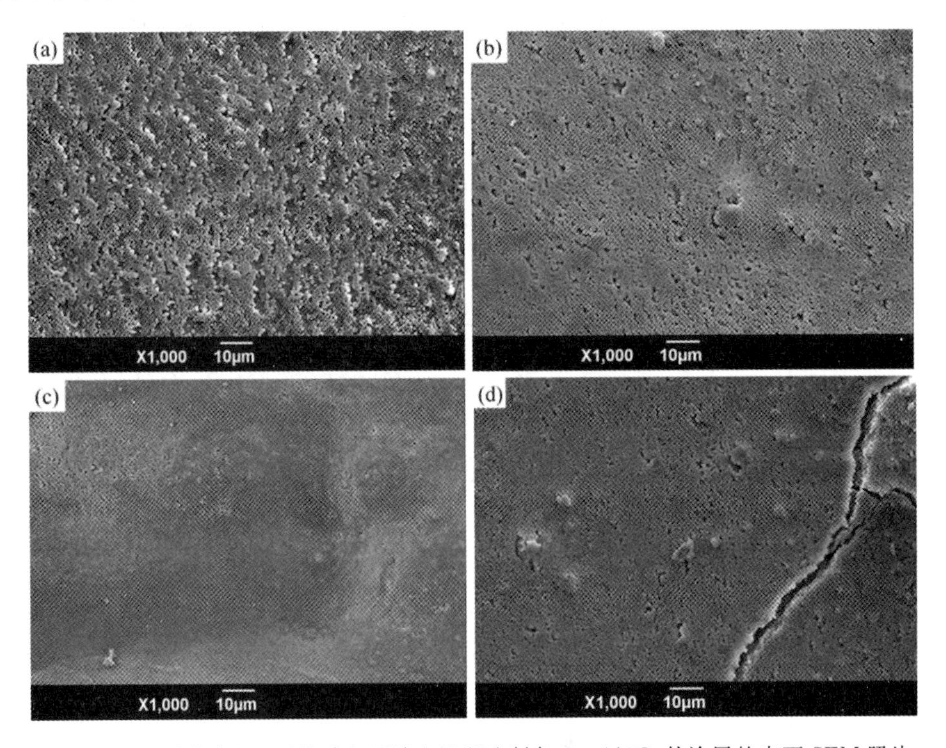

图4-2 不同脉冲电压下脉冲电弧放电沉积法制备C-$AlPO_4$外涂层的表面SEM照片

不同脉冲电压下制备的C-$AlPO_4$/SiC涂层C/C试样的断面SEM照片如图4-3所示。由图可知,当脉冲沉积电压为330 V时,所制备的涂层的厚度不均匀,并且外涂层与SiC-C/C基体间存在微裂纹,这可能是由于制备电压较低时,外涂层内聚力较差所致(见图4-3(a))。当脉冲电压升高到360 V后,所制备的外涂层的厚度和致密性有明显的提高，但是涂层与 SiC 涂层的结合性有待于提高(见图 4－3(b))；当脉冲沉积电压升高到 390 V 后，外涂层和内涂层的结合性最好，涂层均匀且致密(见图(4－3(c))，这与涂层的表面形貌(见图 4－2(c))分析结果相吻合。从图中亦可以明显看出外涂层中有部分 C－$AlPO_4$颗粒渗透到 SiC 内涂层当中，内外涂层已经没有明显的界线，这对提高复合涂层的抗氧化能力是有益的。继续增大脉冲沉积电压到 420 V 时，外涂层均匀性开始变差，产生了裂纹(见图 4－3(d))。这是由于随着脉冲沉积电压的升高，带电的 C－$AlPO_4$颗粒的移动速率提高导致涂层的沉积速率明显提高，涂层厚度也随着增大。同时增大沉积电压后会在两极之间产生放电烧结现象，沉积电压越高则烧结现象越明显，相应地涂层的致密程度会逐渐改善。但是在过高的脉冲沉积电压下，涂层的沉积速率过快，并且沉积的涂层越厚涂层的内应力越大，较大的内应力导致了贯穿性裂纹的产生，这对涂层的抗氧化性能有较大影响。

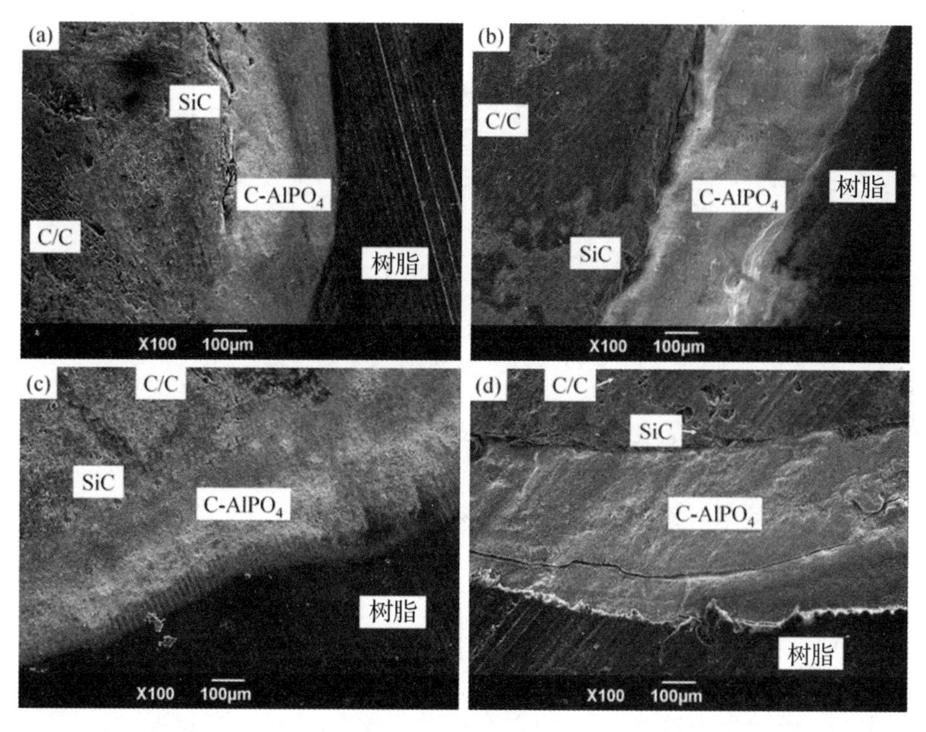

图 4－3 不同脉冲电压下脉冲电弧放电沉积制备 C－$AlPO_4$外涂层的断面 SEM 照片

3. 脉冲电压对涂层防氧化能力的影响

经过不同的脉冲电压所制备的带有 C－$AlPO_4$涂层的 C/C－SiC 试样在 1 773 K 空气中的静态氧化质量损失曲线如图 4－4 所示。我们可以看到，沉积外涂层后的试样在最初的时间段内，氧质量损失率几乎保持不变，但在经历一段时间后(40 h)，氧化的快慢变化就表现得比较明显。

脉冲电压为 330 V 时所得的涂层 C/C 试样于 1 773 K 高温环境中质量损失明显加

快，脉冲电压为 360 V 时制得的涂层试样于 1 773 K 高温环境中质量损失变化稍微慢一些，脉冲电压为 390 V 时制得的涂层 C/C 试样质量损失变化最慢，经过相同的氧化时间后氧化质量损失最小，此时的防氧化能力相对较好，在 1 773 K 高温环境中经历 156 h 后质量损失 0.83%。而脉冲电压为 420 V 时制得涂层试样氧化质量损失变化又加快，防氧化能力有所减弱。结合前面的形貌分析结果，脉冲电压为 390 V 时时制备的涂层最为致密，起到了很好的阻氧能力，因而对基体的保护效果明显。

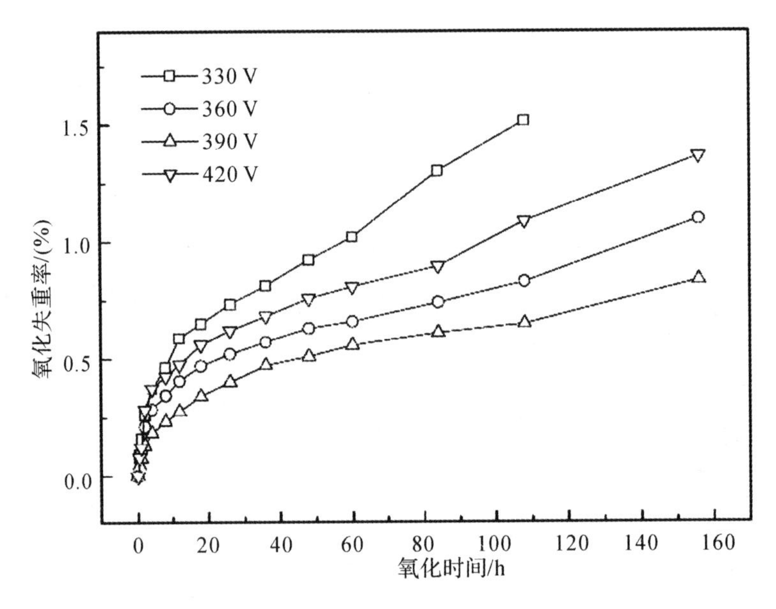

图 4-4 不同脉冲电压下制备 C-$AlPO_4$/SiC-C/C 试样在 1 773 K 下空气中的静态氧化曲线

4.3.2 脉冲频率对涂层显微结构的影响

1. 沉积 C-$AlPO_4$外涂层的表面显微结构

不同脉冲频率下制备的 C-$AlPO_4$外涂层的表面 SEM 照片（沉积电压 U=390 V、脉冲占空比 γ=20%和沉积时间 t=15 min）如图 4-5 所示。由图可知，当脉冲频率为 200 Hz 所制备的外涂层较为粗糙，涂层中存在较多的微孔，涂层的致密性较差（见图 4-5(a)）；当脉冲频率达到 600 Hz 时，涂层表面变得相对致密和均匀，孔隙率明显降低（见图 4-5(b)）；继续提高脉冲频率到1 000 Hz时，制备的外涂层表面均匀平整而致密，没有缺陷的产生（见图 4-5(c)）；当脉冲频率增大到2 000 Hz时，制备的涂层致密性和均匀性又再次变差，这对于抗氧化性能是不利的（见图 4-5(d)）。

产生上述现象的原因可能是，随着脉冲频率的提高，在单位时间内产生放电烧结的次数增多，涂层的致密性和结晶性会有很大改善。当使用频率较高的脉冲电源时，脉冲前、后沿极易对导通、关断时间造成严重影响，从而影响脉冲电弧放电瞬时高电流不能及时均匀地沉积涂层[1]，制备的涂层致密性较差。因此，选择中频范围的脉冲频率对提高涂层的抗氧化性能是有益的。

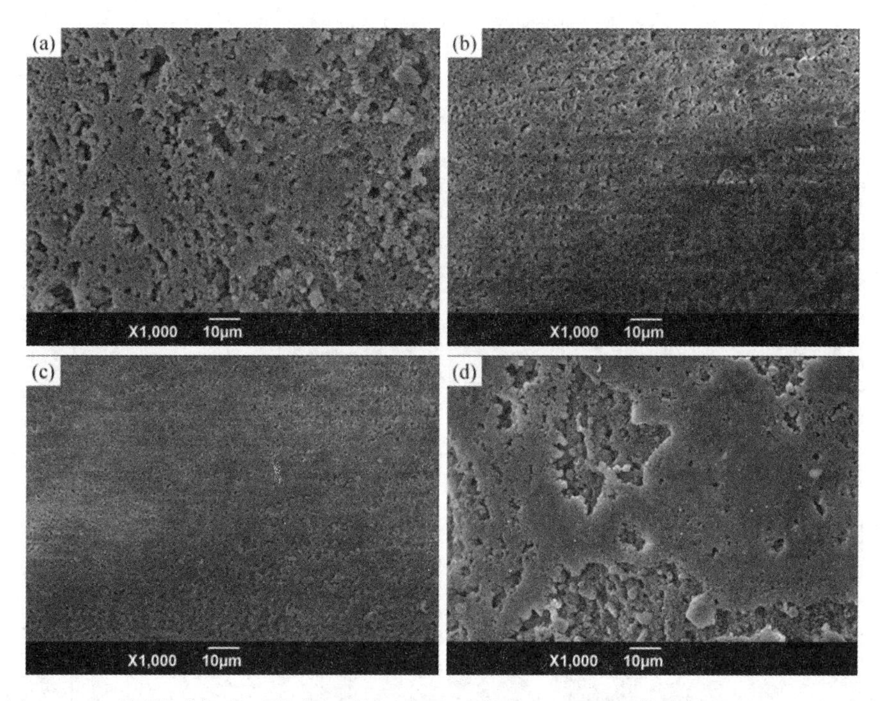

图 4-5　不同脉冲频率下脉冲电弧放电沉积法制备 C-$AlPO_4$ 外涂层的表面 SEM 照片

2. 复合涂层试样的断面显微结构

设置不同的脉冲频率所沉积 C-$AlPO_4$ 涂层横断面显微结构如图 4-6 所示。我们从四幅图中了解到:采用固渗法所制备的 SiC 内涂层致密,并且与外涂层的结合性较好。当脉冲频率为 200 Hz 时,所制备的外涂层厚度较大,但是外涂层中存在较大的空隙。随着脉冲频率的升高,外涂层的均匀性和致密程度均有所增加。脉冲频率控制在 1 000 Hz 时,一种均匀且致密性极佳的 C-$AlPO_4$ 外涂层被制备出来。并且此时从图中观察到,整个试样中的碳基体、SiC 内涂层和 C-$AlPO_4$ 外涂层相互之间紧密连接到一起,具有最好的结合力。继续增大脉冲电源的频率,涂层均匀性和致密性变差,涂层的厚度明显变小。产生上述现象的原因可能是低脉冲时导通时间延长导致制备的涂层有脉冲电弧沉积和电泳沉积存在导致涂层较厚,因此涂层中的内应力致使微裂纹的存在,随着脉冲频率的增强,溶液体系中的电弧放电烧结现象使涂层的致密性大大提高。因此,选择中频范围的脉冲频率对提高涂层的抗氧化性能是有益的。

3. 复合涂层防氧化保护能力分析

图 4-7 所示为不同脉冲频率下制备的 C-$AlPO_4$/SiC-C/C 试样在 1 773 K 下空气中的静态氧化质量损失曲线。从图中可以看出,当脉冲频率控制在 1 000 Hz 以内时,随着脉冲频率的升高,所制备的 C-$AlPO_4$/SiC-C/C 涂层试样的抗氧化性能逐渐增强;当脉冲频率更高时,涂层试样的抗氧化能力反而降低,这是由于脉冲频率过高导致脉冲放电

烧结制备涂层的均匀性和致密性较大，对于涂层的抗氧化能力是不利的，这与前面的显微结构分析是一致的。其中，在脉冲频率为 1 000 Hz 时制备的 C－$AlPO_4$/SiC－C/C 试样在1 773 K下经过 146 h 的氧化后失重率仅为 0.7%，说明制备出来的 C－$AlPO_4$/SiC 复合涂层试样具有优异的抗氧化性能。

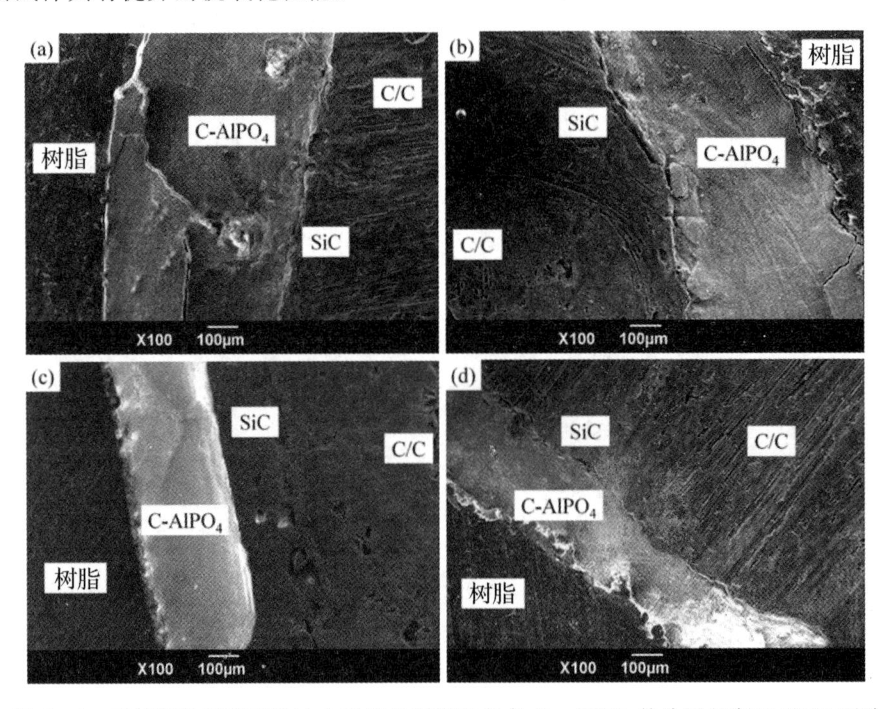

图 4－6　不同脉冲频率下脉冲电弧放电沉积法制备 C－$AlPO_4$外涂层的断面 SEM 照片

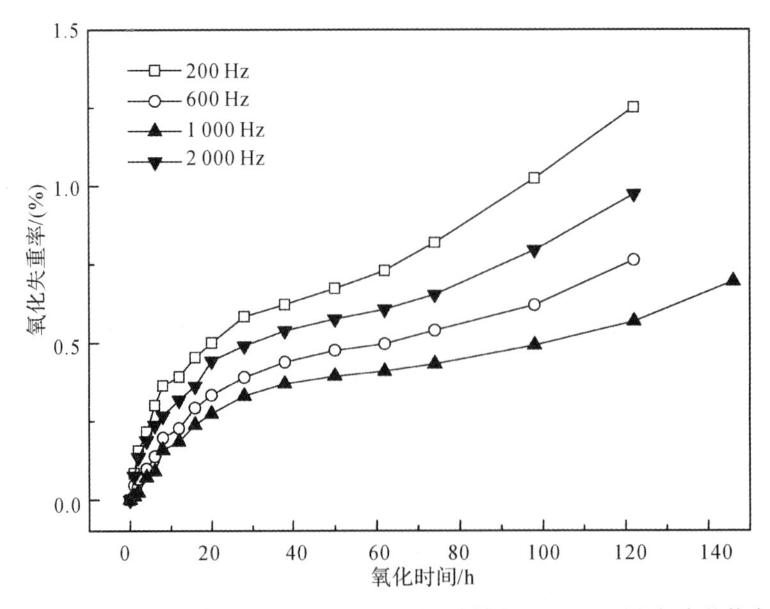

图 4－7　不同脉冲频率下制备 C－$AlPO_4$/SiC－C/C 试样在 1 773 K 下空气中的静态氧化曲线

4.3.3 脉冲占空比对涂层显微结构及性能的影响

1. 沉积 C-AlPO$_4$ 外涂层的 XRD 分析

设置不同脉冲占空比制备的 C-AlPO$_4$ 涂层 XRD 分析结果如图 4-8 所示(脉冲电压 U=390 V,脉冲频率 f=1 000 Hz 和沉积时间 t=15 min)。我们从图中了解到,设置的脉冲占空比在 10%时,涂层中发现 SiC 的衍射峰,这可能是由于占空比设置过低,涂层的厚度大小不一,甚至有些 SiC-C/C 基体没有被完全包裹。设置脉冲占空比在 20%~50%,SiC 的衍射峰消失了,说明涂层开始变得致密且均匀。另外我们也发现,在不同的脉冲占空比内,复合涂层的 XRD 图谱均出现了 C-AlPO$_4$ 和 Al_2O_3 的晶相衍射峰,说明得到的涂层中的成分与原始复相粉体的物相构成基本是相对应的。此外,外涂层中 C-AlPO$_4$ 的衍射峰值强度随着悬浮液中脉冲占空比从 10%到 50%的增大而增强,这意味着随着外涂层中 C-AlPO$_4$ 含量的增加,结晶性能也逐渐增加。

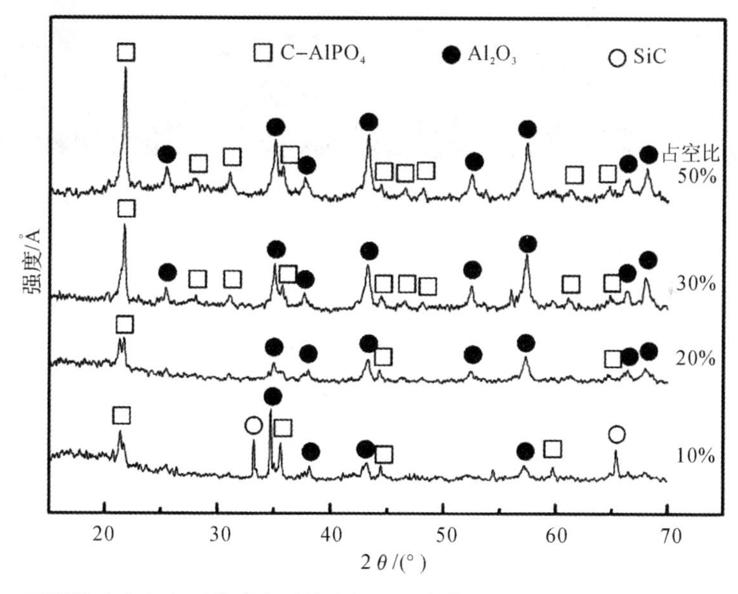

图 4-8 不同脉冲占空比下脉冲电弧放电沉积法制备 C-AlPO$_4$ 外涂层的表面 XRD 谱图

2. 复合涂层的显微结构

图 4-9 所示为不同脉冲占空比下制备的 C-AlPO$_4$ 外涂层表面 SEM 照片。由图可知,不同的脉冲占空比下制备的涂层表面形貌不一。脉冲占空比为 10%时,涂层表面疏松多孔,脉冲电弧放电制备的涂层均匀性差。随着脉冲占空比的升高,涂层的致密性和均匀性逐步提高。当脉冲占空比控制在 30%时,制备的涂层最为致密和均匀。脉冲占空比达到 50%时,涂层的表面出现大小不一的微孔。产生上述现象的原因可能是脉冲占空比越大,提高了悬浮液颗粒的分散,产生的电弧放电效率越高,沉积的涂层越致密。但是过高的占空比,大大增加了大小颗粒的碰撞机会,在封闭体系中存在不规律的堆积造成粗糙

的形貌。

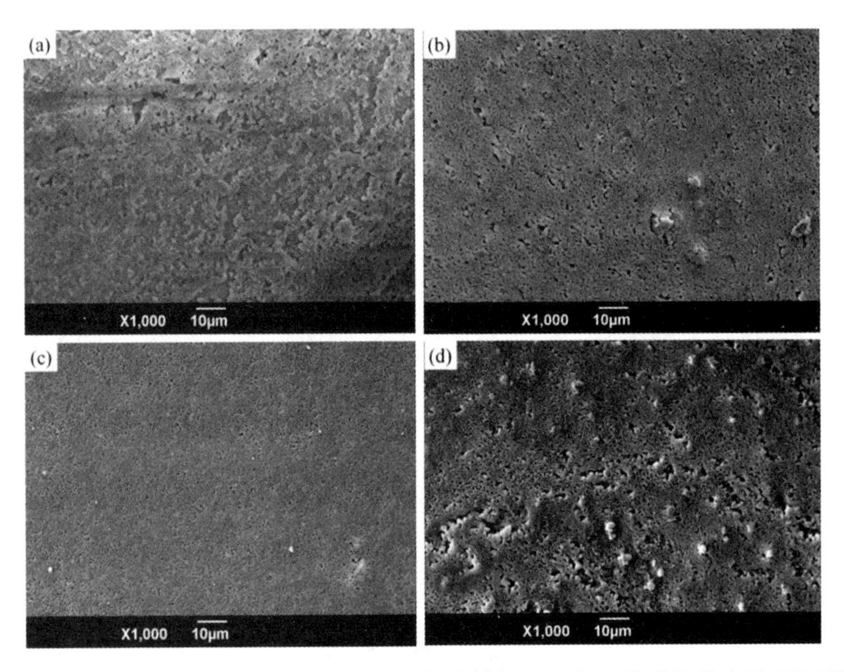

图 4-9 不同脉冲占空比下脉冲电弧放电沉积法制备 C-$AlPO_4$外涂层的表面 SEM 照片

脉冲占空比:(a)10%； (b)20%； (c)30%； (d)50%

设置不同脉冲占空比所沉积 C-$AlPO_4$涂层断面显微结构如图 4-10 所示。我们从涂层试样的断面扫描图得知,脉冲电源的占空比控制在 10%时,一种尺寸不规则、缺陷较多和涂层结合力不好的 C-$AlPO_4$外涂层被制备出来。然而控制脉冲电源的占空比在 20%～30%的范围内时,涂层的致密性得到很大程度的提高。尤其是控制脉冲电源的占空比在 30%时,一种均匀且致密性极佳的 C-$AlPO_4$外涂层被制备,并且碳基体、SiC 内涂层和C-$AlPO_4$外涂层几乎镶嵌为一个整体,在此工艺技术下获得的涂层尺寸大约在 300 μm,这与复相涂层的表面形貌是相对应的。脉冲电源的占空比控制在 50%时,制备的涂层厚度不均匀且有部分微裂纹存在,此工艺条件下涂层的厚度大约为 400 μm。产生上述现象是由于脉冲占空比过高,大量的颗粒短时间沉积到试样上导致涂层过厚,过厚的涂层厚度导致内应力增加,过大的内应力导致涂层内出现裂纹。由于存在微裂纹可能导致外涂层在氧化时脱落,从而减弱涂层的抗氧化性能,这与图 4-11 的等温静态氧化实验结果相一致。

3. C-$AlPO_4$/SiC 复合涂层防氧化保护能力分析

不同脉冲占空比下制备的 C-$AlPO_4$外涂层试样在 1 773 K 氧化后质量损失曲线如图 4-11 所示。由图可知,脉冲电源的占空比控制在 10%时,沉积了 C-$AlPO_4$外涂层的试样在 1 773 K 硅钼棒高温炉中经历了 100 h 后,涂层试样于 1 773 K 高温环境下质量损失量基本成直线增长。随着脉冲电源的占空比的升高,我们可以很明显地看到,涂层试样于1 773 K高温环境下质量损失率变缓,涂层对基体的氧化保护能力逐渐增大。脉冲直电源的占空比控制在30%时,沉积了外涂层的试样在1 773 K硅钼棒高温炉中经历了150 h后质量损失率最慢。脉冲占空比控制在50%时,涂层的抗氧化能力明显下降,这可能是由于占空比过大,电源导通时间过长涂层中产生了大量微裂纹导致的。因此,脉冲占空比是影响涂层防氧化能力的关键因素。

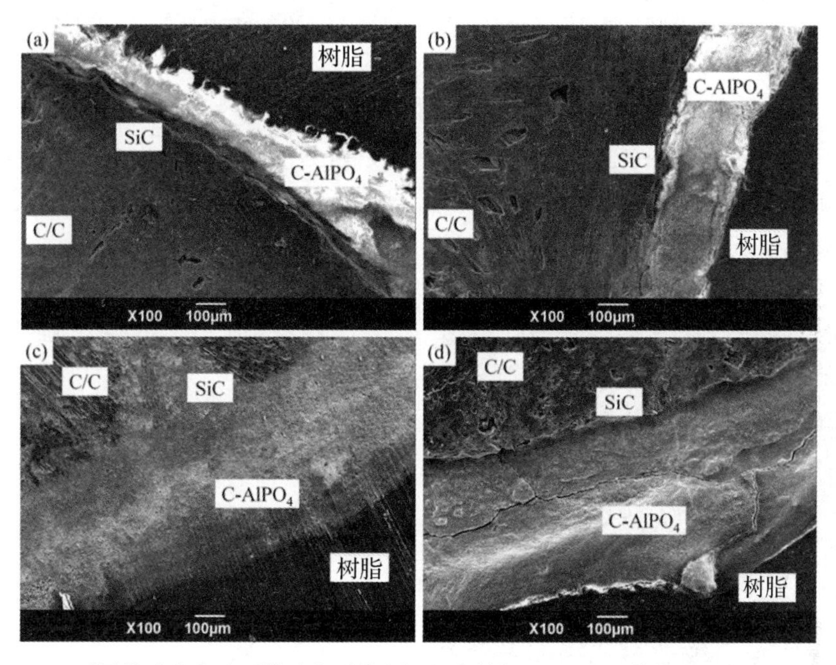

图4-10 不同脉冲占空比下脉冲电弧放电沉积法制备C-$AlPO_4$外涂层的断面SEM照片

脉冲占空比:(a)10%; (b)20%; (c)30%; (d)50%

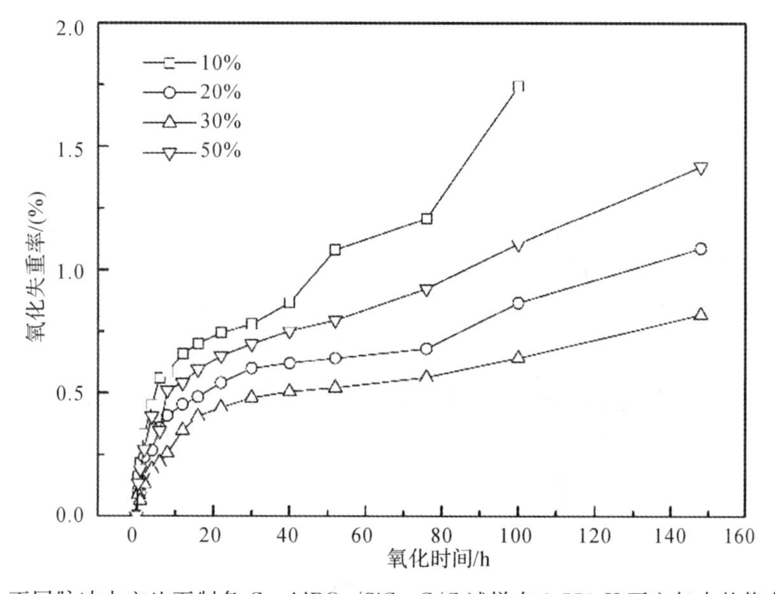

图4-11 不同脉冲占空比下制备C-$AlPO_4$/SiC-C/C试样在1 773 K下空气中的静态氧化曲线

4.3.4 脉冲电弧放电沉积法制备 C－AlPO$_4$外涂层优化工艺参数的确定

脉冲电弧放电沉积实验中影响因素很多，脉冲电弧放电沉积机理比较复杂，本实验着重研究了脉冲电压、脉冲电源的频率、脉冲占空比对制备 C－AlPO$_4$ 涂层结构及性能的影响。选取前面实验中每个工艺因素中抗氧化性能最好的一组，即可得出制备 C－AlPO$_4$ 涂层最佳的工艺参数为脉冲电压 $U=390$ V，脉冲电源的频率 $f=1\ 000$ Hz，脉冲占空比 $\gamma=30\%$。

图 4－12 为优化条件下所制备的 C－AlPO$_4$ 涂层的表面 SEM 照片（见图 4－12(a)）及相应的面能谱分析谱图（见图 4－12(b)）。可以看出，涂层表面由许多细小的颗粒状晶粒组成，颗粒紧密堆积，涂层比较致密和均匀。相应的 EDS 面能谱分析表明，涂层表面主要由 O，Al 和 P 元素组成，符合粉体的物相构成。

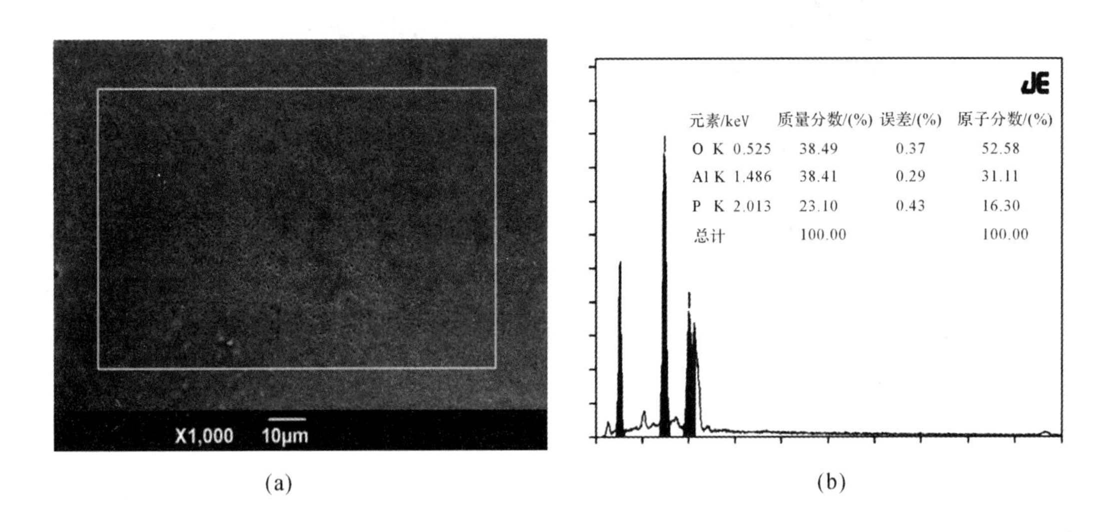

图 4－12 脉冲电弧放电沉积法制备 C－AlPO$_4$涂层表面元素面能谱分析

图 4－13 所示为最佳工艺条件下所制备的 C－AlPO$_4$/SiC 复合涂层试样的断面 SEM 线扫描图。由图可知，涂层试样由 SiC 内涂层和 C－AlPO$_4$外涂层组成，外涂层与内涂层之间没有裂缝出现，无脱落等现象，C－AlPO$_4$ 涂层厚度一致，这表明 C－AlPO$_4$ 与 SiC 之间有很好的接触界面，SiC 内涂层厚度约为 120 μm，C－AlPO$_4$ 外涂层厚度约为 330 μm。由相应的 EDS 线能谱扫描图可以看出，内涂层主要有 C 和 Si 元素组成，同时碳有少量 Si 元素渗入 C/C 基体中，这是由于包埋时高温所致。外涂层中主要有 O，Al 和 P 元素组成，并且在 C－AlPO$_4$/SiC 界面处有部分 Al 元素渗入 SiC 内涂层中，说明在界面处内外涂层结合紧密，以上符合涂层的结构设计。

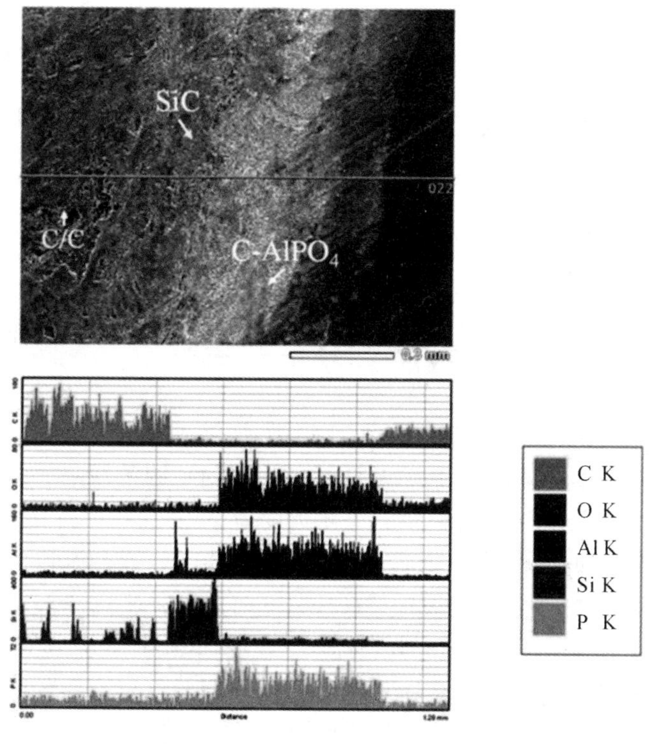

图 4-13　C-AlPO$_4$/SiC-C/C 试样断面元素线面能谱分析

4.4 本章小结

本章主要介绍了一种制备防氧化涂层的新方法——脉冲电弧放电沉积法。采用此工艺成功制备了方石英型磷酸铝(C-AlPO$_4$)外涂层，由实验可得出脉冲电压(U)、脉冲电源的频率(f)、脉冲占空比(γ)对制备 C-AlPO$_4$ 外涂层影响较大。最佳工艺参数为脉冲电压U=390 V，脉冲电源的频率 f=1 000 Hz、脉冲占空比 γ=30%。

参考文献

[1]　侯进.浅谈脉冲电镀电源[J].电镀与环保,2005,25(3):4-8.

[2]　向国朴.脉冲电镀的理论与应用[M].天津:天津科学技术出版社,1989.

[3]　曾育才,潘湛昌.脉冲技术电沉积铅镉合金的研究[J].广州化工,1998,26(1):16-19.

[4]　李雪松,吴化.脉冲电沉积 Ni-Al$_2$O$_3$ 纳米复合镀层晶体结构的变化[J].金属热处理,2008,33(6):57-60.

[5]　武剑,陈阵,司云森,等.郭忠诚脉冲纳米复合电沉积的研究现状及前景展望[J].金属制品,2010,36(6):25-29.

第5章 水热电泳沉积法制备 C－$AlPO_4$－莫来石复相外涂层

5.1 引　言

方石英型磷酸铝(C－$AlPO_4$)具有与 SiC 匹配的热膨胀系数，高温下具有熔体特性，可以充分地铺展在基体材料表面，封填基体材料表面的孔洞等缺陷[1]。莫来石陶瓷材料的热膨胀系数和 SiC 十分接近，并且因具备耐火度高、热震性好和高温稳定性良好等性质而引起人们的关注，是理想的抗氧化涂层材料[2]。因此 C－$AlPO_4$ 和莫来石的这些特性使得两者作为高温热障/热防护涂层材料具有良好的应用前景。Joshi 等研究人员制备的 Si－Zr－Cr 系列涂层对基体有很好的防护能力[3]。上述工艺技术虽然制备的涂层具有较好氧化防护性能，但是要么制备后由于涂层与碳基体的结合力不好必须进行高温的煅烧处理，从而不可避免会伤害 C/C 材料自身的各种性能；要么制备的工艺技术环境要求在超高温下开展，工艺流程操作复杂，消耗大量的时间和财力，这样的技术即使制备的涂层满足试验性能的要求，距离投入到实际应用还有一定的距离。我们在解决 C/C 复合材料防氧化保护问题的时候要满足以下几点需求：

(1)涂层体系设计应该简单、容易制备；

(2)涂层材料应该具备相似的物化性质，比如热膨胀系数之间的匹配；

(3)涂层工艺应该高效低廉、制备的工艺流程应简明易懂；

(4)在满足基体氧化防护要求前提下，也要满足其机械、耐磨损等性能的要求。

陕西科技大学黄剑锋课题组的 C/C 防护涂层的研究者根据以上研究思路，在多次试验的基础上，结合实验室的条件，尝试在 C/C－SiC 基体表面进行水热电泳沉积制备复合外涂层，这种工艺技术不仅制备成本较低，最特别之处是制备的工艺技术简单易操作。前期研究人员采用该方法已经制备了防氧化性能优良的硅酸钇[4]、硅酸锆[5]和二硅化钼防护涂层[6]。

基于对涂层体系的设计和工艺技术的要求，我们选择 C－$AlPO_4$ 和莫来石材料作为外涂层，将其按照一定的组分比例配成分散性和稳定性良好的悬浮液，调整相关技术参数，在预先制备好 SiC 内涂层的 C/C 试样上，采用水热电泳沉积成功地制备了 C－$AlPO_4$－莫来石复相外涂层。

本章内容主要包括：一是在 C/C 复合材料外涂层新体系的设计方面，介绍了不同原料配比(设定 $m(\text{C}-\text{AlPO}_4)/m(\text{mullite})=C_p$)，即悬浮液中 C－$AlPO_4$/莫来石的组分比对制备复合外涂层的影响；二是在新技术的开发方面，研究了水热电泳沉积技术方法制备

C－$AlPO_4$-莫来石复相外涂层的沉积工艺，如不同碘含量下 C－$AlPO_4$-莫来石悬浮液的导电能力的变化、悬浮液中含碘量(c_I)、水热沉积电压(U)、水热沉积温度(T)、沉积时间(t)等工艺因素对水热电泳沉积技术制备 C－$AlPO_4$-莫来石复相外涂层的晶相组成、显微结构和高温抗氧化性能的影响；三是重点阐述了涂层 C/C 试样在高温下的氧化、失效机理。

5.2 莫来石/SiC－C/C 试样的制备及表征

5.2.1 SiC 涂层的准备

采用化学气相渗透法(CVI)制备的密度为 1.707 g/cm^3 的三维 C/C 复合材料，一种切割成用于抗氧化性能测试和热震性能测试的小试样(10 mm×10 mm×10 mm)，另一种切割成大小为 55 mm×10 mm×4 mm 的矩形小试样，用于力学性能的测试。用 300 型号的砂纸粗磨，之后再用 800 型号砂纸粗磨，最后用 2000 型号砂纸细磨，放于装有无水乙醇的烧杯中进行超声波清洗，最后烘干即可得到需要的 C/C 材料。

在一定的工艺参数条件下，运用包埋法制备 SiC 内涂层。具体实验方案：将高纯度 Si 粉(～300 目)，C 粉(～300 目)和少量的 Al_2O_3(～300 目)添加剂按照设计的比例混合均匀，作为包埋粉料备用，将先前打磨好的 C/C 材料放入坩埚中，加入适量的用于包埋实验的配料，在高温炉内进行煅烧；设定的工艺参数为 T=1 800℃，t=2 h。第一部分实验结束后继续重复上述实验过程，但有所不同的是，实验的添加剂为 B_2O_3，工艺参数为 T=2 000℃，t=2 h，最终获得二次包埋的 SiC 的 C/C 试样[7]。

5.2.2 莫来石/SiC 复合涂层试样的制备

将 5.1 g 用溶胶-凝胶结合微波水热制备的莫来石粉体[8]倒入 170 mL 异丙醇溶液中，超声震荡 30 min 后磁力搅拌 24 h；再将 0.3 g 的碘单质加入到上述悬浮液中，超声震荡 30 min 后磁力搅拌 24 h，制得均匀稳定的莫来石悬浮液。将配制好的悬浮液倒入反应釜中，反应釜的阳极是大小为 20 mm×10 mm×3 mm 的石墨，用于沉积立方试样；阳极是大小为 60 mm×10 mm×3 mm 的石墨，用于沉积矩形试样。然后将预先制备好的 SiC－C/C 基体固定于反应釜的阴极，密封反应釜。做好上述准备工作后，开始进行水热电泳沉积技术制备莫来石涂层的实验。在实验室过程中，控制水热沉积温度和水热沉积电压分别在 393 K 和 180 V。在水热反应釜中沉积 15 min 后，沉积好的试样从反应釜中取出，自然冷却至室温，放入 333 K 恒温干燥箱中干燥 4 h，最终获得沉积有均匀莫来石涂层的 SiC－C/C 试样。

5.2.3 莫来石/SiC 复合涂层试样的表征及性能测试

1. 物相成分与结晶度分析

利用日本理学公司生产的 D/max2200PC 型自动粉体 X 射线衍射仪，进行晶相组分的测定等。(测试条件:铜靶 K_α 射线,X 射线波长 $\lambda=0.154\ 056$ nm,管压 40 kV,管流 40 mA,扫描速度为 16°/min,采样宽度为 0.02°,石墨单色器。)

2. 显微结构及能谱分析

采用日本株式会社生产的 JSM-6390A 型扫描电镜测试仪器(加速电压为 30 kV,最高放大倍数 300 000),对涂层的表面和断面形貌进行测试,另外利用能谱仪对涂层体系进行点、线、面的能谱分析,以测量涂层的含有的元素成分和元素分布。

3. 对 C/C 基体的防氧化性能分析

将沉积了莫来石外涂层的 SiC-C/C 试样放于设定具体温度的硅钼棒电炉内展开实验,按照相同的间隔时间后将氧化后的涂层氧化从高温炉取出,待温度降到室温后,用 AB104-S 型号的精确到万分之一的电子天平测得莫来石涂层试样的质量。分别用符号 WL% 表示涂层试样的氧化质量损失率,符号 WL 表示单位面积的试样的质量损失,符号 WLR 表示质量损失速率,其计算公式分别为

$$\mathrm{WL}\%=\frac{m_0-m_1}{m_0}\times 100\% \tag{5-1}$$

$$\mathrm{WL}=\frac{m_0-m_1}{S}\times 100\% \tag{5-2}$$

$$\mathrm{WLR}=\frac{m_0-m_1}{St}\times 100\% \tag{5-3}$$

式中,m_0 为涂层试样初始质量;m_1 为涂层试样氧化一定时间后的质量;S 为涂层试样的表面积;t 为涂层试样的氧化时间。

4. 涂层 C/C 的弯曲力学性能分析

将制备涂层前和制备涂层后的 C/C 复合材料进行弯曲力学性能测试,在其试样表面取三个点进行性能测试。试样尺寸为 55 mm×10 mm×4 mm,有效试样 10 个,实验在 PT-10369C 万能实验机上进行。加载时上压头半径 3 mm,下支座半径 2 mm,跨距 30 mm,测试时加载速度 0.5 mm/min。弯曲强度的计算公式为

$$\sigma_{\mathrm{f}}=\frac{3PL}{2bh^2} \tag{5-4}$$

式中,σ_f 为弯曲强度,MPa;P 为最大破坏载荷,N;L 为跨距,mm;h 为试样厚度,mm;b 为试样宽度,mm。

5. 涂层的热震性能分析

将涂层 C/C 复合材料(10 mm×10 mm×10 mm)放置于氧化铝基片上,然后放入 1 773 K的高温电炉中实验,实验中试样从 1 773 K×3 min→室温,再从室温→1 773 K×3 min共 100 次急冷急热,用万分之一分析天平称量涂层 C/C 复合材料的质量损失,通过后续数据的整理和计算得到每次的质量损失差值,取其用于实验的 10 个试样的平均值作为最终数据,得出相应的关系曲线。

5.2.4 莫来石/SiC 复合涂层试样的相组成分析

在最优涂层工艺技术条件下所制备的莫来石(JCPDS Card. No. 88-2049)外涂层的晶相衍射峰如图 5-1 所示。复合涂层表面 XRD 谱中未发现固渗法制备的 SiC 内涂层的衍射峰,说明莫来石外涂层具有一定厚度,能很好地包覆 SiC 内涂层。

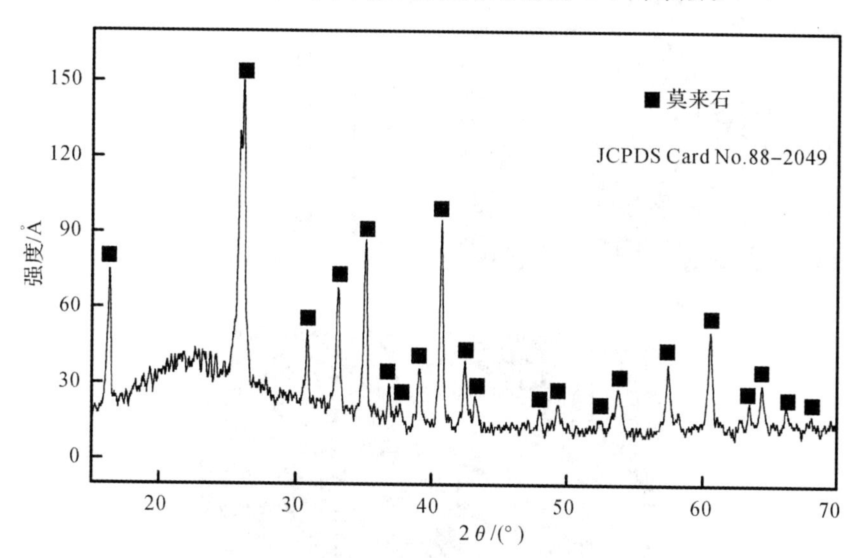

图 5-1 水热电泳沉积法制备的莫来石/SiC-C/C 试样表面 XRD 谱

5.2.5 莫来石/SiC 复合涂层试样的微观形貌分析

莫来石/SiC 复合涂层的表面和横截面 SEM 照片如图 5-2 所示。我们从图 5-2(a)了解到制备的涂层表面由一些均匀微小的颗粒组成,虽然表面存在一定的微孔,但是分布较为均匀,这些微孔在后期的氧化过程中被形成的玻璃相愈合,成功地制备了致密优良的涂层,再次证明了水热电泳沉积技术的优秀之处。我们从图 5-2(b)的面能谱图也了解到,制备的莫来石涂层中仅含有铝、硅和氧元素成分,经过后期数据的对照可得出铝、硅和氧元素符合莫来石的分子式,说明制备的涂层符合我们预期的涂层设计要求。我们从图 5-2(c)的莫来石/SiC-C/C 断面图形貌观察到,图中四种颜色分别表示不同的组分,它们从左到右依次为树脂基、莫来石外涂层、SiC 内涂层和碳基体,每个组分之间衔接紧密,几乎没有裂纹等缺陷的存在。经过测试计算 SiC 涂层的尺寸宽度为 105 μm,莫来石外涂层的尺寸宽度大约为 123.4 μm。莫来石外涂层和 C/C-SiC 试样的界面结合强度经过测试为 20.28 MPa,说明莫来石外涂层和 SiC 内涂层的结合是非常的牢固的。

我们将图 5-2 的断面图用能谱仪进行线扫描分析得到莫来石/SiC-C/C 试样的断面线能谱图,如 5-3 所示。由图可以看出,复合涂层可以分为 a,b,c 三部分,与图 5-2(c)中的 a,b,c 三部分相对应。其中莫来石外涂层(a 部分)主要由 Al,Si,O 三种元素组成;SiC 内涂层(b 部分)由 C 和 Si 元素组成;C/C 基体(c 部分)主要由 C 元素组成,但仍有 Si 元素,这是由于包埋法制备的 SiC 内涂层渗透到 C/C 基体所致。结合图 5-1 与图

5-2(c)可知C/C基体与固渗法所制备的SiC内涂层结合紧密，SiC内涂层与水热电泳沉积法制备的莫来石外涂层之间无剥离脱落的现象，这种体系结构大大提高了内涂层与基体的结合力，可以大幅度地提高对C/C基体的保护。

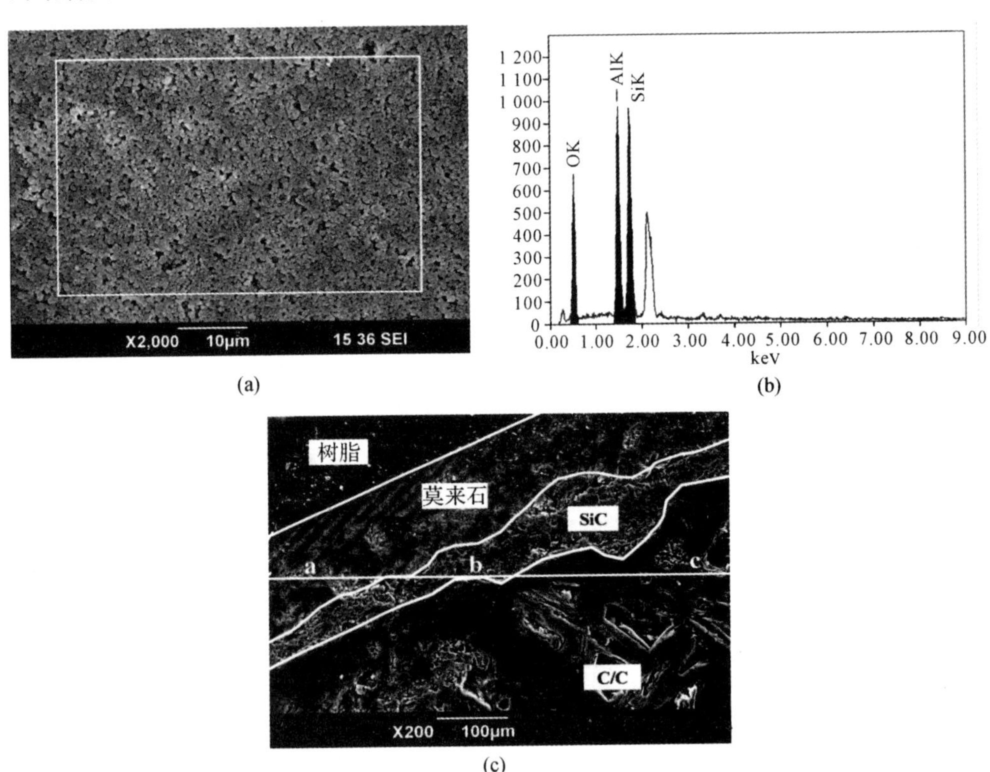

图5-2 莫来石/SiC涂层C/C试样的表面SEM照片(a)和表面EDS能谱图(b)以及横断面SEM照片(c)

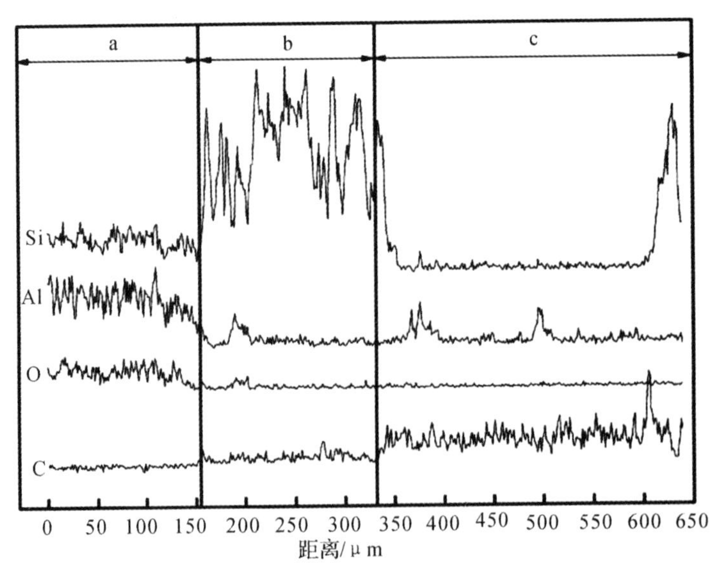

图5-3 莫来石/SiC复合涂层的断面元素线能谱分析

5.3 莫来石/SiC-C/C试样抗高温氧化行为分析

5.3.1 莫来石/SiC-C/C试样全温度段内氧化行为分析

莫来石/SiC-C/C试样在室温到1 873 K之间,氧化2 h后的质量变化与温度的关系如图5-4所示,从图中可以看出,莫来石/SiC-C/C试样在整个温度范围内的有着不同的氧化行为。通过曲线我们可以看出,该涂层试样的氧化行为分为3个过程(A,B,C)。从室温到773 K(A阶段),涂层试样没有氧化质量损失的变化,因为在此阶段温度还不够高,碳材料和氧气的反应还未发生。从773 K到1 273 K(B阶段)过程中,试样逐渐发生氧化质量损失。

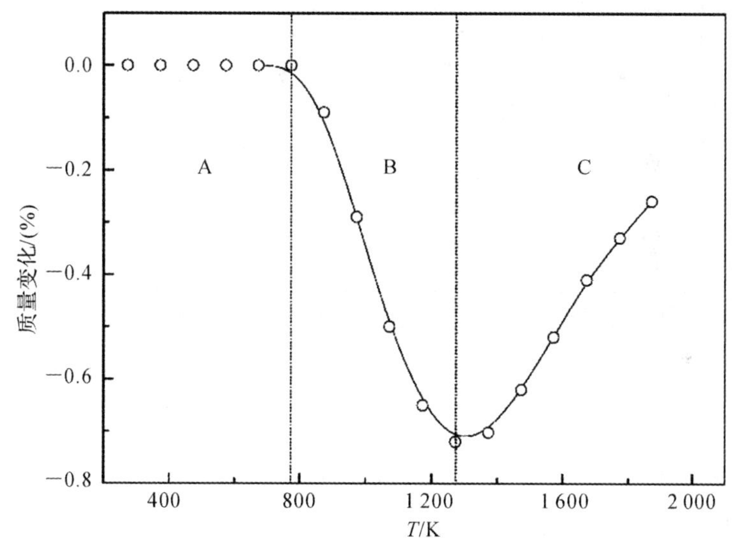

图5-4 莫来石/SiC-C/C涂层试样在室温到1 873 K的温度段内氧化质量损失与温度的关系(氧化2 h后)

当温度增加到1 273 K时,复合涂层的氧化质量损失百分比仅为0.72%,氧化质量损失量达到最大。这可能是因为涂层试样在此温度段的氧化,导致涂层中不可自愈性孔洞的产生,并且在抗氧化测试中,经过一定时间在B阶段某温度下的氧化后,样品被直接从炉中取出,并迅速降温冷却。裂缝将在此过程中形成,因为该阶段的氧化温度比玻璃相的熔点低,存在的裂纹无法进行有效填补从而加速了碳基体与氧的反应。涂层试样的氧化质量损失最大值发生在1 273 K时。从1 273 K到1 873 K(C阶段),由于涂层自身的氧化,涂层试样开始有质量地增加,这是由于在此温度范围内,逐渐产生的玻璃层将涂层中的缺陷愈合,并且随着温度的升高已经形成了完全致密的玻璃外层。因此,在C阶段涂层试样的氧化速率主要是由氧气透过玻璃层的扩散控制。

5.3.2 莫来石/SiC-C/C 试样防氧化保护能力分析

图 5-5 所示为水热电泳沉积法制备的莫来石/SiC-C/C 涂层试样在 1 773 K 下的等温氧化失重速率曲线。从曲线图我们了解到，所制备的莫来石/SiC 复合涂层能有效防止 C/C 复合材料在 1 773 K 下的氧化，在经过 322 h 的氧化后涂层试样单位面积的质量损失为 0.157 6 g/cm^2，相应的质量损失速率为稳定在 4.89×10^{-4} g/(cm^2 · h)的极低水平。

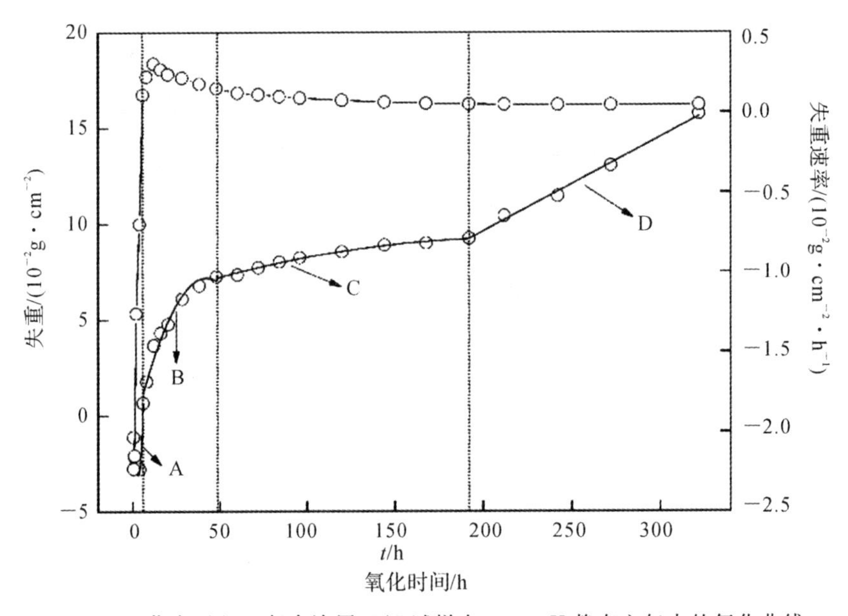

图 5-5 莫来石/SiC 复合涂层 C/C 试样在 1 773 K 静态空气中的氧化曲线

对涂层试样的氧化失重曲线进行分析拟合，可以发现该涂层试样的氧化行为可大致分为 A,B,C 和 D 四个阶段，相应的氧化反应动力学方程为

$$\left.\begin{aligned}&\Delta W=-0.063\,77-2.208\,86t+0.388\,51t^2 && (0\leqslant t<6)\\&\Delta W=-0.942\,4+0.380\,9t-0.004\,38t^2 && (6\leqslant t<48)\\&\Delta W=6.482\,76+0.019\,68t-2.929\,1\times10^{-5}t^2 && (48\leqslant t<192)\\&\Delta W=-0.187\,35+0.049\,11t && (192\leqslant t<322)\end{aligned}\right\}\quad(5-5)$$

式中，ΔW 为该涂层试样的累积质量损失量，mg/cm^2；t 为氧化时间，h。

5.3.3 莫来石/SiC 复合涂层试样的力学性能

不同试样的抗弯强度测试数据见表 5-1。我们由表 5-1 了解到，包埋法制备的带有 SiC 涂层的 C/C 试样，弯曲强度由单一 C/C 材料的 92.28 MPa 减小至 84.25 MPa，SiC-C/C试样剩余强度的百分比为 91.30%，导致包埋 SiC 内涂层后弯曲强度减小的主要原因一则是由于 SiC 的制备温度一般较高，有时甚至达到了 2 200℃的高温，高温下的热处理加速了试样本身的老化，其自身的机械性能会有一定的损伤；二则是经过高温的环境后 SiC 涂层会或多或少地存在微裂纹等缺陷，缺陷也对试样的机械性能有一定的负面影响。我们将采用包埋技术制备的SiC涂层试样与运用水热电泳沉积法制备的莫来石外涂层试样的弯曲强度数据进行对比,我们发现制备莫来石外涂层后试样的抗弯强度有较大的提高,从84.25 MPa升高至87.95 MPa,这主要是因为SiC缓冲层内部的微裂纹和孔洞等其他缺陷被通过水热电泳沉积技术制备的莫来石涂层封堵,从而使弯曲强度有所提高。我们也从表5-1的数据了解到,莫来石/SiC-C/C试样在1 773 K温度下经历322 h后抗弯强度下降到83.49 MPa,相对应的剩余强度的百分比为90.47%,抗弯强度的下降可能是由于经历长时间的高温氧化后整个试样中存在了较大的裂纹、微孔等缺陷。

表5-1 测试样品的弯曲力学性能

样 品	强度/MPa	剩余强度百分比
C/C	92.28	—
SiC-C/C	84.25	91.30
莫来石/SiC-C/C	87.95	95.30
试样在1 773 K氧化322 h	83.49	90.47

5.3.4 莫来石/SiC复合涂层试样的热震性能

图5-6所示为最佳工艺条件下水热电泳沉积法制备的莫来石涂层试样在连续热震实验中的质量损失率与热循环次数的关系图。从图中可以看出,在前20次热循环过程中,涂层试样氧化质量损失变化剧烈,质量损失曲线上下波动,之后涂层试样进入稳定质量损失阶段,经过100次热循环后质量损失百分比仅为0.386%。涂层样品的表面SEM照片(见图5-7(a))显示,由于CO_2等氧化气体逸出形成的表面微孔洞和急冷急热导致涂层中产生的微裂纹部分已经被产生的玻璃相填补。

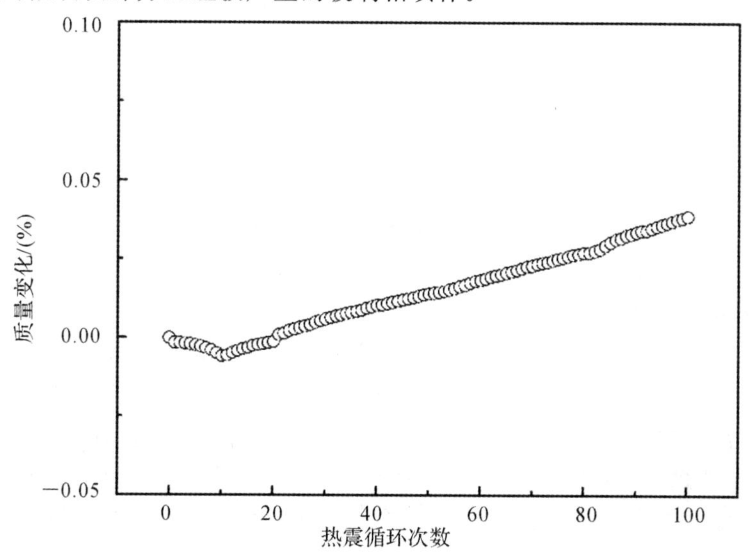

图5-6 莫来石/SiC-C/C试样在1 773 K与室温间连续热震循环过程中的氧化失重率曲线

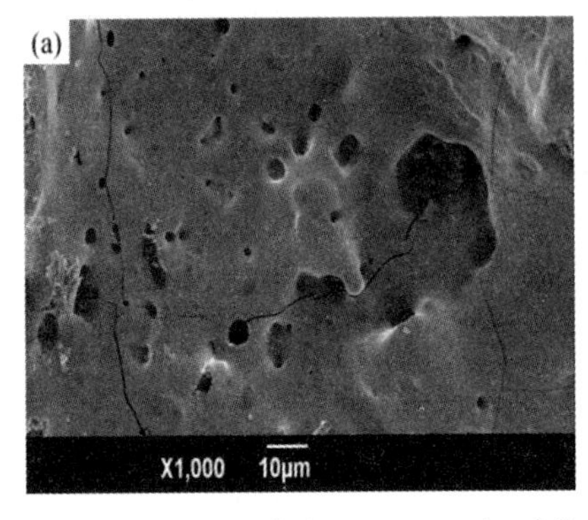

图 5-7 莫来石/SiC-C/C 试样在经历 100 次 1 773 K 与室温间的热循环后的表面(a)及断面(b)SEM 照片

涂层试样经历 100 次热震试验后的断面形貌如图 5-7(b)所示，SiC 内涂层和莫来石外涂层已经镶嵌在一起，区分两种涂层的轮廓已经模糊，测试后得到涂层的尺寸大约为 300 μm。虽然我们从涂层试样氧化后的形貌照片观察到试样已经部分氧化，但是整个试样中并没有出现剥落等导致涂层迅速失效的现象，这说明水热电泳沉积技术制备的莫来石涂层和 C/C-SiC 试样具有较好的结合强度，涂层试样具有优异的热震性能。

5.3.5 莫来石/SiC 复合涂层试样氧化机理分析

由涂层试样经历了不同氧化时间后的 XRD 谱图(见图 5-8)了解到，复合涂层中的莫来石和 SiC 在 1 773 K 的温度下发生了复杂的化学反应，其反应式为

$$2SiC(s)+3O_2(g)\longrightarrow 2SiO_2(s)+2CO(g) \tag{5-6}$$

$$SiC(s)+2O_2(g)\longrightarrow SiO_2(g)+CO_2(g) \tag{5-7}$$

$$SiO_2(s)+3Al_2O_3\cdot 2SiO_2(s)\longrightarrow \text{硅酸盐玻璃}(m) \tag{5-8}$$

$$\text{硅酸盐玻璃}\longrightarrow Al_2O_3+SiO_2 \tag{5-9}$$

$$2C(s)+O_2(g)\longrightarrow 2CO(g) \tag{5-10}$$

$$C(s)+O_2(g)\longrightarrow CO_2(g) \tag{5-11}$$

在 0～6 h 初始氧化阶段(见图 5-5 过程 A)，涂层试样的增重是显而易见的。这主要是由于氧通过莫来石涂层的缺陷扩散到 SiC-莫来石的界面上，导致 SiC 内涂层的氧化(见式(5-6)，式(5-7))，在莫来石-SiC 界面处形成了 SiO_2玻璃层(见图 5-9(a))，这是造成氧化初期试样增重的主要原因。氧化时间为 6～48 h(见图 5-5 过程 B)，涂层试样的氧化质量损失与氧化时间大致满足抛物线规律，涂层明显表现为质量损失，在界面处形成的 SiO_2玻璃层(见式(5-7)，式(5-8))作为缓冲层与 C/C 基体和外涂层完全润湿，逐渐愈合 SiC 内涂层和莫来石外涂层中的缺陷。继续增加氧化时间，莫来石外涂层表面逐渐生成连续的玻璃层(见图 5-9(b))，同时在硅酸盐玻璃层上有 Al_2O_3 产生(见式(5-9))。从 48～192 h 氧化阶段(见图 5-5 过程 C)，在莫来石涂层形成了完全的较厚的硅酸盐玻璃层[9]，由于硅酸盐玻璃层(见图 5-9(c))在高温下具有优异的阻氧能力和自

身愈合的能力，在这一阶段具有对C/C基体较好的防氧化能力。继续延长涂层C/C试样的氧化时间，涂层试样的氧化损失程度慢慢降低，此时涂层试样的平均质量损失速率小于1.512×10^{-4} g/(cm^2·h)。氧化192 h后(见图5-5过程D)，涂层试样的质量损失随时间快速增加，这可能是由于高温下长时间氧化后玻璃层气化造成厚度大大减小，氧通过厚度不均一的玻璃层与碳基体反应产生气体(见式(5-10)，式(5-11))，在高温下表面形成的非晶玻璃相慢慢变薄，这些气体突破玻璃层在表面形成大小不一的气孔(见图5-9(d)~(e))，而此时涂层中的玻璃层已经很薄，无法将这些气孔等缺陷完全愈合，气孔的扩大为氧与碳基体的反应提供了便利的通道，最终在试样中形成贯穿性的孔洞，导致涂层试样的抗氧化能力下降。并且我们从图5-9(f)断面图中看出，氧化后的内外涂层已无明显界线，涂层中出现较大的氧化孔洞，这些缺陷在很短的时间之内是很难愈合的。较大的氧化孔洞在涂层/基体之间的结合处产生，说明碳基体的氧化最先发生在涂层/基体之间的界面处，就是由于氧通过这些缺陷向SiC涂层/基体界面快速迁移而导致的，这样一来涂层的氧化质量损失与时间的线性关系很明显呈现快速增长的趋势，因此对于涂层的保护能力就大大下降。

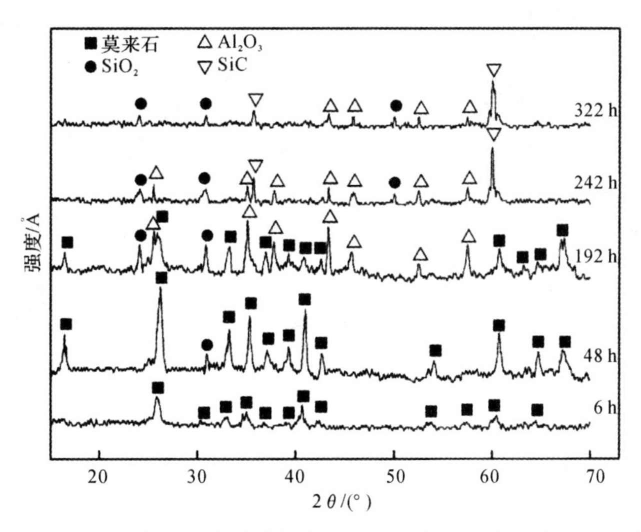

图5-8 C/C复合材料SiC/莫来石涂层试样在1 773 K条件下不同氧化时间的表面XRD谱图

5.3.6 莫来石/SiC复合涂层试样氧化动力学分析

涂层试样在1 573~1 773 K范围内的氧化初期阶段内的质量变化曲线如图5-10所示。我们从图中了解到，制备涂层后的试样起初阶段自身质量增加了少许，达到最大值后，涂层试样转入稳态的质量损失过程。随着氧化温度的升高，涂层试样的质量增加速率增大，达到最大质量增加的时间缩短，很快地进入稳态质量损失阶段。在初期氧化过程中，氧通过莫来石外涂层的微孔扩散到SiC过渡层和莫来石外涂层的界面处，导致SiC内涂层的氧化(见式(5-9)，式(5-10))和非晶态SiO_2的形成，反应生成的非晶态的玻璃相(SiO_2)导致了氧化初期阶段质量的增加。

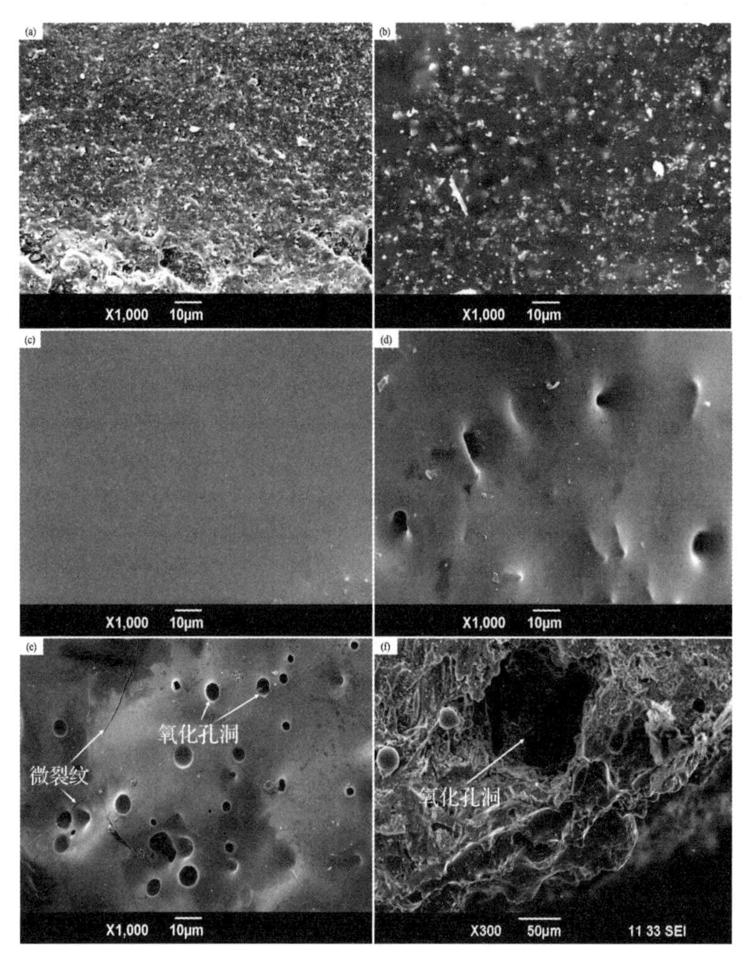

图 5-9 莫来石/SiC-C/C 涂层试样在不同氧化阶段的 SEM 照片

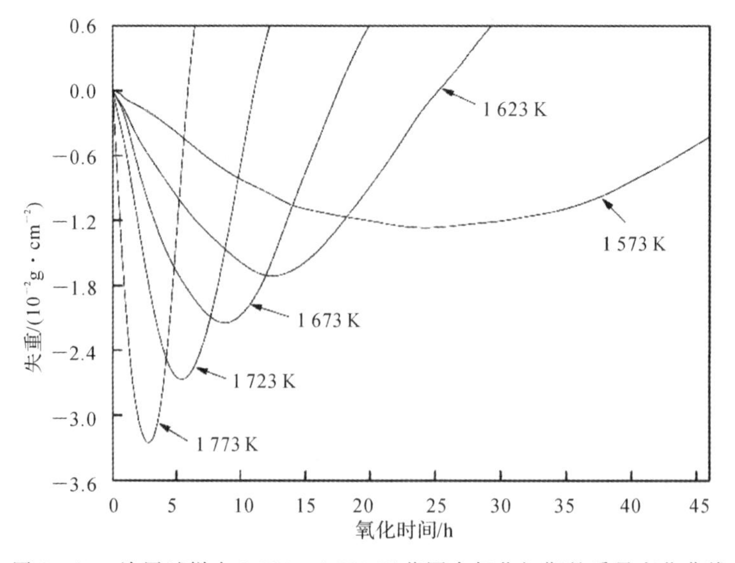

图 5-10 涂层试样在 1 573～1 773 K 范围内氧化初期的质量变化曲线

莫来石/SiC复合涂层试样在1 573～1 773 K范围内48～192 h氧化质量变化曲线如图5-11所示。我们从曲线图了解到，涂层试样的质量损失在1 573～1 773 K温度范围内不断增加，在此阶段内质量损失呈现呈现出抛物线式的增长[10]。

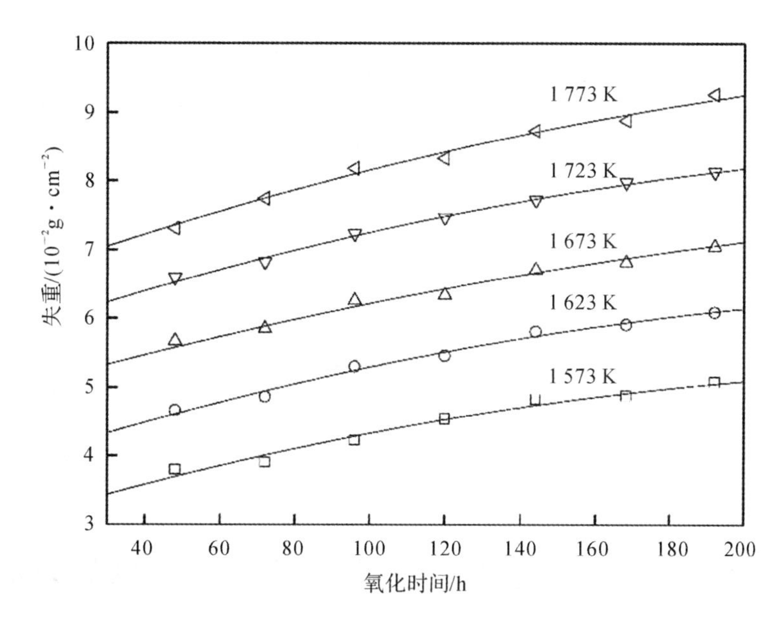

图5-11 不同氧化温度下莫来石/SiC复合涂层试样的氧化质量损失与时间的关系曲线(48～192 h)

此阶段是氧化过程中的稳态时期，其中ΔW^2作为以氧化时间的函数符合方程：

$$\Delta W^2 = kt + C \tag{5-12}$$

式中，ΔW为氧化质量损失，mg/cm^2；t为氧化时间，h；k为速率常数，mg^2/(cm^4·h)；C为常数，mg^2·cm^{-4}。

计算活化能(E_a)公式如下：

$$k = A\exp\left(\frac{-E_a}{RT}\right) \tag{5-13}$$

式中，A为常数；E_a为激活能；T为绝对温度；R为气体参数。

氧化速率常数与其对应的氧化温度(1 573～1 773 K)之间满足的Arrhenius曲线关系如图5-12所示。经计算得到48～192 h氧化阶段内复合涂层试样氧化活化能为111.11 kJ/mol。根据Li和Wu等人的研究[11]，氧化活化能在112 kJ/mol左右时，氧在SiO_2玻璃膜中的流动速度对C/C复合材料氧化质量变化影响很大。因此基于这种理论，在1 573～1 773 K温度范围内该莫来石/SiC涂层C/C复合材料试样的氧化过程是受氧在涂层氧化生成的致密SiO_2玻璃层和硅酸盐玻璃层中的扩散速率控制的[12]，在此温度范围内，涂层可以通过形成一个自愈合的玻璃层，使C/C复合材料得到最佳抗氧化能力。

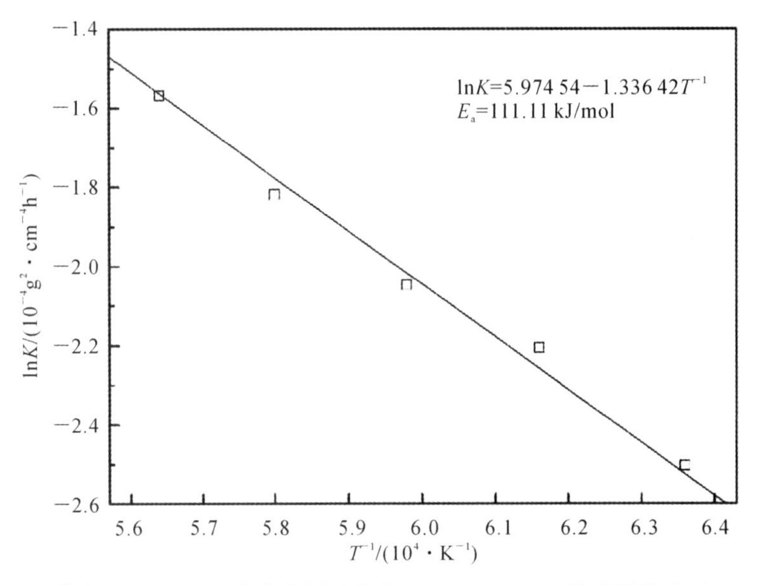

图 5-12　莫来石/SiC-C/C 复合涂层试样在 1 573～1 773 K 温度下的 Arrhenius 曲线

5.4　C-$AlPO_4$-莫来石复相外涂层的制备及表征

5.4.1　实验原料和实验仪器

1. 实验所用的化学试剂

本部分采用的化学试剂见表 5-2。

表 5-2　实验用化学试剂

药品名称	化学式	摩尔质量/($g\cdot mol^{-1}$)
磷酸铝	$AlPO_4$	122(C. P.)
氧化硼	B_2O_3	69.62 (A. R.)
氧化铝	Al_2O_3	102 (A. R.)
无水乙醇	CH_3CH_2OH	46.07 (A. R.)
异丙醇	$(CH_3)_2CHOH$	60.10 (A. R.)
碳粉	C	12 (A. R.)
硅粉	Si	28.09 (A. R.)
单质碘	I_2	253.81 (A. R.)

2. 实验仪器

本试验中使用的仪器见表5-3。

表5-3 实验仪器

序号	设备名称	生产厂家	型号
1	超声波清洗器	昆山市超声仪器有限公司	KQ-50E
2	恒温磁力搅拌器	常州国华电器有限公司	85-1
3	可控硅温度控制器	上海实验电炉厂	SKY-12-16S
4	电热鼓风干燥箱	上海实验仪器厂有限公司	101A-1
5	万分之一天平	上海实验仪器有限公司	NO.52873
6	电导率仪	上海仪电科学仪器股份有限公司	DDS-308A
7	金相切割机	上海金相机械有限公司	QG-1
8	水热釜	自行改装	270 mL
9	金相预磨机	上海金相机械有限公司	YM-2A
10	精密线性直流电源	扬州双鸿电子有限公司	WWL-LDX
11	脉冲直流开关电源	扬州双鸿电子有限公司	WWL-PD

5.4.2 实验粉料的准备

1. C-$AlPO_4$粉料的准备

研究表明[13]，在1 303℃温度下将化学纯级磷酸铝进行高温预处理，可以得到C-$AlPO_4$粉体。采用上海兴塔美兴化工公司的化学纯级磷酸铝在1 300℃高温煅烧30 min后得到C-$AlPO_4$晶体，然后以无水乙醇为介质经快速研磨机间歇研磨累计40 h后得到微米级的C-$AlPO_4$粉体。球磨后C-$AlPO_4$粉体的SEM照片见图5-13，我们从显微形貌照片中观察到粉体多数为1～5 μm且显示颗粒状的C-$AlPO_4$粉体。

图5-13 方石英型磷酸铝粉体的SEM照片

2. 莫来石粉料的准备

采用Sol－gel法结合微波水热工艺制备所需的莫来石粉体[14]。

5.4.3 C－$AlPO_4$－莫来石悬浮液的配置

分别称取球磨后的方石英磷酸铝 3.06 g 和莫来石粉体 2.04 g(m(C－$AlPO_4$)：m(莫来石)＝4：6)放入锥形瓶中，量取 170 mL 的异丙醇倒入到锥形瓶中，将上述锥形瓶放到超声波清洗器中超声振荡 40 min，然后用磁力搅拌器搅拌 20 h 后加入一定量的单质碘，悬浮液中单质碘的浓度为 2 g/L，再经过 40 min 的超声震荡将其进一步分散和 20 h 磁力搅拌，将其进一步混合均匀，即得稳定性和分散性良好的 C－$AlPO_4$－莫来石复相悬浮液。选用在 C/C 复合材料表面制备了致密的 SiC 过渡层的试样作为实验基体，在超声波清洗器中超声清洗 15 min 后，随即放入设定温度为 333 K 的烘箱中烘干作为备用材料。

5.4.4 C－$AlPO_4$－莫来石复相外涂层的制备

实验开始前，反应釜内的负电极连接着是用铜片固定好的 SiC－C/C 试样，电源正极连接的是 20 mm×10 mm×3 mm 的石墨电极，取分散性和悬浮性最好的一组 C－$AlPO_4$－莫来石悬浮液放于自制的水热釜内(水热电泳沉积技术装置见图 5－14)，控制水热釜的填充比例为 67%。选择水热沉积电压为 160～240 V，水热沉积温度为353～413 K，沉积时间为 5～25 min 开展水热电泳沉积实验，试验后的涂层试样放于设定温度为 333 K 的烘箱中进行干燥，干燥时间控制在 6 h，即可得到 C－$AlPO_4$－莫来石复相涂层的 SiC－C/C 复合材料试样。

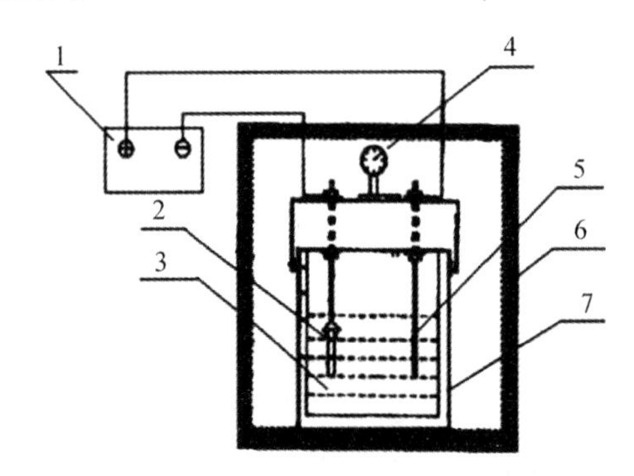

图 5－14　水热电泳沉积实验装置图

1—直流电源；2—阴极；3—悬浮液；4—压力表；5—阳极；6—电热鼓风干燥箱；7—水热釜

5.4.5 C－$AlPO_4$－莫来石复相外涂层的制备流程

C－$AlPO_4$－莫来石复相外涂层的制备工艺操作流程如图 5－15 所示。

5.4.6 测试及表征

(1) C－$AlPO_4$－莫来石复相悬浮液导电性能的测试。采用上海仪电科学仪器股份有限公司制造的电导率仪(DDS-308A型号)对C-$AlPO_4$-莫来石复相悬浮液的导电能力进行测试。

(2) X-射线衍射分析。测试分析具体见5.2.3(1)。

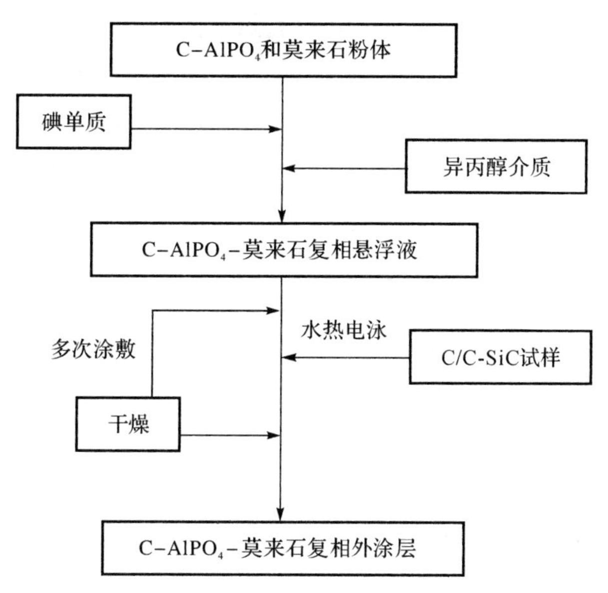

图5-15 水热电泳沉积法制备C-$AlPO_4$-莫来石外涂层的工艺操作流程图

(3) 显微结构及能谱分析。测试分析具体见5.2.3(2)。

(4) 涂层试样的抗氧化性能测试。测试分析过程具体见5.2.3(3)。

(5) 涂层试样的力学性能分析。涂层试样的弯曲力学性能测试过程具体见5.2.3(4)。

(6) 涂层的结合强度测试。采用垂直拉伸法测量涂层的界面结合强度。用某种胶黏剂(比如环氧树脂)将涂层粘接在大头钉上,按住涂层用拉力机给大头针施加一定的力,直至两者分开为止。计算界面结合强度采用如下方法,即根据制备涂层与基体界面分开时所对应的拉伸力除以涂层与基体的接触面积A,即可表示为涂层的结合强度。其中所用的计算公式表示如下:

$$\sigma_b = \frac{F_p}{A} \tag{5-14}$$

5.5 结果与讨论

5.5.1 悬浮液中碘含量对复合涂层结构及性能的影响

1. 不同碘含量下C-$AlPO_4$-莫来石悬浮液的导电能力的变化

带电微粒沉积到试样上的关键之处在于悬浮液要具备一定的导电能力,而邓飞等人经过实验证实悬浮液中加入一定量的碘可以极大地提高悬浮液的导电能力[15]。曹丽云教授课题组经过多次试验证实采用异丙醇配置的悬浮液分散性和稳定性最好[16-17]。不同碘浓度下 C－$AlPO_4$-莫来石导电能力变化趋势如图 5－16 所示，从图中了解到，在碘浓度小于 2 g/L时，随着悬浮液中碘含量的增加，体系的导电能力逐渐增大，并且增大的速率较大。加入的 I_2 不断与异丙醇发生反应电离出带正电的氢离子，因而增加了电导率。悬浮液中碘的含量大于 2 g/L 时，电导率的变化缓慢保持在 13.29～14.39 μS/cm 。

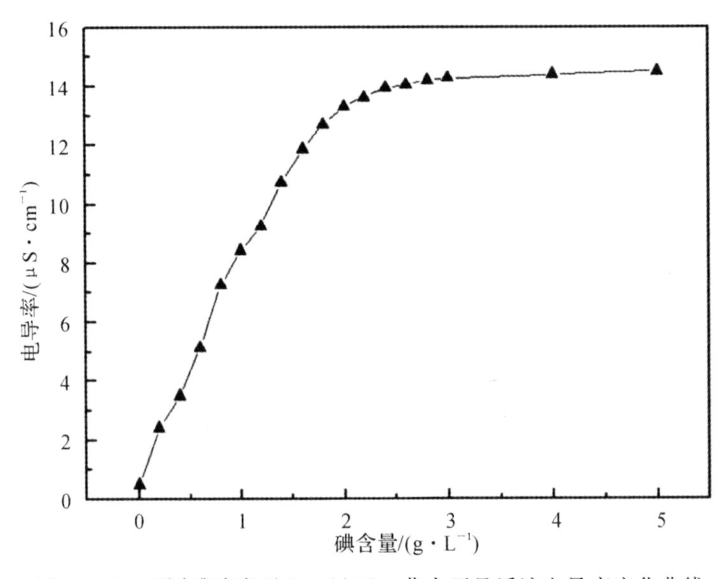

图 5－16　不同碘浓度下 C－$AlPO_4$-莫来石悬浮液电导率变化曲线

2. 复合涂层的显微结构

不同碘含量条件下制备的 C－$AlPO_4$-莫来石外涂层表面的扫描照片如图 5－17 所示。从图中可知，碘含量为 0.5 g/L 下制备的外涂层表面较为粗糙，存在孔洞和裂纹等缺陷，说明此时的涂层均匀性和致密性较差。控制悬浮液的碘含量为 1 g/L 时，制备的 C－$AlPO_4$-莫来石复相外涂层表面不平整，存在微小孔洞和裂纹。配置的碘含量为 1.5 g/L进行沉积实验时，我们得到的复相涂层表面开始均匀，颗粒整齐排列和堆积。虽然涂层中也存在一些微小的气孔，但是这些微孔大小均一，说明固含量对涂层外貌影响还是很大的。随着固含量的不断提高，复相涂层的表面形貌逐渐由差变好。我们将悬浮液碘含量控制在 2 g/L 时进行沉积涂层的实验，一个以表面孔隙极其少且平整致密为形貌特征的复相涂层呈现在我们面前。但是随着悬浮液中碘单质浓度的进一步提高，所制备的外涂层表面均匀性明显降低，特别是当碘浓度达到 2.5 g/L 时，所沉积的外涂层中出现了较大的裂纹和孔洞等缺陷。

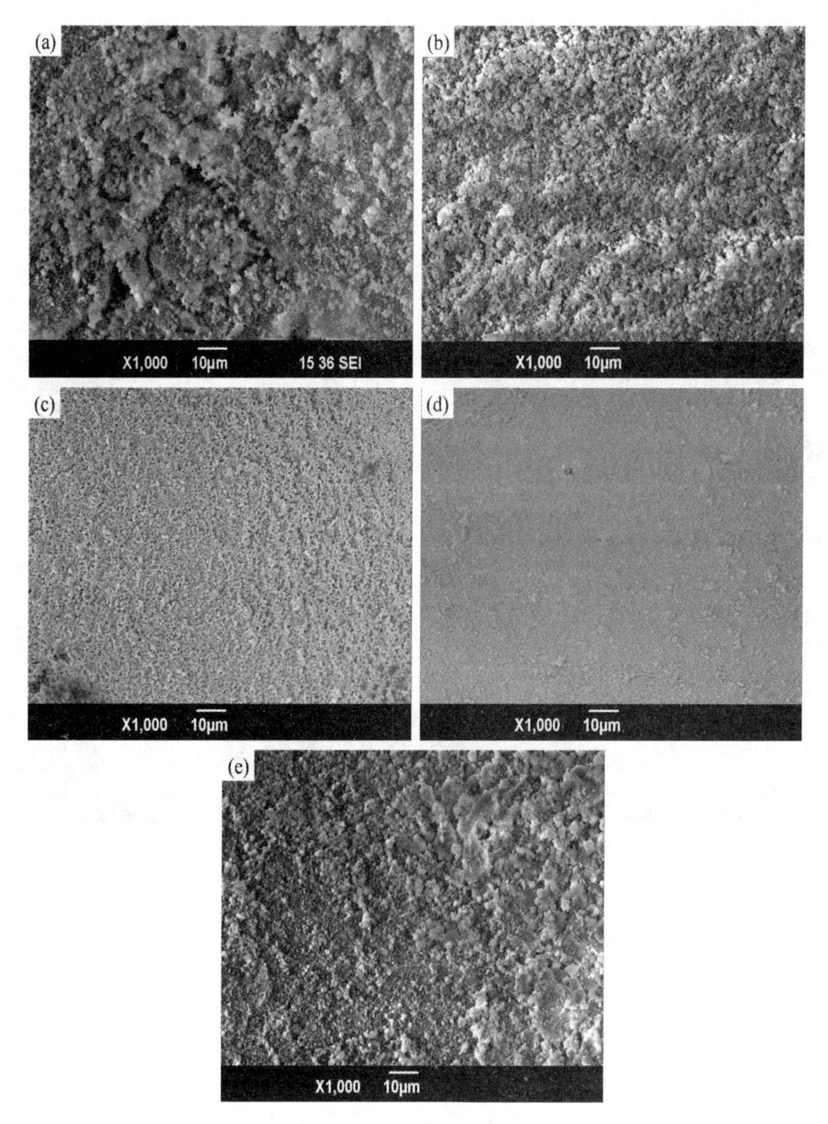

图5-17 不同碘含量下制备C-$AlPO_4$-莫来石外涂层的表面SEM照片

c_I:(a)0.5 g/L; (b)1 g/L; (c)1.5 g/L; (d)2 g/L; (e)2.5 g/L

不同碘含量条件下制备的C-$AlPO_4$-莫来石/SiC-C/C试样的横截面SEM照片如图5-18所示。我们从涂层试样的断面图可知,悬浮液碘含量控制在0.5 g/L时,一种尺寸不规则、疏松多孔且与SiC结合力极差的莫来石-C-$AlPO_4$外涂层被制备。但是控制悬浮液碘含量在1~2 g/L的范围内,涂层的致密性得到很大程度的提高,尤其是控制碘含量在2 g/L时,一种均匀且致密性极佳的莫来石-C-$AlPO_4$外涂层被制备。并且此时从图中观察到,整个试样中的碳基体、SiC内涂层和莫来石-C-$AlPO_4$复相外涂层相互之间紧密镶嵌到一起,说明涂层具有最好的结合力,并且复相外涂层的尺寸大约为300 μm。这种情况与上述此时导电能力增大是一致的。悬浮液碘含量超过2 g/L后,涂层的断面外观开始变差，断面形貌不均匀且有裂纹的存在，这可能是由于碘含量过高造成悬浮液的导电能力大幅提升，使更多的莫来石和 C - AlPO$_4$ 粒子到达基体上，涂层的厚度继续增大，随之内部产生的应力开始释放，导致涂层间有明显的裂纹产生。

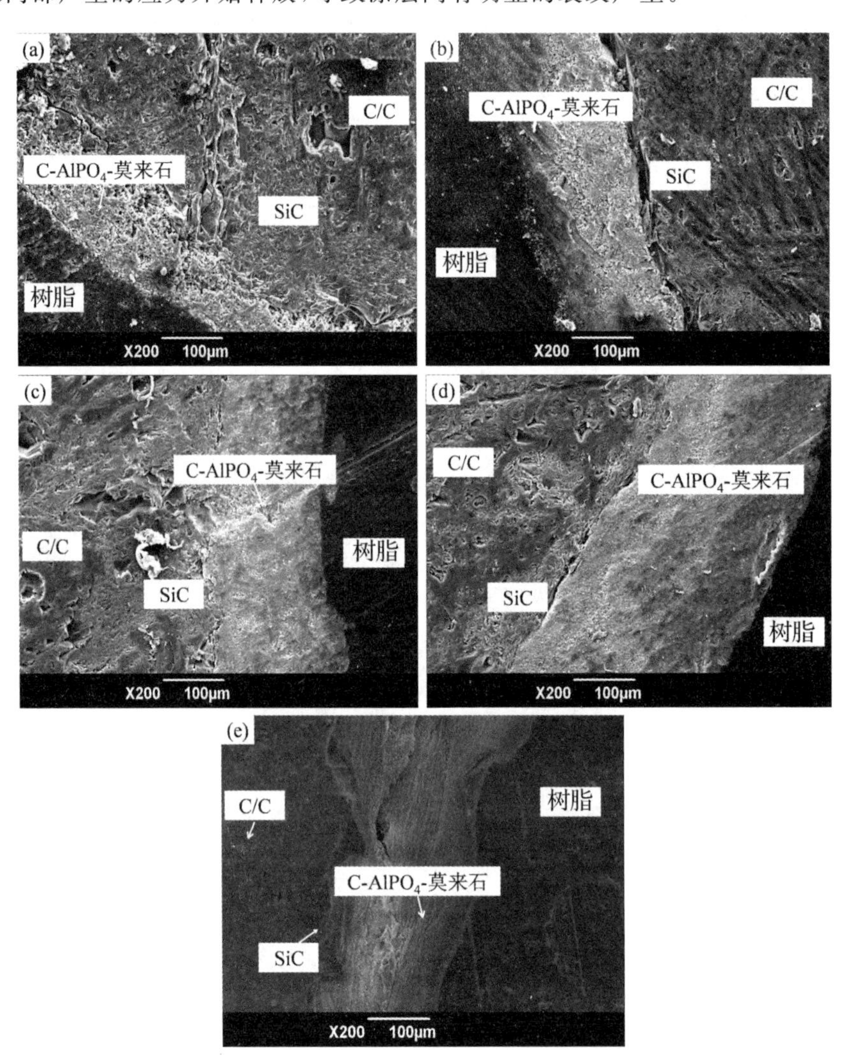

图 5-18 不同碘含量下制备 C - AlPO$_4$-莫来石外涂层的断面 SEM 照片

c_1:(a)0.5 g/L; (b)1 g/L; (c)1.5 g/L; (d)2 g/L; (e)2.5 g/L

3. C - AlPO$_4$-莫来石/SiC 复合涂层的氧化保护能力分析

碘含量对复合涂层抗氧化性能的影响如图 5 - 19 所示。碘含量控制在 2 g/L 以下时，复合涂层对 C/C 基体的氧化保护能力随着碘加入量的增大逐渐地增大。尤其是碘浓度达到 2.0 g/L 时，碘含量对涂层的抗氧化性能影响最为显著，经过高温下的 200 多小时氧化后质量损失百分比为 1.01%，并且从 20～200 h 之间整个试样的质量损失率波动很小，在此条件下涂层对基体的保护效果最好，一旦超过这个碘浓度，防护涂层对基体的保护能力大幅下降。因此从性能的角度考虑碘的最佳浓度控制在 2 g/L 上下。由于选择了合适的碘含量，造成了悬浮液的导电能力提高，涂层试样得到了均一整齐致密且几乎没有任何缺陷的表面形貌，得到了平整致密且与内涂层成镶嵌在一起的断面形貌，继而内外涂层的结合力得到很大的提高，最终实现了对碳基体最佳的防氧化效果。

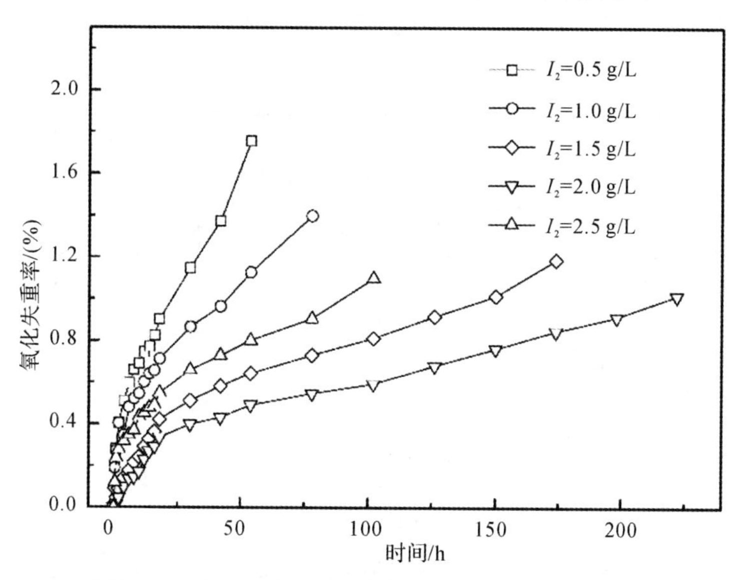

图 5-19　不同碘含量水热电泳沉积法制备 C-$AlPO_4$-莫来石外涂层/SiC-C/C 复合试样在 1 773 K 下的恒温静态氧化失重曲线

5.5.2　外涂层中 C-$AlPO_4$/莫来石的晶相配比对复合涂层结构及性能的影响

1. 沉积 C-$AlPO_4$-莫来石复相涂层的 XRD 分析

不同晶相组成（m(C-$AlPO_4$)/m(mullite)$=c_p$）下水热电泳沉积技术得到的 C-$AlPO_4$-莫来石复相外涂层（碘浓度 $c_I=2$ g/L，水热温度 373 K，沉积电压 200 V，沉积时间 10 min，悬浮液固含量 $c=30$ g/L）的 X 衍射谱图如 5-20 所示。由图可知，在不同的涂层晶相组成范围内，复合涂层的 XRD 谱图均出现了 C-$AlPO_4$ 和莫来石的晶相衍射峰，没有其他物相的衍射峰出现，说明得到的涂层中的成分与原始复相粉体的物相构成是相对应的。此外，外涂层中 C-$AlPO_4$ 的衍射峰值强度随着悬浮液中涂层的晶相配比从 1∶9 到 5∶5 的增加而增强，这意味着外涂层中 C-$AlPO_4$ 的含量的增加，结晶性能也逐渐增加。

2. 复合涂层的显微结构

C-$AlPO_4$ 和莫来石粉体按照不同组成比制备的 C-$AlPO_4$-莫来石复相外涂层的表面 SEM 照片如图 5-21 所示。由图可以看出，当 m(C-$AlPO_4$)/m(莫来石)=1∶9 时，外涂层表面颗粒间堆积较为疏松，并且有裂纹的存在（见图 5-21(a)）。随着涂层中 m(C-$AlPO_4$)/m (莫来石)比例的逐步增加，涂层表面的致密性和均匀性有所改善，但仍有微裂纹的存在。当 $m(C-AlPO_4)/m$(莫来石)=4∶6 时，涂层的均匀性和致密性达到最佳，涂层表面光滑而平整，没有裂纹的出现（见图 5-21(d)）。继续增加 $m(C-AlPO_4)/m$(莫来石)的比例达到 5∶5 时，涂层表面的致密性和均匀性变得较差（见图 5-21(e)）。产生上述现象的原因可能是由于 $C-AlPO_4$-莫来石复相外涂层的复合后的热膨胀系数与 SiC 内涂层的热膨胀系数的差异造成的，需要通过后期实验测试热膨胀系数的变化进一步验证。

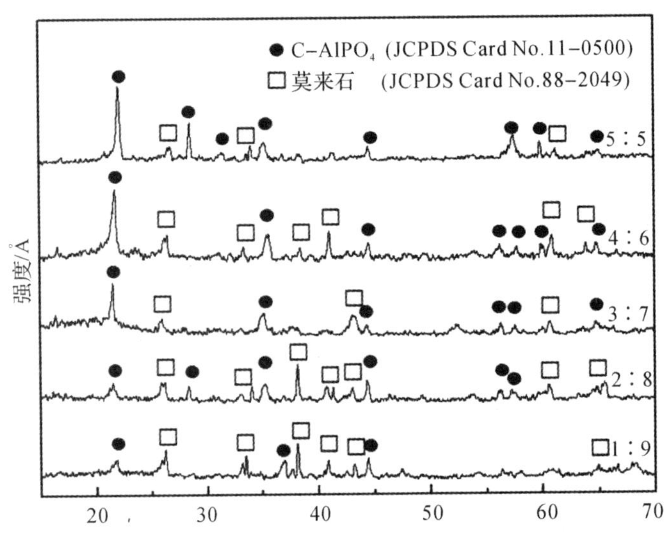

图 5-20　不同相组成下制备的 $C-AlPO_4$-莫来石外涂层表面的 XRD 谱图

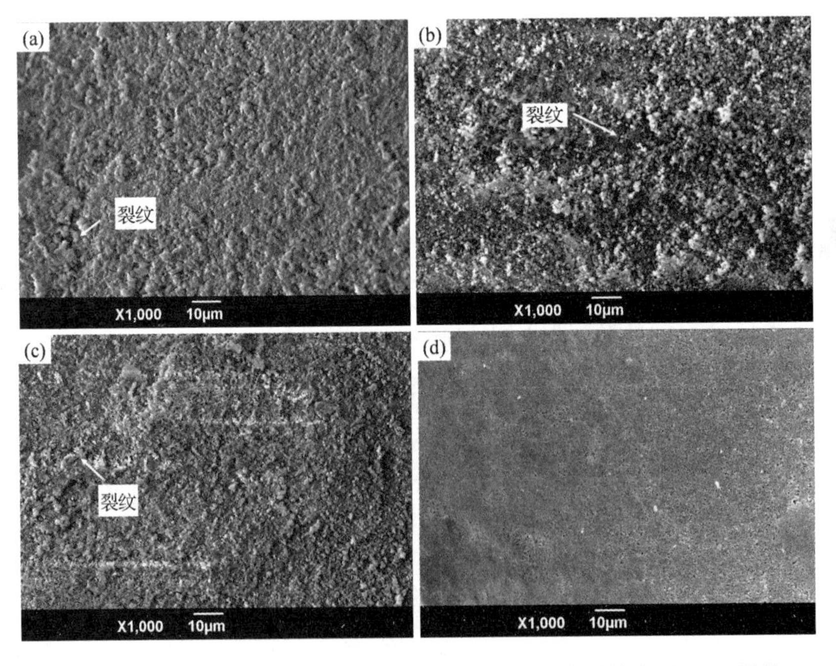

图 5-21　不同相组成下制备 $C-AlPO_4$-莫来石外涂层的表面 SEM 照片

续图 5-21 不同相组成下制备 C-$AlPO_4$-莫来石外涂层的表面 SEM 照片

C-$AlPO_4$粉体和莫来石粉体按照不同相组成制备的 C-$AlPO_4$-莫来石复相外涂层的断面 SEM 形貌照片如图 5-22 所示。从图中可以看出，m(C-$AlPO_4$)/m(莫来石)=1∶9时，所制备的 C-$AlPO_4$-莫来石外涂层和 SiC 内涂层之间出现了明显的裂纹，说明此时的内外涂层结合力较差。随着外涂层中 C-$AlPO_4$ 含量的增加，内外涂层界面处的裂纹逐渐变小。当 m(C-$AlPO_4$)/m(莫来石)=4∶6 时，内外涂层结合处已没有明显开裂，涂层均匀而平整。涂层组分中继续增加 C-$AlPO_4$的含量，内外涂层界面处重新出现微裂纹。这和复合涂层表面的 SEM 形貌分析是相对应的。

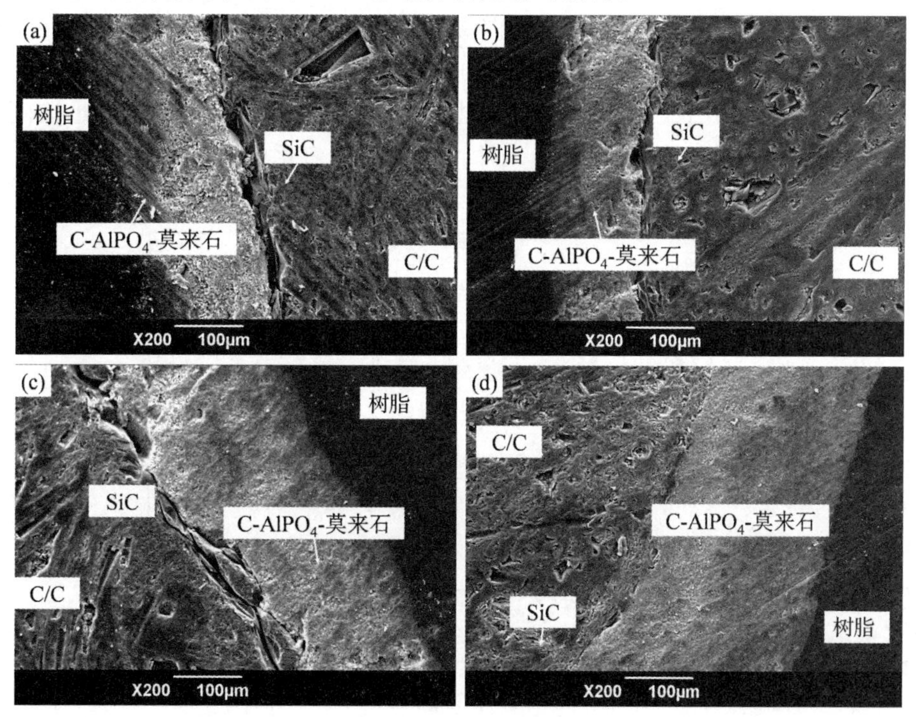

图 5-22 不同相组成下制备 C-$AlPO_4$-莫来石外涂层的断面 SEM 照片

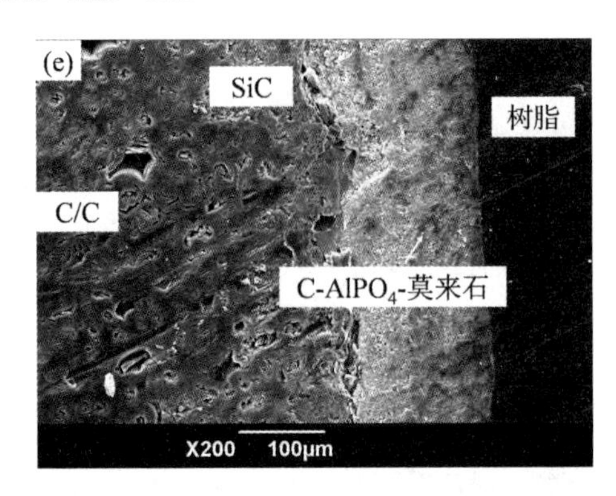

续图 5-22 不同相组成下制备 C-$AlPO_4$-莫来石外涂层的断面 SEM 照片

3. 复合涂层的防氧化能力分析

C-$AlPO_4$-莫来石/SiC 复合涂层 C/C 复合材料试样在 1 773 K 空气中进行等温静态氧化性能测试曲线如图 5-23 所示。我们可以明显观察到，当 C-$AlPO_4$与莫来石粉体的质量之比为 1∶9 时，复合涂层 C/C 试样氧化 96 h 后质量损失百分比达到 1.94%，说明按照这种涂层组分的复合涂层不能对 C/C 基体进行很好的保护。继续增加 C-$AlPO_4$的含量，当涂层相组成为 m(C-$AlPO_4$)/m(莫来石)=2∶8 时，具有一定的抗氧化能力，氧化 108 h 后质量损失百分比为 1.65%，对 C/C 基体进行保护能力明显增强。继续增加外涂层中 C-$AlPO_4$的含量，该 C-$AlPO_4$-莫来石复相外涂层的抗氧化性能随着悬浮液中 C-$AlPO_4$含量的增加而逐步改善。当涂层相组成为 C-$AlPO_4$粉体与莫来石粉体的质量之比等于 4∶6 时，复相外涂层具有最好的抗氧化性能，在 1 773 K 的空气气氛下氧化 324 h 后质量损失百分比仅为 1.01%。然而继续增加悬浮液中 C-$AlPO_4$的含量，当涂层相组成为 m(C-$AlPO_4$)/m(莫来石)=5∶5 时，外涂层的防氧化保护性能明显降低。这与该条件下沉积的涂层中存在缺陷有关，并与复合涂层的显微结构分析一致(见图 5-22(e))。

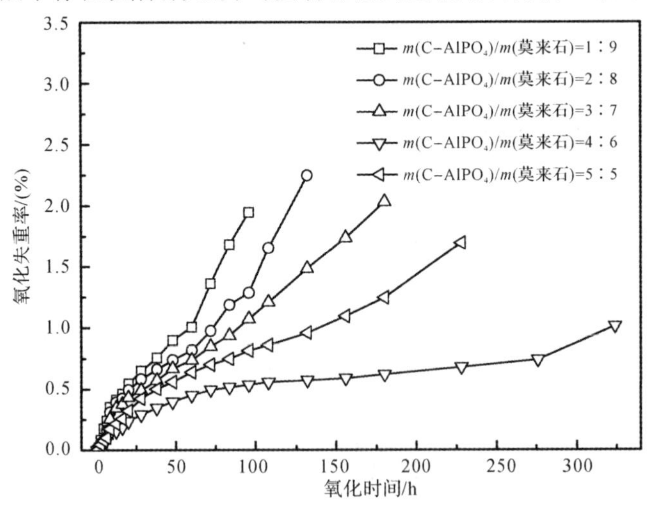

图 5-23 不同相组成下水热电泳沉积法制备 C-$AlPO_4$-莫来石/SiC-C/C 复合试样在 1 773 K 下的恒温静态氧化失重曲线

5.5.3 水热沉积电压对复合涂层结构及性能的影响

1. 沉积 C-$AlPO_4$-莫来石复相涂层的 XRD 分析

不同水热沉积电压下制备的 C-$AlPO_4$-莫来石复相涂层的表面 XRD 谱图如图 5-24所示（碘浓度 c_1=2 g/L，水热沉积温度 373 K，沉积时间 10 min，悬浮液固含量 c=30 g/L，m(C-$AlPO_4$)/m(莫来石)=4∶6）。由图可知，不管低电压（160 V）还是高电压（220 V），我们从各个衍射峰中只发现 C-$AlPO_4$ 和莫来石的晶相衍射峰，说明我们制备的涂层成分与我们初始选择的粉料成分是一致的。我们还从图中观察到，从设定的低电压 160 V 到高电压 220 V，C-$AlPO_4$ 和莫来石衍射峰的强度逐渐增大，这说明提高电压可以明显提高涂层组分的结晶度。

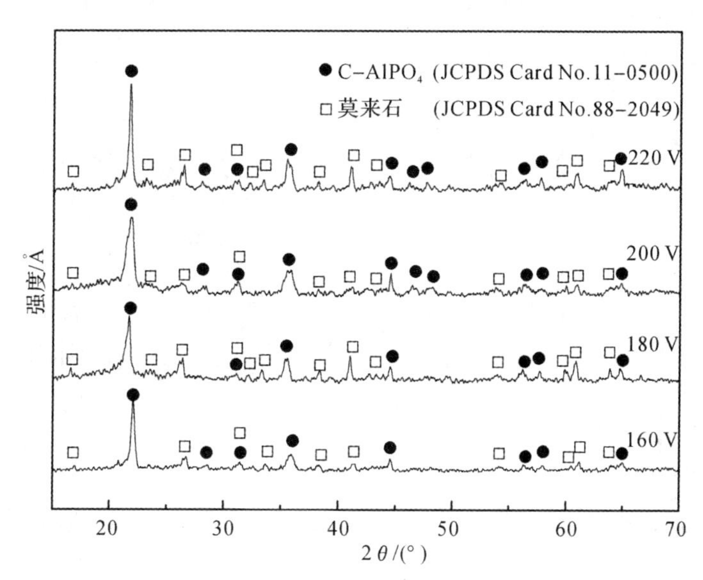

图 5-24 不同水热沉积电压下制备 C-$AlPO_4$-莫来石外涂层的表面 XRD 谱图

2. 复合涂层的显微结构分析

选择不同电压条件下制备的 C-$AlPO_4$-莫来石复相外涂层的表面 SEM 照片如图 5-25所示。我们从上述四幅图中了解到：电源电压值设定 160 V 进行沉积实验时，我们制备的复相涂层表面不均匀、大小颗粒不规则的堆积，使表面存在大小不一的微孔。电源电压值设定 180 V 进行沉积实验时，我们得到的复相涂层表面开始变得均匀，颗粒整齐排列和堆积。虽然涂层中也存在一些微小的气孔，但是这些微孔大小均一，说明调整电压值对改善涂层的外貌还是很有帮助的。随着电压值的不断提高，复相涂层的表面外貌由差变好。我们将电压值控制在 200 V 时进行沉积涂层的实验，一个表面孔隙极其少且平整致密为形貌特征的复相涂层呈现在我们面前。我们继续将电压值调高到 220 V 时，复相涂层表面呈现鱼鳞片状的分布，并且散布着一些微孔。

会出现以上种种形貌特征变化与电压值的高低是分不开的。电源设定的电压值偏低时，给整个系统提供的能量不足以使颗粒进行紧密堆积从而使涂层松散排布；电源设定的电压值适中时，给整个体系提供的动力可以满足颗粒迁移和沉积的需求，此时颗粒可能进行最紧密的排列和堆积从而使涂层平整无空隙等缺陷；电源设定的电压值过高时，提供的能量足以满足沉积涂层的需求，大小颗粒争相迁移和不规则的覆盖到基体上面，并且电压过大造成涂层上晶粒的再结晶和再长大，最终我们得到的是大小颗粒间歇叠加排列的表面外貌。

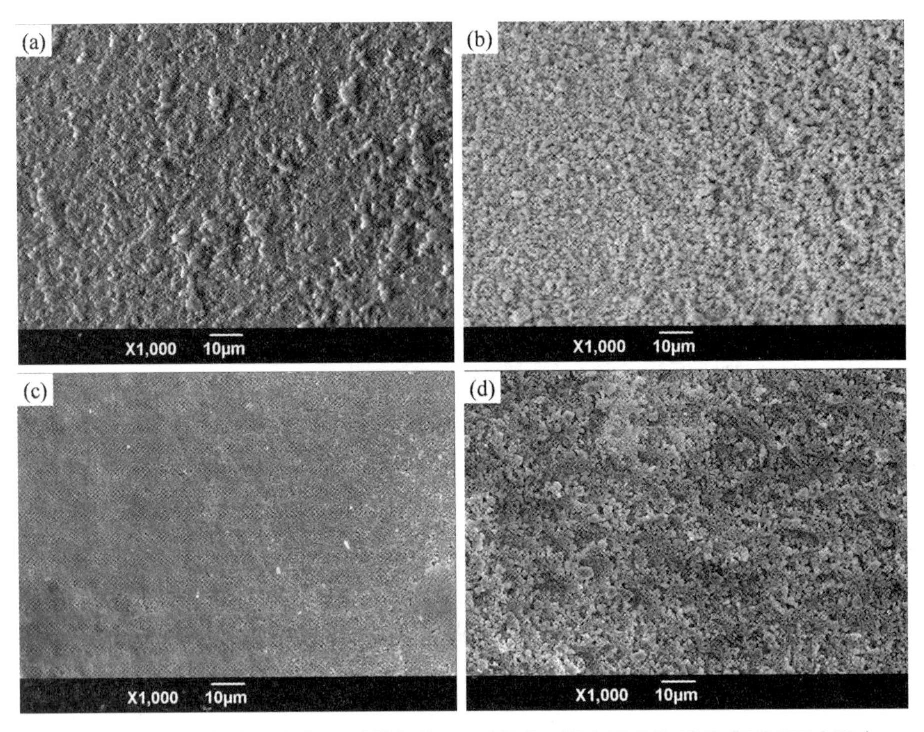

图 5-25　不同水热沉积电压下制备的 C-$AlPO_4$-莫来石外涂层的表面 SEM 照片

(a)160 V；(b)180 V；(c)200 V；(d)220 V

选择不同电压条件下制备的 C-$AlPO_4$-莫来石复相外涂层的断面结构照片如图 5-26所示。通过调整电源的电压值(160～220 V)，给我们呈现了各种各样的断面结构的形貌。我们从上述四幅图中了解到，电源的电压控制在 160 V 时，制备的涂层断面具有参差不齐、疏松多孔的形貌特征，并且此工艺下涂层的厚度小于 100 μm，这对于 C/C 基体的氧化保护是远远达不到要求的。电源的电压控制在 180 V 时，我们获得的涂层试样断面具有平整均匀外貌特征的结构，在此工艺下的复相涂层尺寸大约为 120 μm。与电源的电压控制在 180 V 时获得的涂层相比(见图 5-26(c))，电源的电压调整到 200 V 时，获得涂层更加致密均一，并且 SiC 涂层和复相涂层几乎镶嵌为一个整体，在此工艺技术下获得的涂层尺寸大约在 250 μm，这与此条件下制备的复相涂层的表面形貌是相对应的。

电源的电压控制在 220 V 时，实验获得了外貌特征为参差不齐且厚度不均匀的涂层试样，并且我们也观察到有部分微裂纹的存在，此工艺条件下涂层的厚度大约为300 μm。

之所以呈现出各式各样的形貌特征与电压因素有很大关系，增大电源的电压，整个反应釜内的粉体颗粒会更快到达固定的试样，进行不同方向的沉积，试样单位面积上的沉积量会逐渐增大。电压较大的时候甚至会有部分超细颗粒深入到有缺陷的 SiC 内涂层中，增加复相涂层和 SiC 涂层的结合力。但是当电压值设定的过大时，就会在阴阳极之间的区域产生电流值瞬间过大的现象，过大电流提供的能量足以将涂层颗粒烧结成片状分布，但是由于此时得到的涂层尺寸太厚，涂层内部应力就会增大，最终在涂层中产生微小的裂纹，这样的结构大大削弱了涂层对 C/C 基体的氧化保护能力。因此，在实验中我们要严格控制电源的电压大小。

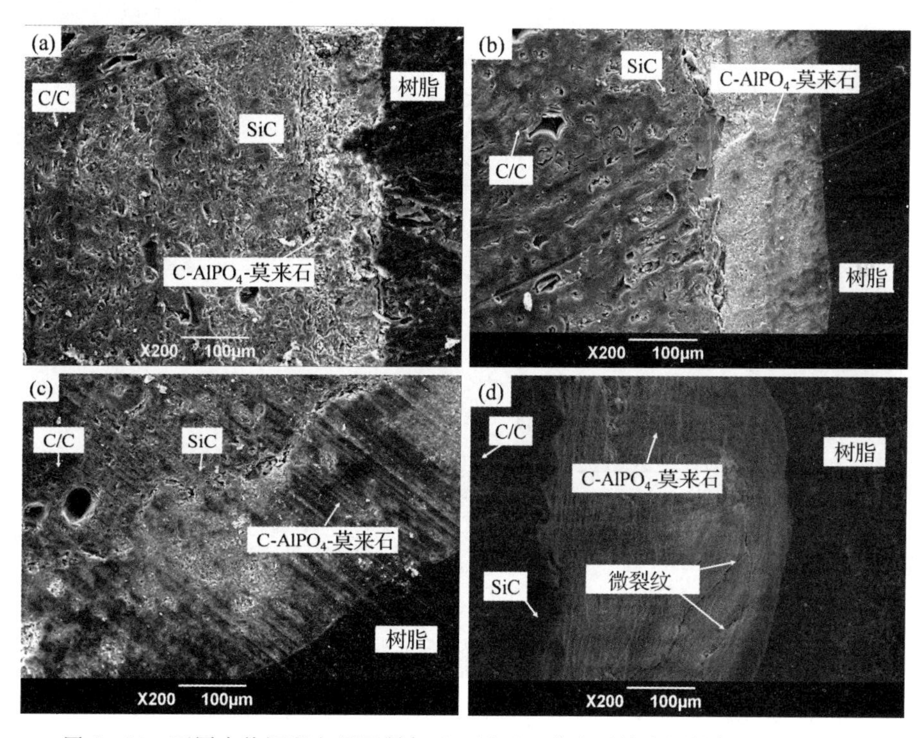

图 5－26 不同水热沉积电压下制备 C－$AlPO_4$-莫来石外涂层的断面 SEM 照片

(a)160 V； (b)180 V； (c)200 V； (d)220 V

3. 水热电泳沉积技术制备 C－$AlPO_4$-莫来石外涂层的结合强度分析

不同沉积电压下制备的 C－$AlPO_4$-莫来石复合外涂层与 SiC－C/C 试样之间的结合强度曲线如图 5－27 所示。由图可以看出，沉积电压控制在 160～200 V 的范围内，制备的 C－$AlPO_4$-莫来石外涂层与内涂层 SiC 之间的结合强度随着电压的增大而增大。当沉积电压控制在 160 V 时，C－$AlPO_4$-莫来石复合外涂层与 C/C－SiC 基体的结合强度为 8.14 MPa；当沉积电压达到 180 V 时，C－$AlPO_4$-莫来石复合外涂层与 C/C－SiC 基体的结合强度为 12.19 MPa。

当沉积电压继续升高到 200 V 时，C－$AlPO_4$-莫来石复合外涂层与 C/C－SiC 基体之间的结合强度为 18.15 MPa，在此条件下涂层具有最好的结合强度。产生这种结果的原因是沉积电压控制在 200 V 时，制备出的 C - $AlPO_4$-莫来石复相外涂层的致密度和均匀性最好。这与复合涂层试样的显微结构分析是一致的(见图 5 - 25(c)，图 5 - 26(c))。当继续增加沉积电压达到 220 V 时，C - $AlPO_4$-莫来石复合外涂层与 C/C - SiC 基体之间的结合强度开始下降。这是由于沉积电压过大，悬浮液中的带电颗粒快速运动，造成大小不一的颗粒堆积在一起，在涂层中留下空隙致使涂层不够致密和均匀，最终造成内外涂层间的结合力下降。因此，水热沉积电压是提高外涂层致密性和内外涂层之间的结合强度的重要因素。

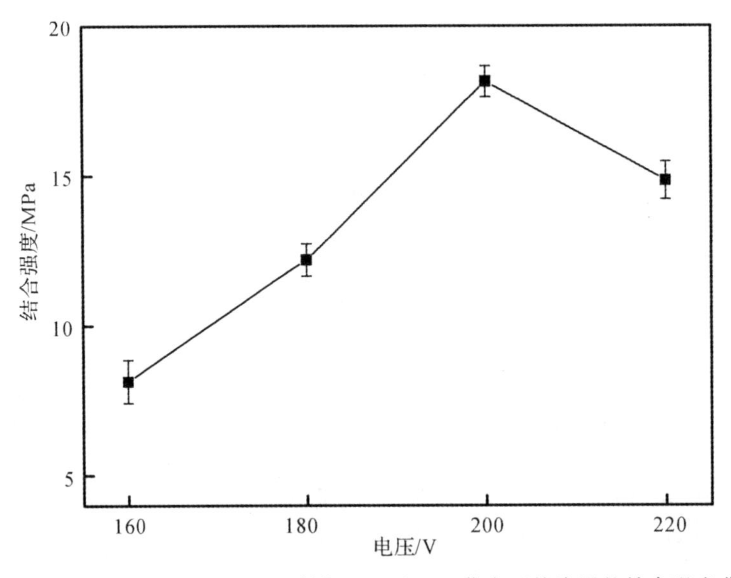

图 5 - 27　不同水热沉积电压下制备 C - $AlPO_4$-莫来石外涂层的结合强度曲线

4. 复合涂层防氧化能力分析

不同沉积电压下制备的复合涂层试样在 1 773 K 静态空气气氛中氧化后质量损失曲线如图 5 - 28 所示。我们从曲线中了解到，没有沉积 C - $AlPO_4$-莫来石复相外涂层的 SiC - C/试样在 1 773 K 硅钼棒高温炉中经历了 20 h 后，试样的质量损失百分比大于 2%，不能对 C/C 复合材料起到很好的氧化防护作用。为了解决这一问题，我们在已经制备了 SiC 涂层的碳基体上利用水热电沉积技术得到了 C - $AlPO_4$ 和莫来石的复相外涂层，可以明显看到氧化性能大幅度提高。电源的电压控制在 160 V 时，沉积了C - $AlPO_4$-莫来石复相外涂层的试样在 1 773 K 硅钼棒高温炉中经历了 175 h 后，试样的质量损失百分比大于 1.5%。随着电源电压值的升高，我们可以很明显看到复相涂层对基体的氧化保护能力逐渐增大。电源的电压控制在 200 V 时，沉积了复相外涂层的试样在 1 773 K 硅钼棒高温炉中经历了 324 h 后，试样的质量损失百分比为 1.01%。我们也可以直观从上图看到，与沉积电压 200 V 时制备的复相外涂层的氧化防护能力相比，沉积电压在 220 V条件下制备的涂层的氧化防护能力明显下降，这与该条件下制备涂层的表面和断面形貌是相对应的。因此，只有控制好电源电压值才能获得理想抗氧化性能的防护涂层。

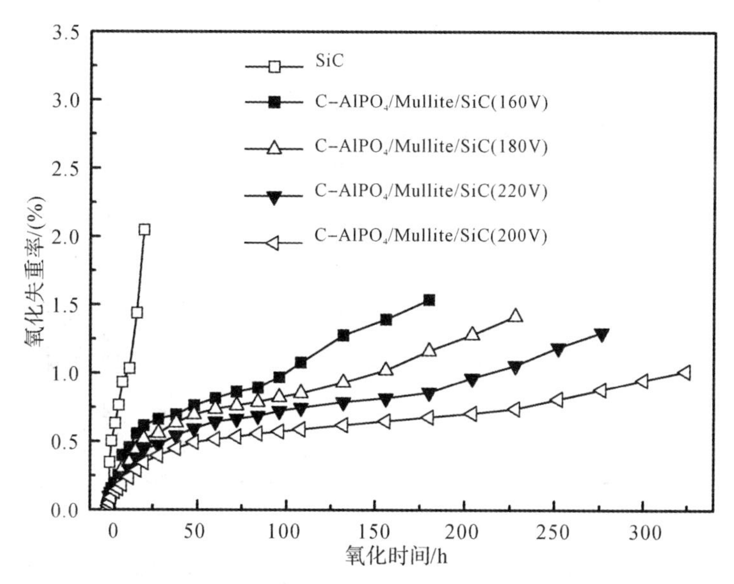

图 5-28　不同沉积电压下制备 C-$AlPO_4$-莫来石/SiC-C/C 试样在 1 773 K 下空气中的静态氧化曲线

5.5.4　水热沉积温度对复合涂层结构及性能的影响

1. 沉积 C-$AlPO_4$-莫来石外涂层的 XRD 分析

不同水热沉积温度下制备的 C-$AlPO_4$-莫来石复相涂层的表面 XRD 谱图(碘浓度 c_I = 2 g/L,水热沉积电压 200 V,沉积时间 10 min,悬浮液固含量 c = 30 g/L,m(C-$AlPO_4$)/m(mullite)=4∶6)如图 5-29 所示。我们从图中了解到,在 353～413 K 的水热温度范围内,均出现了 C-$AlPO_4$ 和莫来石晶相衍射峰,与我们初始采用的粉体晶相衍射峰是一致的。当水热温度 353 K 和 373 K 时涂层表面的衍射峰比较微弱,这说明涂层厚度较薄。随着水热温度的升高,主晶相 C-$AlPO_4$ 和莫来石的衍射峰逐渐增强,说明沉积涂层中 C-$AlPO_4$ 和莫来石粉体的沉积量加大同时其结晶性能提升。

2. C-$AlPO_4$-莫来石外涂层的显微结构

不同水热沉积温度下制备的 C-$AlPO_4$-莫来石复相涂层的表面显微结构如图 5-30 所示。由图可知,C-$AlPO_4$-莫来石涂层表面由 C-$AlPO_4$ 和莫来石颗粒层状叠加而成。当水热温度为 353 K 时所制备的外涂层比较疏松,表面不均匀,且存在一些较小的孔洞和微裂纹,说明涂层致密性和均匀性较差。当水热温度达到 373 K 时,涂层表面变得相对致密和均匀,孔隙率明显降低。继续升高水热温度到 393 K 时,制备的外涂层表面均匀平整而致密,没有孔洞和微裂纹存在。当水热温度上升到 413 K 时,反应釜内压力增加,涂层表面出现了部分熔融现象,这种现象可能与 C-$AlPO_4$ 自身具有熔体的特性有关。并且该条件下制备的涂层中 C-$AlPO_4$ 和莫来石的颗粒较大,表面粗糙,完全符合图 5-29 中 XRD 分析,涂层表面具有良好的结晶性,但晶粒尺寸较大。

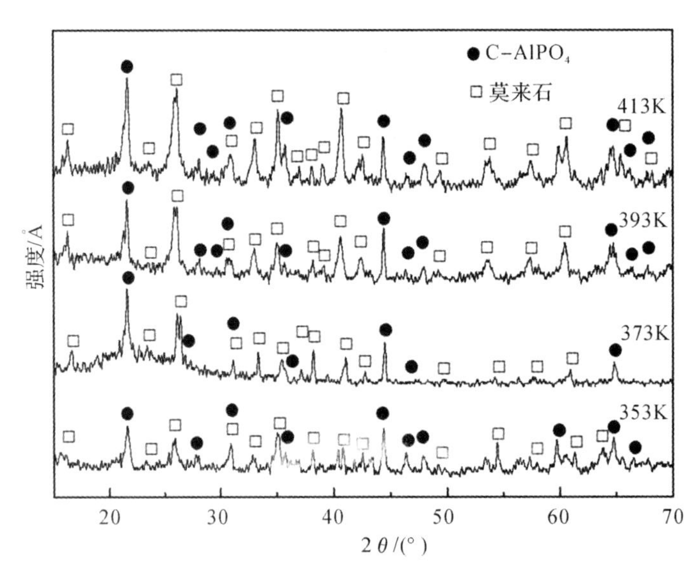

图 5-29 不同水热沉积温度下制备 C-$AlPO_4$-莫来石涂层的表面 XRD 谱图

图 5-30 不同水热沉积温度下制备 C-$AlPO_4$-莫来石外涂层的表面 SEM 照片

(a)353 K； (b)373 K； (c)393 K； (d)413 K

不同水热沉积温度下制备的 C-$AlPO_4$-莫来石/SiC 涂层 C/C 试样的断面显微结构如图 5-31 所示。我们从上述四幅照片中了解到，当水热温度为 353 K 时，所制备得外涂层结构较为疏松，外涂层与 SiC-C/C 基体间存在微裂纹，这可能是由于制备温度较低时，外涂层内聚力较差所致。当温度升高到 373 K 时所制备的外涂层与 SiC-C/C 基体结合性明显提高，但涂层的厚度仍不均匀。当水热沉积温度升高到393 K时，外涂层和内涂层的结合性最好，涂层均匀且致密，这与涂层的表面晶相组成（见图5－29）和表面形貌（见图5－30(c)）分析结果相吻合。从图中亦可以明显看出外涂层中有部分C－$AlPO_4$和莫来石颗粒渗透到SiC内涂层的微裂纹当中，使得SiC涂层的缺陷得到了一定程度的填封，这对提高复合涂层的抗氧化能力是有益的，同时也可能是沉积外涂层后复合涂层的氧化保护能力明显改善（见图5－32）的原因之一。

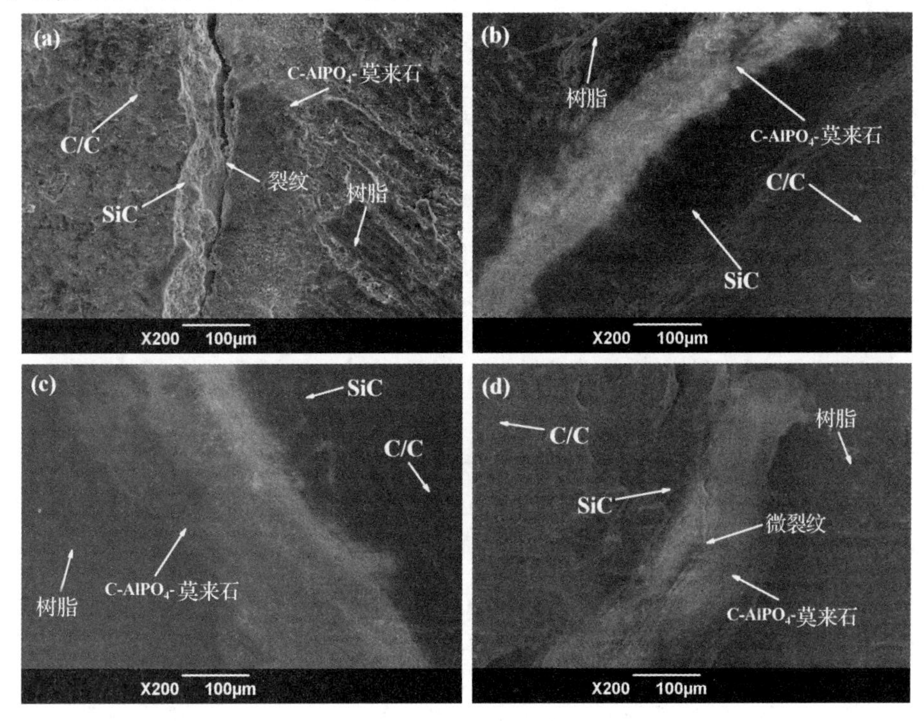

图5－31 不同水热沉积温度下制备C－$AlPO_4$－莫来石外涂层的断面SEM照片

(a)353 K； (b)373 K； (c)393 K； (d)413 K

继续升高水热温度达到413 K时，外涂层均匀性开始变差，产生了微裂纹。这是由于温度升高会导致溶液中的离子更加快速扩散到表面进行反应，促使单位面积的沉积量增大使涂层厚度不均匀，同时水热压力随温度升高而增大，过大的水热压力导致涂层内部产生应力，这可能是导致了涂层的不均匀和内部微裂纹的产生[17]。

3.复合涂层防氧化能力分析

图5－32所示为SiC－C/C试样和不同水热温度下制备的C－$AlPO_4$－莫来石/SiC－C/C试样在1 773 K下空气中的静态氧化失重曲线。与经过两次包埋带有SiC的C/C试样经过不到40 h就表现出极大的质量损失。与带有SiC的C/C试样的氧化相比，在SiC－C/C上沉积复相涂层的防护能力明显增强。我们也看到，沉积外涂层后的试样在最初的时间段内，氧质量损失率几乎保持不变，但在经历一段时间后，氧化的快慢变化就表现得比较明显：水热温度为353 K所得的C－$AlPO_4$－莫来石质量损失明显加快，水热温

度为373 K制得的质量损失变化稍微慢一些，水热温度为 393 K 制得的质量损失变化最慢，经过相同的氧化时间后氧化质量损失最小，此时的防氧化能力相对较好，而水热温度为 413 K 制得的质量损失变化又加快，防氧化能力有所减弱。结合前面的形貌分析结果，水热温度为 393 K 时制备的涂层最为致密，起到了很好的阻氧能力，因而对基体的保护效果明显。

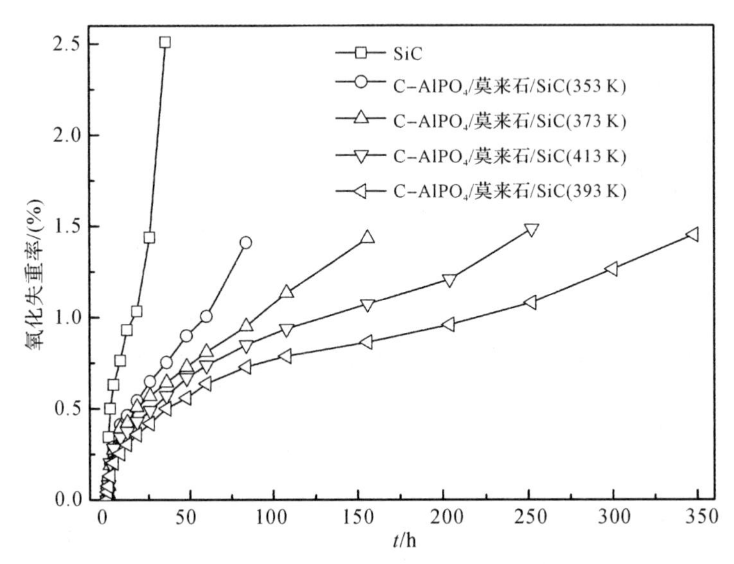

图 5－32　不同水热沉积温度下制备 C－$AlPO_4$-莫来石/SiC－C/C 试样在 1 773 K 下空气中的静态氧化曲线

5.5.5　沉积时间对复合涂层结构及性能的影响

1. 沉积 C－$AlPO_4$-莫来石外涂层的 XRD 分析

不同沉积时间下所制备 C－$AlPO_4$-莫来石外涂层表面的 XRD 谱图（悬浮液碘浓度 $c_I = 2$ g/L，水热沉积温度 393 K，沉积时间 15 min，悬浮液固含量 $c = 30$ g/L，m(C－$AlPO_4$)/m(mullite)＝4∶6）如图 5－33 所示。从 XRD 谱图可知，在 5～25 min 的沉积时间范围内，C－$AlPO_4$和莫来石的晶相衍射峰都出现在复合涂层的 XRD 谱图中，与我们开始加入的莫来石和 C－$AlPO_4$粉体的 XRD 衍射峰是一致的。由此而知，我们成功地制备了所需的防护涂层。沉积时间在 5 min 时沉积的涂层表面的衍射峰相对较弱，没有出现内涂层的 SiC 相，说明涂层已经具备一定的厚度且完全覆盖了 SiC 内涂层。沉积时间从5 min增加到 25 min，涂层中 C－$AlPO_4$和莫来石的晶相衍射峰也逐渐增强，说明涂层厚度有所增加。

2. 沉积 C－$AlPO_4$-莫来石复相涂层的显微结构

不同沉积时间条件下制备的 C－$AlPO_4$-莫来石外涂层表面的扫描照片如图 5－34 所示。沉积时间为 5 min 下制备的外涂层表面较为粗糙，存在孔洞和裂纹等缺陷，说明此时的涂层均匀性和致密性较差，这与图 5－33 中的沉积时间控制在 5 min 时涂层的衍射峰微弱是一致的。沉积时间继续延长到 10～15 min，涂层整体较好，没有明显缺陷存在。

尤其是我们把实验时间控制在10 min时,制备的复相外涂层表面均匀致密。继续延长沉积时间涂层中存在明显的微裂纹,产生这种现象是由于延长沉积时间,悬浮液中的微粒不断沉积到试样上造成试样单位面积上的涂层尺寸过厚,增加了内部应力的产生,达到一定程度就会以裂纹的方式释放出来,这对于涂层的防护能力是极不利的。因此,沉积时间的长短对涂层的氧化防护能力的影响很关键,只有合适的沉积时间才能够获得最佳的抗氧化效果,这为我们后续的氧化测试所验证。

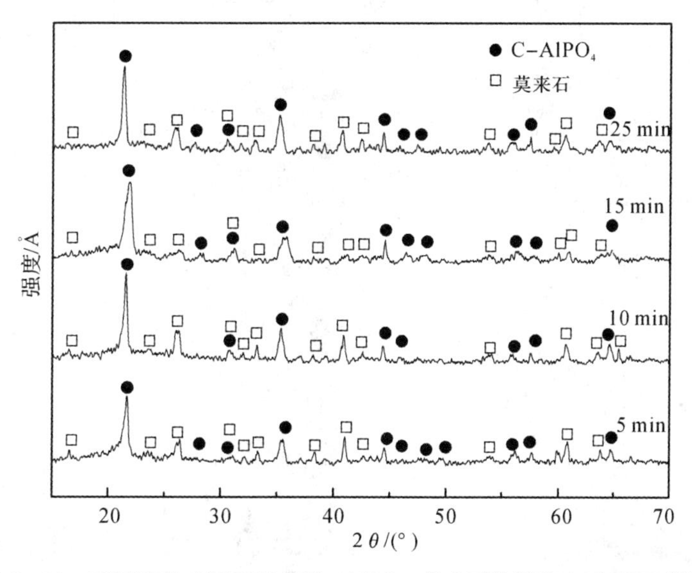

图5-33 不同沉积时间下制备C-$AlPO_4$-莫来石涂层的表面XRD谱图

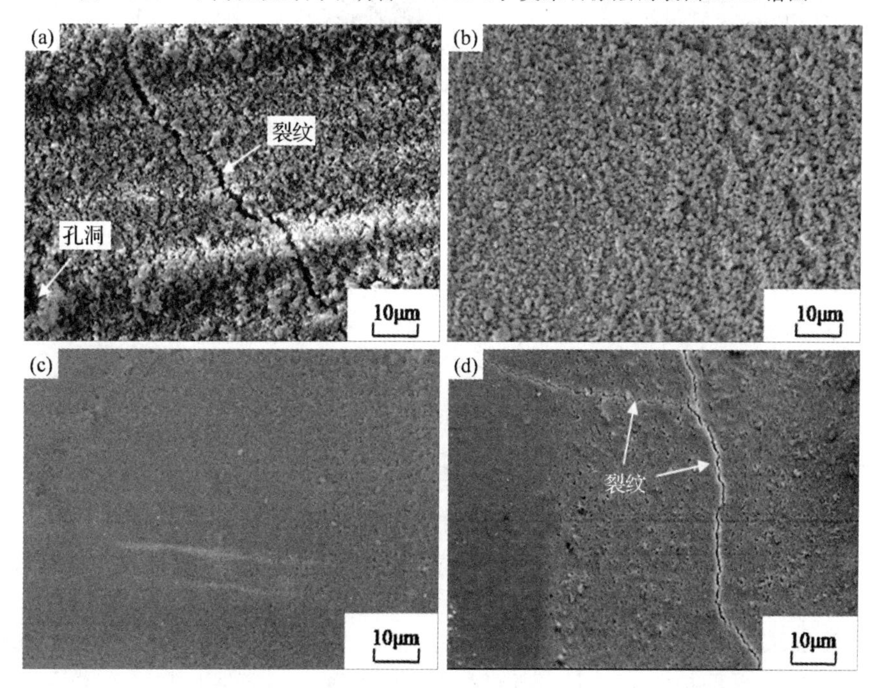

图5-34 不同沉积时间下制备C-$AlPO_4$-莫来石外涂层的表面SEM照片

(a)5 mi n; (b)10 min; (c)15 min; (d)25 min

不同沉积时间条件下制备的 C－$AlPO_4$-莫来石/SiC－C/C 试样的横截面 SEM 照片如图 5－35 所示。我们从涂层试样的横截面扫描图了解到，沉积时间控制在 10 min 以下时，一种尺寸不规则、缺陷较多的莫来石－C－$AlPO_4$ 外涂层被制备。但是控制沉积时间在 10～15 min 的范围内，涂层的致密性得到很大程度的提高。

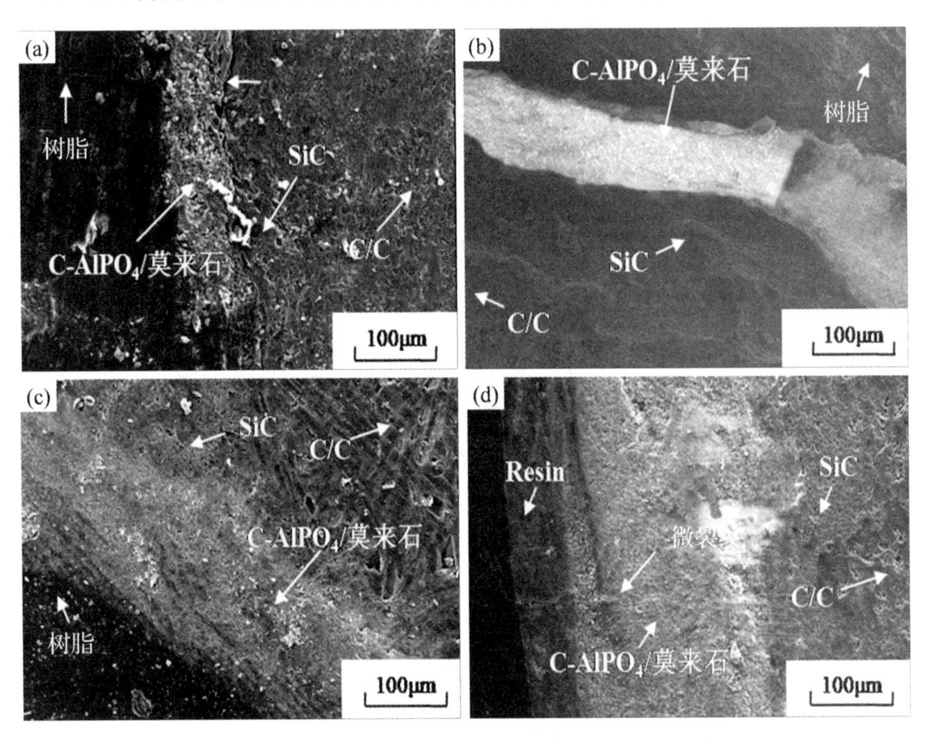

图 5－35　不同沉积时间下制备 C－$AlPO_4$-莫来石涂层的断面 SEM 照片

(a)5 min；　(b)10 min；　(c)15 min；　(d)25 min

尤其是控制时间在 15 min 时，一种均匀且致密性极佳的莫来石－C－$AlPO_4$ 外涂层被制备。并且此时从图中观察到，整个试样中的碳基体、SiC 内涂层和莫来石－C－$AlPO_4$ 复相涂层相互之间紧密连接到一起，说明涂层具有最好的结合力。沉积时间超过 15 min 后，涂层中有明显的裂纹，这可能是由于反应时间的延长使更多的莫来石和 C－$AlPO_4$ 粒子到达基体上，涂层的厚度继续增大，随之内部产生的应力开始释放导致涂层间有明显的裂纹产生。我们从图中也了解到，随沉积时间从 5 min 增加到 15 min，涂层厚度从 80 μm 增加到 180 μm 左右，继续沉积至涂层厚度超过 200 μm 后易产生微裂纹。

3. 复合涂层防氧化能力分析

图 5－36 是 SiC－C/C 试样和不同沉积时间内制备的 C－$AlPO_4$/莫来石－SiC－C/C 试样在 1 773 K 下空气中的静态氧化失重曲线。由图可以看出，采用包埋法制备的 SiC－C/C涂层试样在 1 773 K 下氧化 36 h 后氧化失重高达 2.4%，这说明单一的 SiC 涂层对 C/C 复合材料保护能力较差，不能对 C/C 复合材料进行长时间的有效保护。而在

SiC－C/C表面沉积了C－$AlPO_4$/莫来石外涂层的复合涂层对C/C复合材料的高温氧化保护能力明显提高。并且从图中可以看出，随着沉积时间的延长，所沉积的C－$AlPO_4$/莫来石复合涂层的氧化保护能力逐渐增强，这和复合涂层的显微结构分析是一致的。在较短的沉积时间下沉积的外涂层与基体间存在微裂纹，涂层间的结合性差，是造成复合涂层氧化保护能力降低的主要原因。当沉积时间为15 min时，所制备的C－$AlPO_4$/莫来石-SiC－C/C试样表现出优异的抗氧化性能，在1 773 K下氧化300 h后失重仅为1.26%。但是25 min所沉积的涂层抗氧化能力明显下降，这可能是涂层中的微裂纹所导致的。

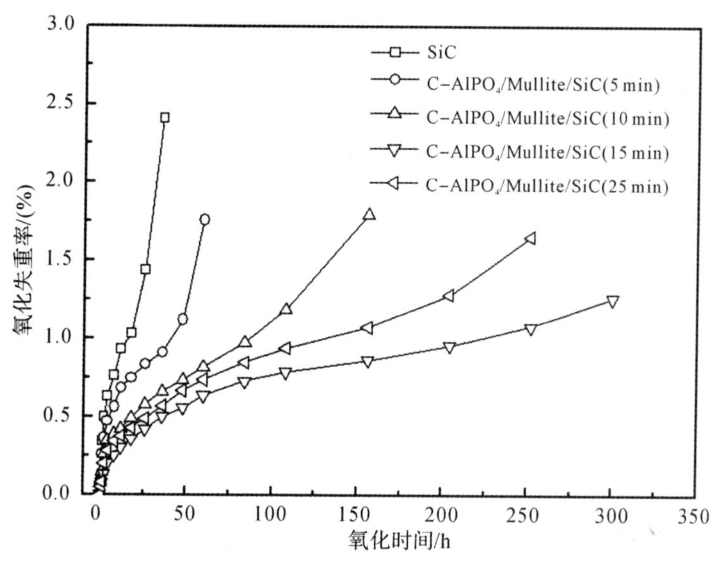

图5－36　不同水热沉积时间内制备C－$AlPO_4$-莫来石/SiC－C/C试样在1 773 K下空气中的静态氧化曲线

5.5.6　悬浮液固含量对复合涂层显微结构的影响

1. C－$AlPO_4$-莫来石外涂层的XRD分析

不同悬浮液固含量下制备的C－$AlPO_4$-莫来石复相涂层XRD分析结果如图5－37所示(碘浓度c_1=2 g/L，水热沉积电压200 V，沉积时间15 min，悬浮液固含量c=30 g/L，m(C－$AlPO_4$)/m(mullite)=4∶6)。我们从图中了解到，在不同的固含量内，复合涂层的XRD谱图均出现了C－$AlPO_4$和莫来石的晶相衍射峰，没有其他物相的衍射峰出现，说明得到的涂层中的成分与原始复相粉体的物相构成是相对应的。此外，外涂层中C－$AlPO_4$的衍射峰值强度随着悬浮液中固含量从5 g/L到30 g/L的增大而增强，这意味着随着外涂层中C－$AlPO_4$和莫来石的含量的增加，结晶性能也逐渐增加。

2. 复合涂层的显微结构

配置的不同固含量所沉积C－$AlPO_4$-莫来石复相涂层表面显微结构如图5－38所示。由图可以看出，当悬浮液的固含量为5 g/L时，涂层中存在孔洞和微裂纹等缺陷，这是由于悬浮液粉体含量较低，沉积量很小，涂层很薄，造成颗粒排列堆积比较松散，光泽度和遮盖力都差，涂层中残留较多的孔洞。这与图 5－37 固含量为 5 g/L 下涂层衍射峰较弱是完全吻合的。

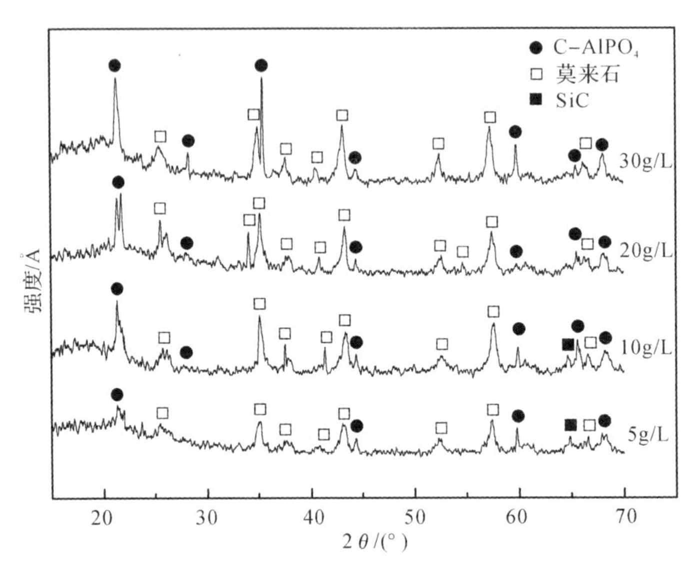

图 5－37　不同固含量下制备 C－$AlPO_4$-莫来石外涂层的表面 XRD 谱图

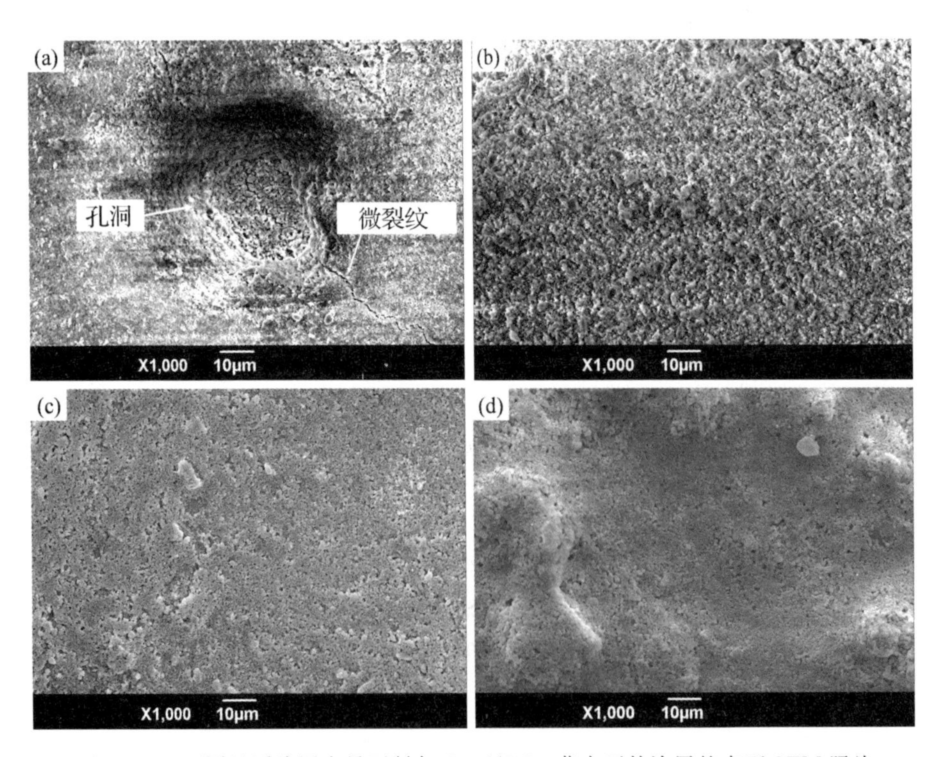

图 5－38　不同悬浮液固含量下制备 C－$AlPO_4$-莫来石外涂层的表面 SEM 照片

(a)5 g/L；（b)10 g/L；（c)20 g/L；（d)30 g/L

当悬浮液中粉体的固含量增加到 20 g/L 时,制备的外涂层的表面致密度和均匀度最好。由此可知,增加悬浮液粉体含量,可以提高电泳沉积涂层的致密性。这是由于当悬浮液中粉体含量相对较高时,同一时刻到达电极表面的颗粒数目较多,有足够的颗粒形成紧密的排列堆积,因此得到的涂层比较致密。但当悬浮液固含量达到 30 g/L,涂层会变得粗糙,产生波浪状的堆积,稳定性变差。因此,选择合适的悬浮液中粉体的固含量对于制备出致密而均匀的涂层至关重要。

不同悬浮液固含量下制备的C-$AlPO_4$-莫来石复相涂层断面显微结构如图5-39所示。从断面形貌可看出,随着悬浮液含量的增加,涂层的致密化程度越来越高。此外,涂层与基底的界面结合状态也越来越紧密。当悬浮液中混合粉体含量为 5 g/L 时,涂层比较疏松,涂层与基底界面结合状态较差且有裂纹出现。当悬浮液中粉体的固含量为 10 g/L时,内外涂层的结合明显增强,并且涂层均匀而致密。当悬浮液中粉体含量增加到 20 g/L 时,涂层致密,与基体紧密地结合在一起,部分还渗入到基体内部。当悬浮液中粉体的固含量达到 30 g/L 时,涂层的厚度明显增大,但是涂层中产生了多处微裂纹,这对涂层的抗氧化性能是有影响的。这可能是由于含固量增大,在同一条件下制备的涂层的沉积量过大,涂层的厚度过大,内部存在的应力导致涂层中微裂纹的产生。由此可知,适量增加悬浮液粉体的含量,对于制备出表面致密、厚度均匀且结合力较好的涂层是有利的。

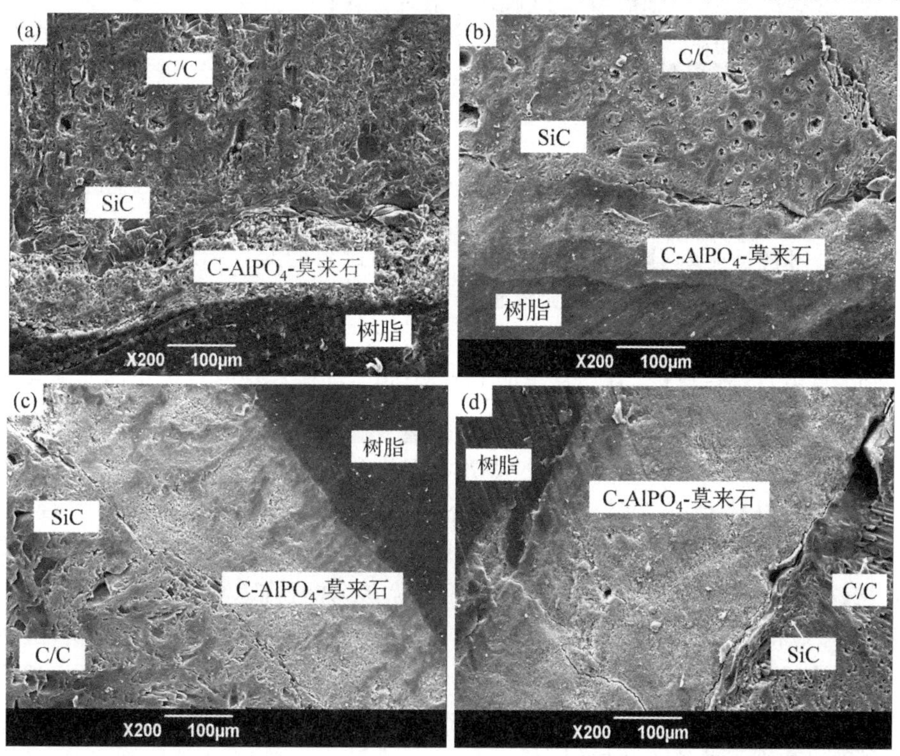

图5-39 不同悬浮液固含量下制备C-$AlPO_4$-莫来石外涂层的断面SEM照片

(a)5 g/L; (b)10 g/L; (c)20 g/L; (d)30 g/L

5.5.7 最佳工艺参数下水热电泳沉积制备复合涂层显微结构分析

优化条件下($c_1=2$ g/L, $U=200$ V, $T=393$ K, $t=15$ min, $c_g=20$ g/L, $C_P=4/6$)所制备的 C-$AlPO_4$-莫来石复相涂层的表面 SEM 照片如图 5-40 所示。我们从图 5-40(a)了解到制备的涂层表面分布较为均匀,制备致密优良的涂层再次证明了水热电泳沉积技术的优秀之处。我们从图 5-40(b)的面能谱图也了解到,我们制备的 C-$AlPO_4$-莫来石复相涂层中仅含有 Al,Si,O 和 P 元素成分,符合粉体的物相构成,说明制备的涂层符合我们预期的涂层设计要求。

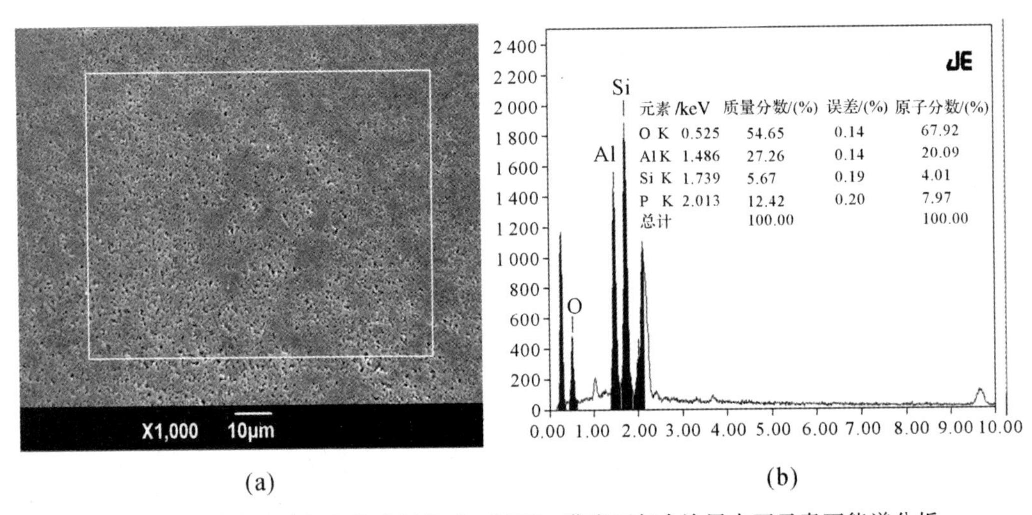

(a) (b)

图 5-40 水热电泳沉积技术制备 C-$AlPO_4$-莫来石复合涂层表面元素面能谱分析

图 5-41 和图 5-42 分别为最佳工艺条件下所制备的 C-$AlPO_4$-莫来石/SiC 复合涂层试样的断面 SEM 线扫描图和元素面扫描图。由图可知,涂层试样由 SiC 内涂层和 C-$AlPO_4$-莫来石复相外涂层组成,外涂层与内涂层之间没有裂缝出现,无脱落等现象,C-$AlPO_4$-莫来石涂层厚度一致,这表明 C-$AlPO_4$-莫来石涂层与碳化硅之间有很好的接触界面。由相应的 EDS 线能谱扫描图显示了 C,O,Al,Si,P 在 C-$AlPO_4$-莫来石/SiC-C/C试样中沿着断面的分布浓度(见图 5-41)和分布情况(见图 5-42)。从元素线能谱分析图中可以看出,整个试样分为三个区域 A,B 和 C。A 部分为 C/C 复合材料,同时有少量 Si 元素渗入 C/C 基体中(见图 5-42(b)),这是由于包埋时高温所致;B 部分是 SiC 内涂层;C 部分是 C-$AlPO_4$-莫来石复相外涂层,并且在 C-$AlPO_4$-莫来石/SiC 界面处有部分 Al 和 P 元素渗入 SiC 内涂层中,说明在界面处内外涂层结合紧密,这对加强内涂层和外涂层的结合是有很大帮助的。此外,我们从形貌中看出制备的复相外涂层结构致密均匀,尺寸大小为 200 μm 左右,并且涂层组分元素分布也很均匀,上述这种显微形貌有利于提高涂层的氧化防护能力。

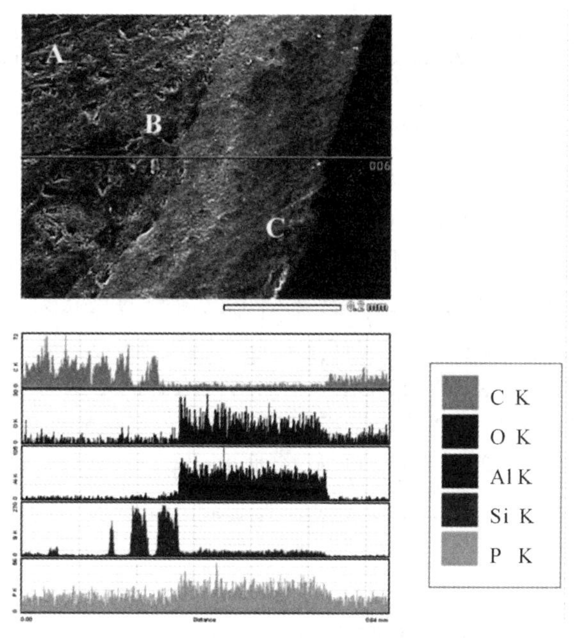

图 5-41 C-AlPO$_4$-莫来石/SiC-C/C 试样断面元素线面能谱分析

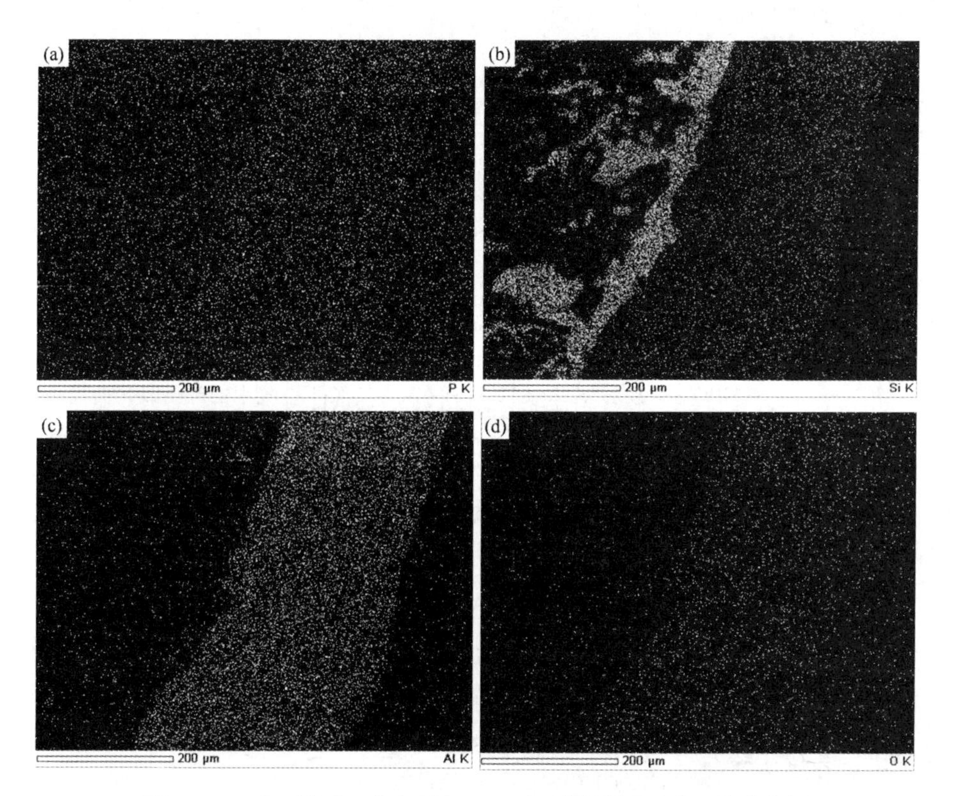

图 5-42 C-AlPO$_4$-莫来石/SiC-C/C 试样断面元素面能谱分析

5.6 复合涂层的高温抗氧化性能及其氧化失效机理

图 5-43 所示是在优化工艺条件下($c_I=2$ g/L,$U=200$ V,$T=393$ K,$t=15$ min,$c_g=20$ g/L,$C_P=4/6$)水热电泳沉积制备的 C-$AlPO_4$-莫来石/SiC-C/C 试样在 1 773 K 下空气中的等温氧化曲线。从图中可以看出,在氧化初期的 60 h 内,复合涂层试样的氧化失重迅速增加,复合涂层单位面积的氧化失重率达到 4.24×10^{-2} g/cm^2。随后 60~228 h 内,试样进入了稳态氧化阶段,复合涂层单位面积的氧化失重速率稳定在7.06×10^{-4} g/(cm^2·h)的极低水平,说明复合涂层在此阶段能对 C/C 基体进行有效的保护。在涂层氧化的 228 h 以内,涂层试样的氧化失重与时间大致满足抛物线规律(见图 5-43 中 A,B 部分),而氧化 228 h 后复合涂层试样的氧化失重与时间基本呈线性关系(见图5-43 中 C 部分),单位面积氧化失重率明显增加,表明此时涂层抗氧化能力有所降低。

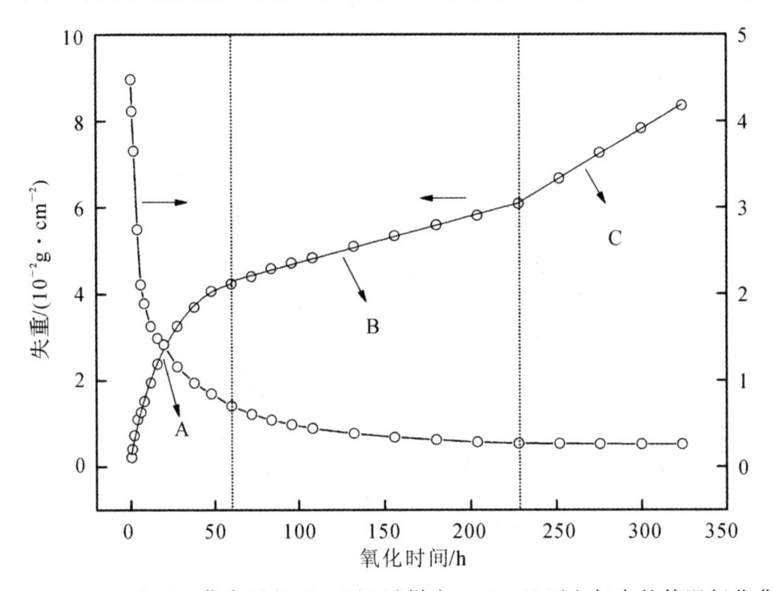

图 5-43 C-$AlPO_4$-莫来石/SiC-C/C 试样在 1 773 K 下空气中的等温氧化曲线

图 5-44 为 C-$AlPO_4$-莫来石/SiC-C/C 试样在 1 773 K 下氧化不同时间后的表面 XRD 谱图。从图出可以看出,在高温氧化气氛下,复合涂层中的 SiC,C-$AlPO_4$和莫来石($3Al_2O_3\cdot2SiO_2$)三组分主要发生以下反应:

$$C-AlPO_4(s)\longrightarrow Al_2O_3(s)+PO_x(g) \tag{5-15}$$

$$C-AlPO_4(s)\longrightarrow C-AlPO_4(m) \tag{5-16}$$

$$3C-AlPO_4(s)\longrightarrow Al(PO_3)_3(s)+Al_2O_3(g) \tag{5-17}$$

$$SiO_2(s)+3Al_2O_3\cdot2SiO_2(s)\longrightarrow \text{硅酸盐玻璃}(m)+Al_2O_3(g) \tag{5-18}$$

$$SiC(s)+O_2(g)\longrightarrow SiO(g)+CO(g) \tag{5-19}$$

$$SiC(s)+2O_2(g)\longrightarrow SiO_2(s)+CO_2(g) \tag{5-20}$$

$$2C(s)+O_2(g)\longrightarrow 2CO(g) \qquad (5-21)$$

$$C(s)+O_2(g)\longrightarrow CO_2(g) \qquad (5-22)$$

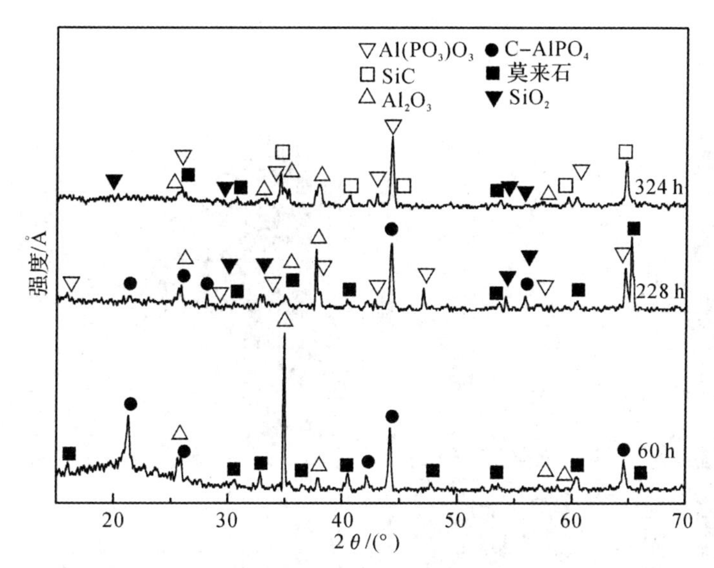

图 5-44 C-AlPO$_4$-莫来石/SiC-C/C 试样在 1 773 K 下氧化不同时间后表面的 XRD 谱图

由图 5-44 可以看出,在反应的初期(60 h 以内),氧气通过介质/C-AlPO$_4$-莫来石界面向 C-AlPO$_4$-莫来石涂层内部扩散,C-AlPO$_4$ 部分分解为 Al_2O_3 和 PO_x 气相(见式(5-15))和转变为 C-AlPO$_4$ 类玻璃态熔体(见式(5-16))。如图 5-45(a)所示为复合涂层试样氧化 28 h 后的表面 SEM 照片,由图可以看出试样表面形成的界面是凹凸不平,并有微孔存在,这些缺陷导致 C/C 基体的氧化,这造成反应初期试样的失重,与此同时氧气到达 SiC/C-AlPO$_4$-莫来石界面,在 SiC 界面处发生反应(见式(5-19)和式(5-20))。随后试样进入了稳态氧化阶段,涂层试样的氧化失重速率基本保持不变。随着氧化时间的延长,C-AlPO$_4$-莫来石外涂层表面逐渐形成了连续的偏磷酸盐和硅酸盐玻璃层(见式(5-17)和式(5-18)),涂层表面有 Al_2O_3(s)产生(见图 5-44)。随着氧化时间的延长(60～228 h),涂层表面已经形成了完整并具有一定厚度的偏磷酸盐和硅酸盐玻璃层,形成的玻璃层在高温下具有很低的渗氧率和自愈合能力,使得 C/C 复合材料获得较好的保护效果。在这一阶段,单位面积的氧化失重速率极低,说明此阶段涂层试样的氧化主要受氧在复合玻璃层的扩散速度控制。随着氧化时间的继续延长(228 h 以后),由于一氧化碳气体和二氧化碳气体在 SiC 界面上的压力比大气压力要大,所以这些气体从玻璃层中缓缓渗出,这些逃逸的气体会在表面裂开进而形成一些微孔等缺陷(见图5-45(d))。随着时间的延长,玻璃层缓慢挥发,导致孔隙数量进一步增加,涂层的自愈合能力逐渐下降。由图 5-45(e)可以看出,涂层试样氧化 324 h 后表面出现了较大的孔洞等缺陷,图5-45(f)断面图中显示内外涂层已无明显界线,涂层中出现较大孔洞,形成的玻璃层黏度较大,高温流动性差,短时间内很难使这些孔洞愈合。氧气通过涂层晶界或缺陷向涂层/基体界面的快速迁移,碳与氧发生氧化反应(见式(5-21)和式(5-22))使得 C/C 复合材料继续氧化，涂层的氧化质量损失与时间呈线性迅速增长，涂层的氧化保护能力有所下降，经过较长时间的氧化挥发，使得玻璃层变薄，不能完全封填涂层中的缺陷，产生了贯穿性的孔隙最终将导致了涂层的失效。经过长时间的氧化后，涂层的抗氧化能力下降了，但是涂层试样的氧化失重速率仍然能够维持在一个较低的水平。可见，复合涂层在 1 773 K 的静态空气气氛下氧化 324 h 后仍然具有一定的氧化保护能力。

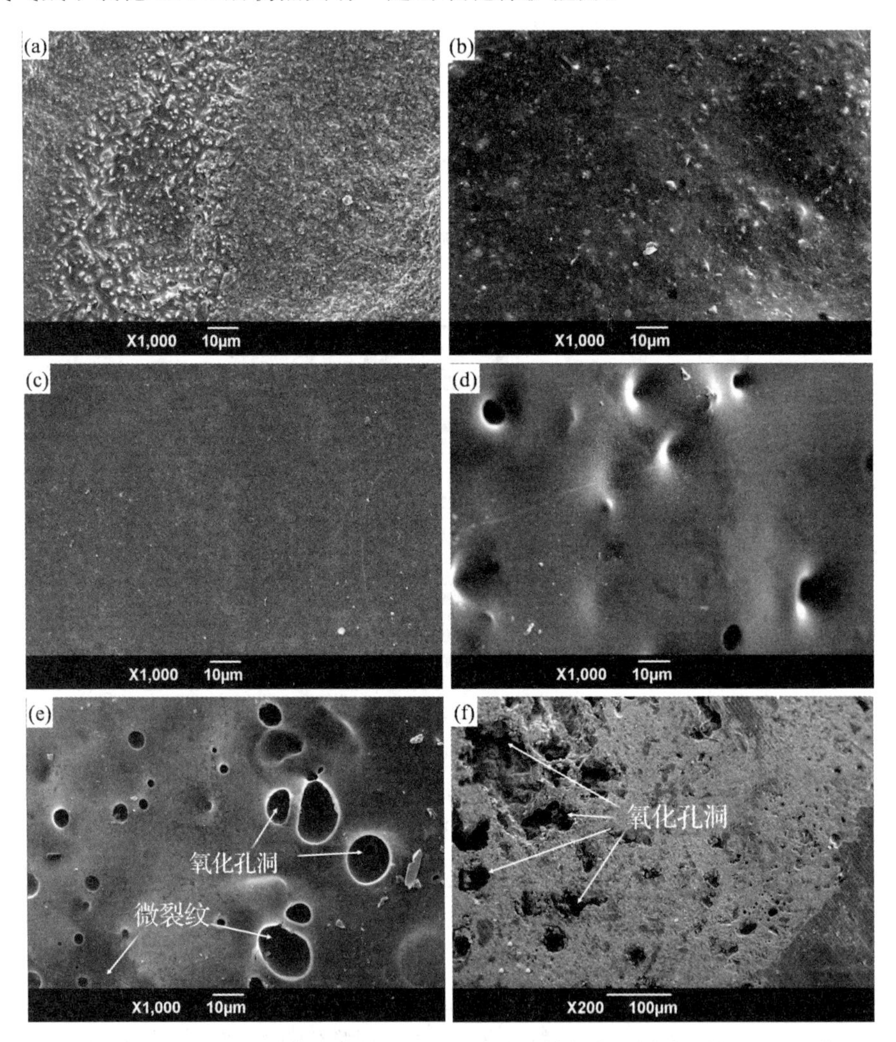

图 5-45　C-$AlPO_4$-莫来石/SiC-C/C 涂层试样氧化不同阶段的 SEM 照片

5.7　本章小结

(1)采用水热电泳沉积法在 SiC-C/C 试样表面制备出 C-$AlPO_4$-莫来石外涂层。其中悬浮液中碘含量、沉积电压、水热温度、沉积时间、悬浮液固含量和 C-$AlPO_4$和莫来石粉体的组分比对制备 C-$AlPO_4$-莫来石外涂层影响较大。由实验得出防氧化性能最优的涂层工艺参数为：碘含量 $c_1=2$ g/L，水热沉积电压为 $U=200$ V，水热温度 $T=393$ K，沉积时间 $t=15$ min，悬浮液中固含量 $C_g=20$ g/L，悬浮液中 C－$AlPO_4$ 和莫来石粉体的组分比为 $C_P=4/6$。

(2)C－$AlPO_4$-莫来石/SiC－C/C 试样具有良好的抗氧化性能，使得 C－$AlPO_4$-莫来石/SiC－C/C 试样在 1 773 K 的空气气氛下氧化 324 h 后，复合涂层单位面积的氧化重量损失率仅为 8.36×10^{-4} g/cm^2，相对应的单位面积的氧化重量损失速率稳定在 7.06×10^{-4} g/(cm^2·h)的极低水平。

(3)涂层 C/C 试样在抗氧化过程中，复合涂层首先形成类玻璃态熔体，然后形成连续的偏磷酸盐和硅酸盐玻璃层。经过长时间的氧化挥发，使得玻璃层变薄，不能完全封填表面缺陷产生了孔隙等缺陷导致了涂层氧化能力的下降。

参考文献

[1] Huang Jianfeng, Yang Wendong, Cao Liyun, et al. Influence of deposition voltage on phase, microstructure and antioxidation property of cristobalite aluminum phosphate coatings[J]. Journal Central South University Science and Technology, 2010, (17): 454－459.

[2] 张桂敏，王玉成，傅正义，等. 莫来石的低温合成及结构组成变化[J]. 硅酸盐学报，2008，36(11)：1542－1547.

[3] Joshi A, Jsiee. Coating with Particulate Ddispersions for High－Temberature Oxidation Protection of Carbon and C/C Composites, Composites(Part A), 1997, 28A(2): 181－189.

[4] Wang Yaqin, Huang Jianfeng, Cao Liyun, et al. Influence of phase compositions on microstructure and performance of yttrium silicates coatings[J]. Journal of Functional Materials, 2009, 11: 1829－1832.

[5] Liu Jia, Huang Jianfeng, Cao Liyun, et al. $ZrSiO_4$/SiC oxidation protective coating for carbon/carbon composites prepared by hydrothermal electrophoretic deposition[J]. Key Engineering Materials, 2012, 512－515: 1070－1073.

[6] Huang Jianfeng , Wang Bo, Li Hejun, et al. A $MoSi_2$/SiC oxidation protective coating for carbon/carbon composites[J]. Corrosion Science, 2011, 53: 834－839.

[7] Huang Jianfeng, Li Hejun, Zeng Xierong, et al. Preparation and oxidation kinetics mechanism of three－layer multi－layer－coatings coated carbon/carbon composites[J]. Surface and Coatings Technology, 2006, 200(18－19): 5379－5385.

[8] 杨强，黄剑锋，杨婷，等. 莫来石抗氧化外涂层的制备及抗氧化性能[J]. 无机化学学报，2011，27(5)：907－912.

[9] 张其土. 莫来石涂层对 Si_3N_4 陶瓷材料抗氧化性能的影响[J]. 耐火材料，1997，31

(1):26－28.

[10] Nickel K G. Ceramic matrix composite corrosion models[J]. Journal of European Ceramic Society, 2005, 25: 1699－1704.

[11] Wu Tsungming, Wu Yungrong. Methodology in exploring the oxidation behavior of carbon/carbon composites[J]. Journal of Materials Science, 1994, 29: 1260－1264.

[12] Zhu Qingshan, Qiu Xueliang, Ma Changwen. Oxidation resistant SiC Coating for Graphite Materials[J]. Carbon, 1999, 37(9): 1475－1484.

[13] 杨文冬.碳/碳复合材料 SiC/C－$AlPO_4$复合涂层的制备及机理研究[D].西安:陕西科技大学,2010.

[14] Li He jun, Feng Tao, Fu Qiangang, et al. Oxidation and erosion resistance of $MoSi_2$－$CrSi_2$－Si/SiC coated C/C composites in static and aerodynamic oxidation environment[J]. Carbon, 2010, 48: 1636－1642.

[15] 邓飞.碳/碳复合材料 SiC/硅酸钇复合涂层制备及机理研究[D].西安:陕西科技大学,2008.

[16] 刘佳.碳/碳复合材料 $ZrSiO_4$/SiC 复合抗氧化涂层的制备与性能研究[D].西安:陕西科技大学,2012.

[17] 杨文冬,黄剑锋,曹丽云,等.沉积温度对 C－$AlPO_4$涂层显微结构的影响[J].武汉理工大学学报,2010,32(5):37－38.

[18] 王开通,曹丽云,黄剑锋,等.水热温度对 C－$AlPO_4$-莫来石复合涂层显微结构及抗氧化性能的影响[J].功能材料,2012,43(22):3162－3166.

第6章 脉冲电弧放电沉积法制备 $C-AlPO_4/SiC$ 复合涂层

6.1 引　　言

方石英型磷酸铝($C-AlPO_4$)是一种高温稳定相,其熔点高于1 500℃,高温环境下可以生成熔融玻璃态物质,可以有效形成良好的填充层和阻挡层铺展于被保护材料的表面,因此其具有良好的耐高温和氧化防护特性。同时,在高温条件下,可以分解生成低氧渗透率的偏磷酸盐玻璃和 Al_2O_3,对材料后期氧化防护作用极其有利。尤其是 $C-AlPO_4$ (5.5×10^{-6}/℃)与 SiC($4.3\times10^{-6}\sim5.4\times10^{-6}$/℃)具有优异热物理化学相容性,热膨胀系数极其匹配,基于以上分析,$C-AlPO_4$是一种具有应用前景的高温防氧化的优异陶瓷涂层材料[1]。Joshi[2]等国外研究人员制备的 Si-Zr-Cr 系列涂层和 Li[3]等国内学者制备的 ZrB_2改性 SiC-Si 硅基涂层对 C/C 基体有很好的防护能力。一方面,虽然以上涂层制备方法制备的涂层氧化防护效果很好,但是涂层在高温制备过程中,难免对 C/C 基体本身产生热损伤使得其力学性能有一定程度的降低,并且涂层自身也会存在许多缺陷;另一方面,高温下制备涂层对设备要求较高,工艺复杂,难以控制,能耗大。如此一来,即使涂层制备方法满足最终的性能要求,也不能达到实际应用的目标。因此,C/C 复合材料氧化防护技术方面的问题需要广大研究者来解决。

脉冲电弧放电沉积法优势在于高电压条件下阴阳两极间的产生电弧放电现象,使得沉积在基体上的荷电颗粒结晶形成涂层。此种方法将涂层的沉积与烧结同步进行且在较低温度下进行,避免传统高温制备涂层中带来的缺陷及相变,同时也不会引入热损伤;其次,此法优点在于能够在结构复杂表面以及异形基体表面制备涂层,并且此沉积过程是非线性过程,能够高效沉积复相涂层或多层梯度的涂层且可以控制涂层的成分、厚度和密度;另外,在脉冲电弧放电沉积过程中,无论脉冲的导通与否,由于电场极化作用使得阴极附近的荷电颗粒浓度均衡,溶液的电阻就会降低,保证沉积效率高,从而所获得的涂层质量好。脉冲占空比是在一个脉冲周期内,脉冲导通时间占整个周期时间的百分比[4-6]。此外,脉冲电弧放电沉积法还具有操作简单方便高效、成本低、沉积工艺易控制等特点。

脉冲电弧放电沉积法的工艺过程是在电泳沉积制备涂层的基础上,把脉冲技术和周期性放电烧结技术引入其中,在荷电颗粒在电场驱动作用下迁移沉积于阴极基体表面的同时伴随电弧放电烧结过程,在试样表面形成一层烧结致密的涂层[7],具体过程如图6-1所示。

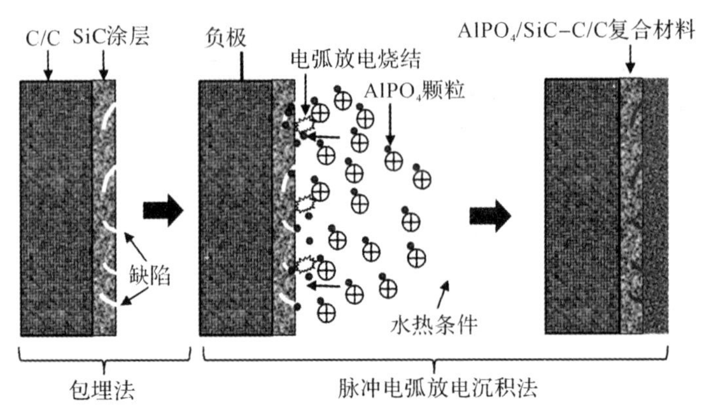

图 6-1　脉冲电弧放电沉积法制备 C-$AlPO_4$外涂层的沉积过程示意图

6.2　C-$AlPO_4$/SiC 复合涂层的制备及表征

6.2.1　实验试剂和实验仪器

1. 实验所用的化学试剂

本部分采用的化学试剂见表 6-1。

表 6-1　实验用化学试剂

药品名称	化学式	摩尔质量/($g\cdot mol^{-1}$)
磷酸铝	$AlPO_4$	122 (C. P.)
二硅化钼	$MoSi_2$	152.12 (C. P.)
碳化硅	SiC	40.20 (A. R.)
氧化硼	B_2O_3	69.62 (A. R.)
氧化铝	Al_2O_3	102 (A. R.)
无水乙醇	CH_3CH_2OH	46.07 (A. R.)
异丙醇	$(CH_3)_2CHOH$	60.10 (A. R.)
碳粉	C	12 (A. R.)
硅粉	Si	28.09 (A. R.)
单质碘	I_2	253.81 (A. R.)

2. 实验仪器

本实验中所使用的仪器见表 6-2。

表6－2 实验所用仪器

序 号	设备名称	生产厂家	型 号
1	高功率数控超声波清洗器	昆山市超声仪器有限公司	KQ－1000KDB
2	恒温磁力搅拌器	梅特勒-托利多仪器(上海)有限公司	RCT B S25
3	可控硅温度控制器	上海实验电炉厂	SKY－12－16S
4	电热鼓风干燥箱	上海一恒科学仪器有限公司	DHG－9145A
5	万分之一电子天平	梅特勒-托利多仪器(上海)有限公司	AL 204
6	实验 pH(电导率)计	梅特勒-托利多仪器(上海)有限公司	FE 20
7	金相切割机	上海金相机械设备有限公司	SYJ－160
8	水热釜	自行设计改装	270 mL
9	金相试样预磨机	上海金相机械设备有限公司	YM－2A
10	脉冲直流稳压稳流开关电源	扬州双鸿电子有限公司	WWL－PD
11	行星式球磨机	南京大学仪器厂	QM－3SP4

6.2.2 实验粉料的准备

1. SiC 内涂层的制备

采用化学气相渗透法(Chemical Vapor Infiltration,CVI)制备的二维 C/C 复合材料。基体试样的尺寸为 10 mm×10 mm×10 mm,密度为 1.72 g/cm^3。实验前用 400# 砂纸打磨抛光,并用无水乙醇清洗干净,然后置于烘箱中 100℃烘干备用。

采用包埋法在 C/C 试样表面制备 SiC 涂层。一次包埋粉料为 65%～75%(质量分数,下同) Si 粉(48 μm),10%～20% C 粉(48 μm)和 5%～9% Al_2O_3(44 μm);二次包埋粉料为 70%～80% Si 粉(48 μm),8%～16%C 粉(48 μm)和 3%～8% B_2O_3(44 μm)。将预处理后的 C/C 试样放入石墨坩埚,并分别埋入一次包埋粉料中,在立式真空炉中加热。将炉温从室温升至 2 000℃,保温 2 h,制得 SiC 内涂层。完成一次包埋后,对 C/C 复合材料试样进行二次包埋,步骤与一次包埋相同,温度为 2 200℃,保温 2 h。

2. C－$AlPO_4$ 粉料的准备

实验根据相关资料报道[1]得出方石英型磷酸铝(C－$AlPO_4$)粉体的煅烧热处理制备的温度制度。首先,把化学纯的磷酸铝放入 1 300℃高温电炉中热处理保温 30 min 后即可获得 C－$AlPO_4$ 晶体;其次,采用 QM－3SP4 型行星式球磨机湿式研磨 40 h,并且采用无水乙醇为研磨介质就可得到所需的目标粉体。所制备 C－$AlPO_4$(PDF 11－0500)粉体的 XRD 分析和 SEM 照片如图 6－2 所示。最终制备的 C－$AlPO_4$ 粉体的颗粒尺寸为 3～5 μm。

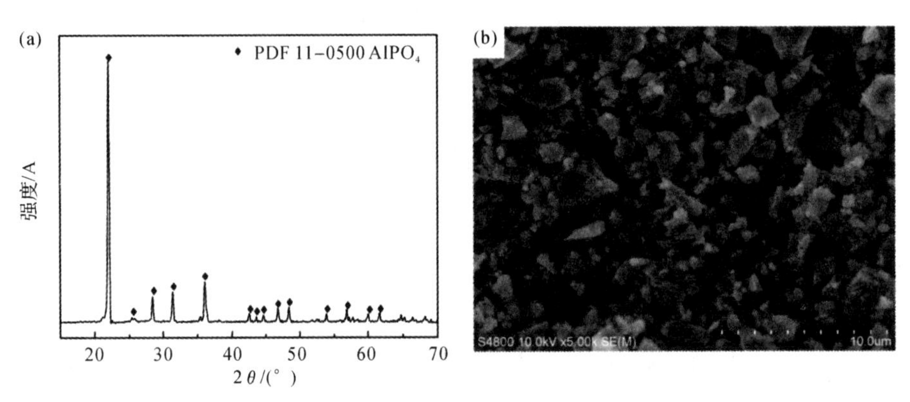

图 6-2　方石英型磷酸铝粉体的 XRD 图谱(a)及 SEM 照片(b)

3. C-$AlPO_4$悬浮液的配置

首先,量取 170 mL 的异丙醇转入锥形瓶中,接着称取一定量制备好的方石英磷酸铝粉体加入以上锥形瓶,配制成浓度为 20 g/L 的悬浮溶液;其次,将上述锥形瓶放到高功率数控超声波清洗器振荡 30 min 后,然后搅拌 12 h 后加入一定量的碘,保证悬浮液中碘的浓度为 1 g/L;最后再经过 30 min 的超声震荡后搅拌 12 h,即可得到均一、稳定的 C-$AlPO_4$悬浮液。

4. C-$AlPO_4$外涂层的制备

首先,固定好的 SiC-C/C 试样接电源的负极,20 mm×10 mm×3 mm 的石墨电极接电源的正极;其次,把预先配置好的 C-$AlPO_4$导电悬浮液转入沉积水热釜中进行加热以待沉积涂层(脉冲电弧放电沉积装置如图 6-3 所示)。分别制定工艺参数如下:水热釜填充比为 67%,脉冲沉积电压为 360~420 V,占空比为 30%~90%,频率为 500~4 000 Hz,水热温度为 353~413 K,沉积时间为 5~20 min 进行涂层制备实验。实验结束后,将所制备的 C-$AlPO_4$/SiC-C/C 试样置于温度为 333 K 的电热干燥箱中干燥4 h,即得到最终目标样品。

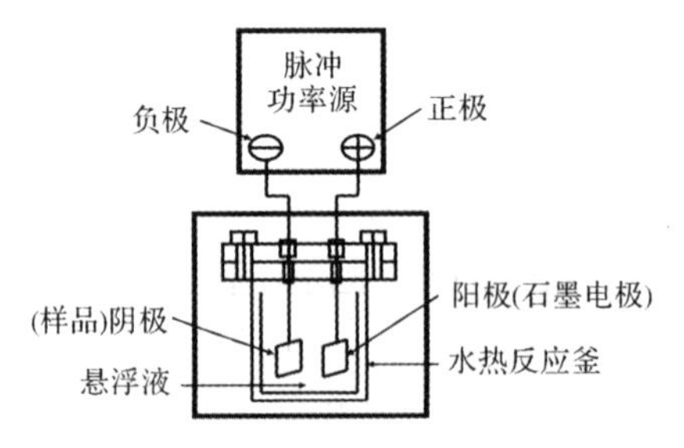

图 6-3　脉冲电弧放电沉积实验装置图

5. C-$AlPO_4$/SiC 复合涂层的制备工艺流程

C-$AlPO_4$/SiC 复合涂层的制备工艺流程图如图 6-4 所示。

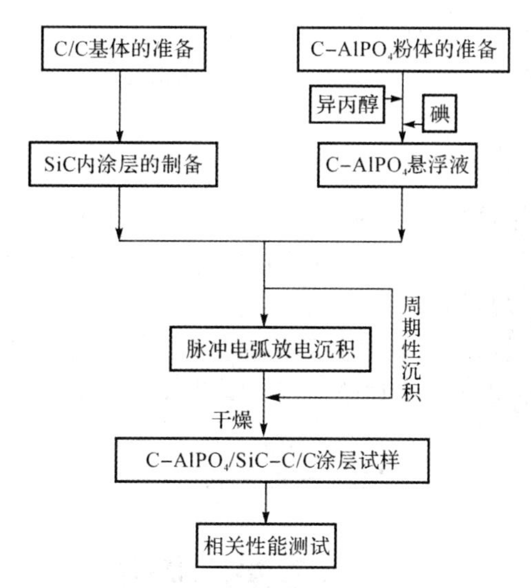

图 6－4 脉冲电弧放电沉积法制备 C－$AlPO_4$外涂层的工艺流程图

6.2.3 表征及性能测试

1. X 射线衍射分析

X 射线衍射法可以对物质的物相结构、结晶性能以及晶粒的大小进行分析。与可见光、红外线、紫外线以及宇宙射线相同，X 射线也具有波粒二相性。采用 X 射线定性分析的原理是，用 X 射线以一定角度 θ 入射测试样品，样品中满足布拉格（Bragg）公式 $2d\sin\theta=n\lambda$ 的晶面就会产生衍射峰。布拉格公式中的 d 代表（hkl）晶面的晶面间距，θ 是布拉格衍射角，整数 n 是衍射级数，λ 是 X 射线或粒子的波长。因为材料本身具有的原子种类、原子排列和点阵参数是特定的，所以就会在特定的 2θ 角度位置处产生衍射峰，从而能够定性分析材料的结构。通过与计算机的结合对得到的数据分析，还可以实现对材料的定量分析。

采用日本理学 D/max2200PC 型自动 X 射线衍射仪用于样品的物相定性测定和粒度的测定。

测试条件为：铜靶 Kα 射线，X 射线波长 $\lambda=0.154\ 056$ nm，管压 40 kV，管流 40 mA，狭缝 D_S，R_S和 S_S分别为 1°，0.3 mm 和 1°，扫描速度为 16°/min，采样宽度为 0.02°，石墨单色器。

2. 显微结构及能谱分析（SEM＋EDS）

扫描电子显微镜的原理是将电子束聚焦后，以扫描的方式作用于样品，随后反馈回来物理信息，收集其中的二次电子，经信号处理后得到样品表面微观形貌的放大图像。目前主要应用于材料的微观形貌分析、应力分析和断面分析等方面。另外，通过在扫描电镜上组装其他观察仪器如波谱仪、能谱仪等可以采用扫描显微镜对试样进行表面形貌和元素成分等方面的综合分析。

扫描电镜可以观察直径为 10～30 mm 的试样，图像富有立体感、真实感、易于识别和解释。为了增加图像的立体感和清晰度，需要对试样预先进行喷金处理。

采用带EDS(Energy dispersive X－Ray spectroscopy)能谱仪的JSM－6460型扫描电子显微镜(scanning electron microscope,SEM)观察涂层的表面、断面形貌特征及化学元素组成。

3.抗氧化性能测试

对试验所获得的涂层试样进行高温下静态空气中的氧化测试实验。过程中将试样放置于氧化铝基片上,然后放入恒温管式高温电炉中,于自然空气对流的气氛下测试试样防氧化性能。定期从炉内取出样品放置于室温空气中直接冷却,采用No.52873型万分之一数显电子分析天平称量涂层的氧化前后的质量(分别记为m_0和m_1),通过氧化失重率ΔW(%)和单位面积失重量ΔW_t来评价涂层抗氧化能力的优劣,即

$$\Delta W=(m_0-m_1)/m_0\times 100\% \tag{6-1}$$

$$\Delta W_t=(m_0-m_1)/S \tag{6-2}$$

6.3 结果与讨论

6.3.1 SiC涂层的晶相结构

图6－5所示为一次包埋法(见图6－5中1)和二次包埋法(见图6－5中2)制备SiC内涂层的XRD分析谱图。由图可知,一次包埋后涂层的主要物相为β－SiC相和Si相,推测有少量的未与基体和C粉反应的游离Si进入了涂层。β－SiC的衍射峰强于Si的衍射峰,说明涂层的主要成分是β－SiC(见图6－5中1)。二次包埋后,β－SiC的衍射峰减弱,游离硅的衍射峰增强,且出现了高温型的α－SiC相(见图6－5中2)。由此可知,二次包埋后的涂层为富Si的SiC涂层(Si/α－SiC/β－SiC涂层),这对于C/C试样的抗氧化是极为有利的[8]。

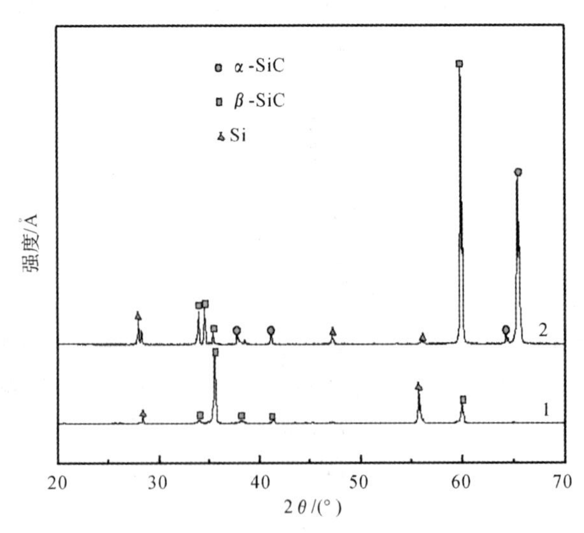

图6－5　涂层XRD分析谱图

1－一次包埋所得涂层XRD分析谱图；　2－二次固渗法所得涂层XRD分析谱图

6.3.2 SiC 涂层的显微结构

图 6-6 所示为一次包埋法(a)和二次包埋法(b)所制备 SiC 内涂层表面的 SEM 谱图。可以看出,一次包埋后的涂层表面由均匀分布的颗粒相和熔融相构成,表面较粗糙且存在裂纹。二次包埋后涂层表面变得光滑闪亮且涂层结构致密,无裂纹和孔洞,晶体颗粒被熔融相所包裹.结合 EDS 分析得知(见图 6-7),图 6-6(b)中的 1 和 2 分别为晶相 SiC 和熔融相 Si。这与 XRD 的分析结果基本吻合。

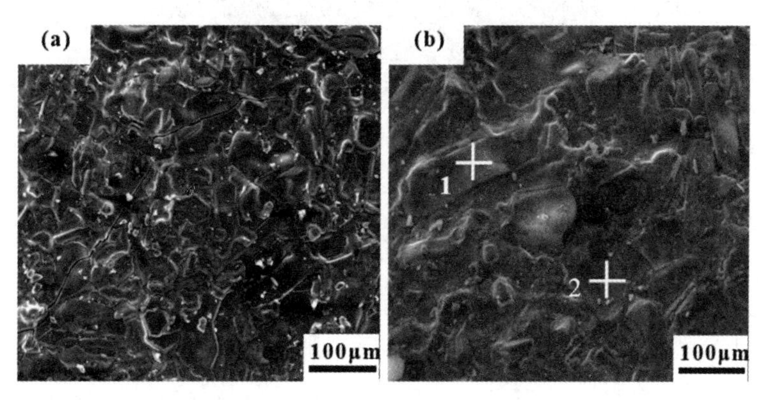

图 6-6 一次包埋及二次包埋涂层表面的显微结构

(a)一次包埋; (b)二次包埋

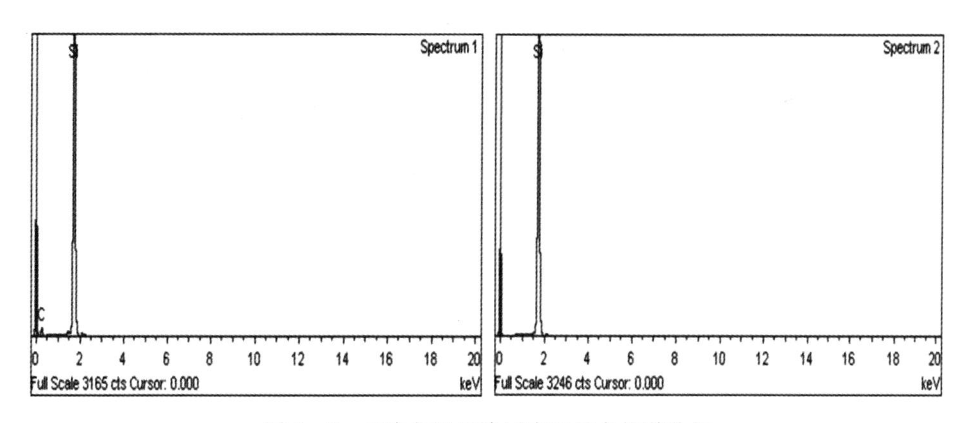

图 6-7 二次包埋后涂层表面的点能谱分析

二次包埋后涂层断面的 SEM 形貌分析(见图 6-8)表明,涂层厚度约为 100 μm,且断面结构致密。SiC 相和 Si 相结合良好,部分 SiC 涂层与基体呈犬牙交错的结合形态,这十分有利于提高涂层的抗氧化能力。

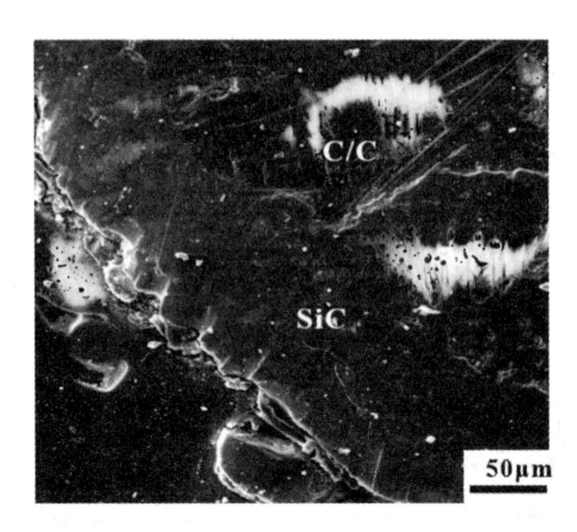

图 6-8　二次包埋后涂层断面的扫描电镜显微结构

6.3.3　包埋法制备 SiC 涂层的动力学分析

包埋法的原理是用加热扩散的方法把 Si 元素渗入基体表面，与碳反应以生成 SiC 涂层，其突出特点是涂层的形成主要依靠加热扩散作用，因而结合十分牢固。整个制备过程受扩散与反应速度的控制。

SiC 涂层的制备主要依赖于下列反应的发生：

$$Si(s)+C(s)\xrightarrow{\text{高温,惰性气体}}SiC(s) \tag{6-3}$$

在富硅区，低于 1 405℃为固相反应，在高于 1 405℃的高温下，碳与硅能够直接通过固液两相反应，生成 SiC，不会形成其他任何低共熔物。但是在包埋工艺中，要形成一定厚度的涂层，硅还必须通过扩散作用进入 C/C 复合材料基体内部。因实际情况多为非稳定扩散，可用菲克第二定律描述，有

$$\frac{\partial c}{\partial t}=\frac{\partial}{\partial x}\left(D\frac{\partial c}{\partial x}\right) \tag{6-4}$$

式中，D 为扩散系数；c 为浓度；x 为扩散层深度。

当 D 与浓度无关时，式(6-4) 可改写为

$$\frac{\partial c}{\partial t}=D\frac{\partial^2 c}{\partial x^2} \tag{6-5}$$

由于包埋粉料充足，含硅量高，因此可以假设 C/C 表面上渗入 Si 元素的浓度 c_0 在渗入过程中是恒定不变的，内部原有 Si 元素浓度为 c_s，扩散系数 D 与浓度无关，将式(6-5)求解，可得

$$\frac{c(x,t)}{c_0-c_s}=1-\mathrm{erf}\left(\frac{x}{2\sqrt{Dt}}\right) \tag{6-6}$$

当 $c_s=0$ 时，有

$$\frac{c(x,t)}{c_0}=1-\mathrm{erf}\left(\frac{x}{2\sqrt{Dt}}\right) \tag{6-7}$$

当 c/c_0 一定，D 为常量时，可得

$$\frac{x}{\sqrt{Dt}}=K \tag{6-8}$$

式中，x 为扩散层深度；K 为与渗层渗入深度有关的常数，可通过实验测出。

式(6-8)表明，渗层厚度的平方与扩散时间成正比，称为抛物线规律。

一般说来，影响扩散系数的主要因素有温度、基体结构、基体缺陷、渗料浓度等。就包埋工艺而言，由于基体材料是相同的，因此影响扩散系数的主要因素是温度。

根据扩散动力学原理，扩散系数与温度之间满足下列关系式(Arrhenius 方程)：

$$D=D_0\exp(-Q/RT) \tag{6-9}$$

式中，D 为扩散系数；R 为气体常数；Q 为扩散激活能；T 为绝对温度。

由式(6-8)与式(6-9)可得

$$\frac{x^2}{4Kt}=D_0\exp(-Q/RT) \tag{6-10}$$

当时间一定时，$4Kt$ 为常数，记为 K'。涂层的厚度 x 与单位面积的渗硅量 s 呈正比，则式(6-10)可以写为

$$K's^2=D_0\exp(-Q/RT) \tag{6-11}$$

将式(2-11)两边取自然对数，可得

$$K''\ln s=-Q/2RT \tag{6-12}$$

式(6-12)中 K'' 为常数，上式说明在渗硅反应时间一定的情况下，试样单位面积的渗硅量的自然对数 $\ln s$ 与 $1/T$ 呈线性关系，其斜率为 $-Q/2R$。

6.3.4 SiC 涂层的抗氧化性能及其氧化、失效机理

图 6-9 所示为单一 C/C 试样及 SiC 涂层 C/C 试样在 1 500℃下的氧化失重曲线图。从图中可以看出，单一 C/C 试样在 1 500℃下的氧化失重随时间快速增长，且失重速率很快。带有 SiC 涂层的 C/C 复合材料的抗氧化能力得到了明显提高。其中，一次包埋 SiC 涂层 C/C 试样在 1 500℃空气气氛中氧化 15 h 后的失重率为 3.10%，二次包埋 SiC 涂层 C/C 试样的抗氧化能力进一步增强，1 500℃空气气氛氧化 16 h 后，试样失重率为 1.42%。结合相应的扫描电镜显微结构分析可知，一次包埋 SiC 涂层中存有微裂纹(见图 6-6(a))，这为氧入侵 C/C 试样基体提供了短路扩散通道；但是经过二次包埋处理的 C/C-SiC试样(见图 6-6(b))，因为有少量熔融硅和玻璃相的出现，填充了晶粒与晶粒之间的微裂纹，使得涂层表面的缺陷显著减少，而且，在 1 500℃，玻璃相将形成具有一定黏度的熔体，可以愈合涂层内的缺陷，阻碍了氧的短路扩散，因此，经过二次包埋处理的 C/C-SiC试样在 1 500℃下的抗氧化性能要好一些。图 6-10、图 6-11 所示的 XRD 和 SEM 测试结果证实了这一点，涂层试样在 1 500℃氧化 16 h 后表面确实形成了比较平整的 SiO_2 玻璃层。XRD 图中 18°～28°的峰为 SiO_2 非晶相的特征峰。

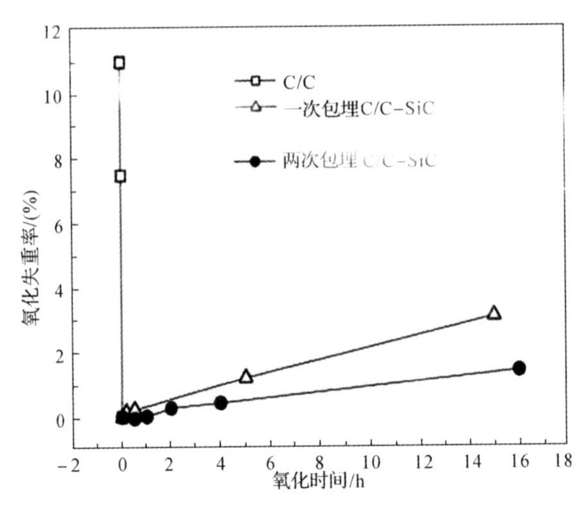

图 6-9 试样在 1 500℃下的氧化失重曲线

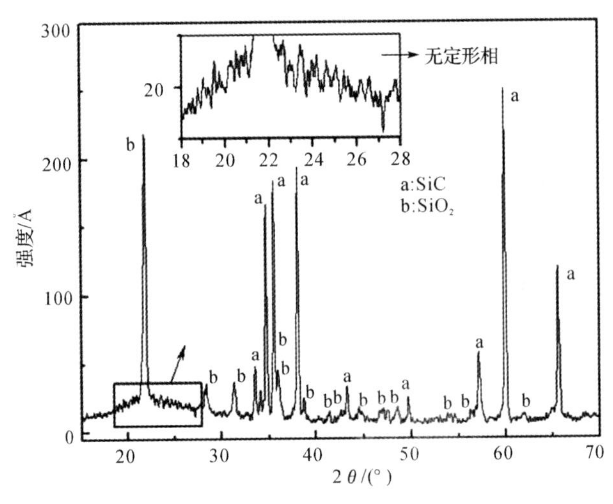

图 6-10 涂层试样在 1 500℃氧化 16 h 后表面的 XRD 谱图

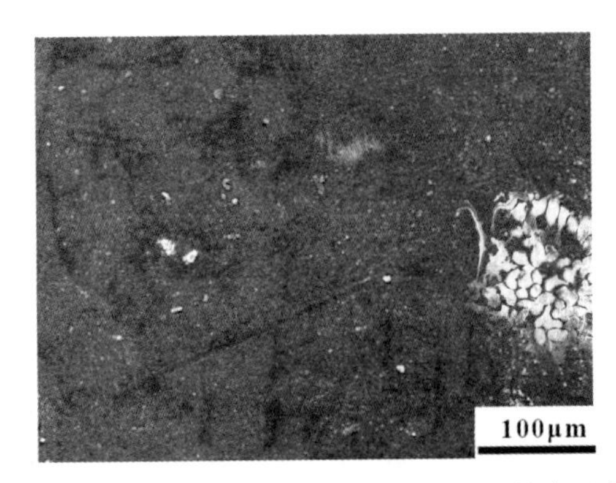

图 6-11 涂层试样在 1 500℃氧化 16 h 后的表面形貌

然而，依据下面所给出的式(6－13)和式(6－14)可知，涂层试样氧化后，会产生气态的 SiO 和 CO，这些气态的氧化物逸出涂层表面后，若涂层没有及时地愈合就会形成孔洞缺陷。一般说来，这些气相的逸出方式有两种，一种是在氧化层中的扩散逸出；一种是主要气相产物 SiO 和 CO 的气泡形核、生长和破裂。当界面上 SiO 和 CO 的气相压力大于大气压力时，SiO 和 CO 就会通过 SiO_2 玻璃层逸出，在其表面破裂并形成孔洞，破坏其完整性。由于 SiO_2 玻璃黏度大且高温流动性差，在短时间内难以愈合这些空洞，因而使得 O_2 可以通过这些孔洞和 C/C 基体发生氧化反应，生成新的 CO 和 CO_2 气体。随着氧化时间的延长，原来的 SiO，CO 气体和新生成的 CO，CO_2 气体在 SiO_2 玻璃层表面不断逸出，使其表面存在越来越多的孔洞，大大降低了涂层结构上的致密性，如此循环，最终导致了 SiC 涂层的失效。图 6－12 为涂层在 1 500℃下氧化 21 h 后的表面形貌，可以看出涂层中确实存在了因为氧化气体逸出而留下的数目较多的孔洞。图中裂纹的存在是在氧化测试过程中，试样遭受循环热冲击所致。

$$\left.\begin{aligned} 2Si + O_2 &\longrightarrow 2SiO \\ 2SiO + O_2 &\longrightarrow 2SiO_2 \end{aligned}\right\} \tag{6-13}$$

$$\left.\begin{aligned} SiC + O_2 &\longrightarrow SiO + CO \\ 2SiO + O_2 &\longrightarrow 2SiO_2 \end{aligned}\right\} \tag{6-14}$$

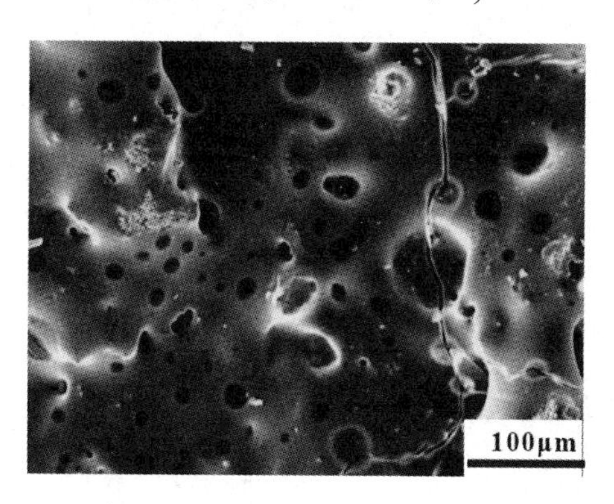

图 6－12 涂层试样在 1 500℃氧化 21 h 后的表面形貌

6.3.5 脉冲电压对 C－$AlPO_4$ 涂层结构及性能的影响

1. C－$AlPO_4$ 涂层表面的 XRD 分析

图 6－13 所示为其他工艺参数(脉冲占空比为 70%，脉冲频率为 2 000 Hz，碘浓度为 c_I=1 g/L，水热温度为 373 K，沉积时间为 15 min，悬浮液浓度为 c=20 g/L)保持不变，调节脉冲电压下制备的 C－$AlPO_4$ 涂层的表面 XRD 谱图。C－$AlPO_4$ 晶相的衍射峰在脉冲电压从 360 V 提高到 420 V 的过程中而逐渐增强，同时 XRD 谱图中存在 Al_2O_3 晶相的衍射峰，这可能是在涂层沉积过程中伴随放电烧结过程，使得 C－$AlPO_4$ 分解所致。调节电压为 360 V 时，由于电压较低，荷电颗粒迁移沉积速率较慢，制备的涂层厚度较薄，XRD 谱图中出现 SiC 内涂层的衍射峰。涂层的结晶性随着电压升高而逐渐变好。

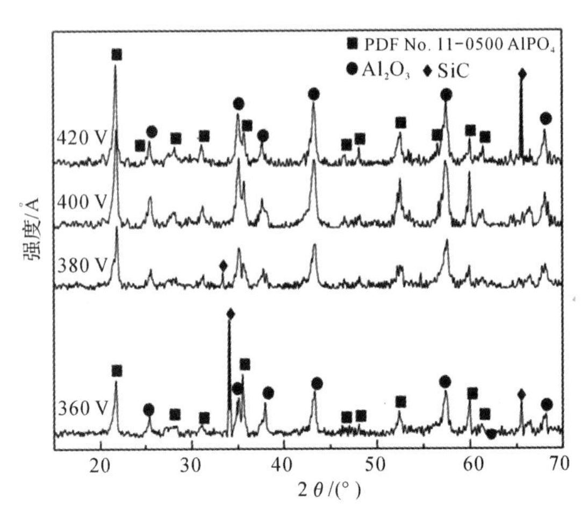

图 6-13 不同脉冲电压下所制备 C-$AlPO_4$外涂层表面的 XRD 谱图

2. C-$AlPO_4$涂层的显微结构分析

通过调节脉冲电压所制备的 C-$AlPO_4$外涂层表面显微结构照片如图 6-14 所示。表面微观形貌显示，当调节电压为 360 V 时，所制备的外涂层表面呈现波浪状形貌，孔隙率较高且不平整，表明此条件下的涂层均一性和密实性较差。调节电压为 380 V 时，所制备的 C-$AlPO_4$外涂层表面逐渐变密实且存在较多的微孔。电压为 400 V 所沉积的涂层表面均一、密实，并且无裂纹及微孔洞。由此可推测由于沉积速率适中，并且在较高电压条件下，电弧放电烧结较为明显，使得涂层结晶性较好，平整密实。调节电压达到 420 V 时，所沉积的涂层出现明显的穿透性裂纹，这对涂层的性能有不利的影响。这可能是由于脉冲电压过高，使得高电压电弧放电烧结现象较剧烈，使得涂层中产生热应力所致。

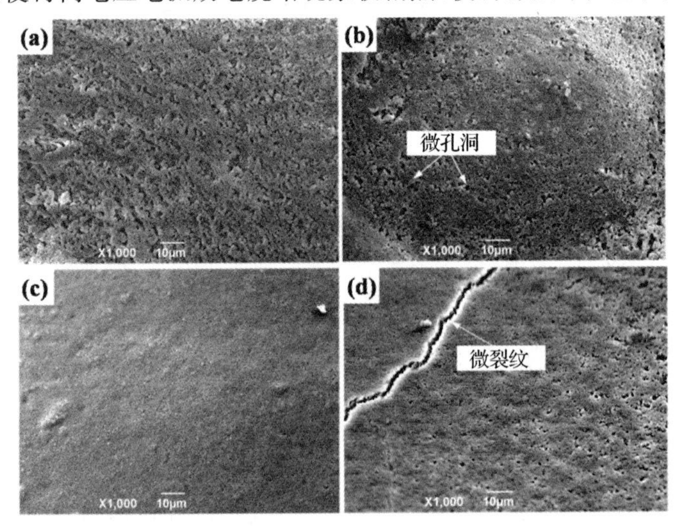

图 6-14 不同脉冲电压下所制备 C-$AlPO_4$外涂层的表面 SEM 照片

(a)360 V； (b)380 V； (c)400 V； (d)420 V

通过调节脉冲电压沉积的 C－$AlPO_4$/SiC－C/C 试样的横断面微观结构图如图 6－15 所示。调节电压为 360 V 时，外涂层较薄，尤其是外涂层与内涂层结合力较差，界面处出现穿透性裂纹。但是涂层的密度和界面结合力随着电压的增大进而得到很大程度的增强；当电压为 400 V 时，获得质量较好，均匀且密实的 C－$AlPO_4$ 外涂层。

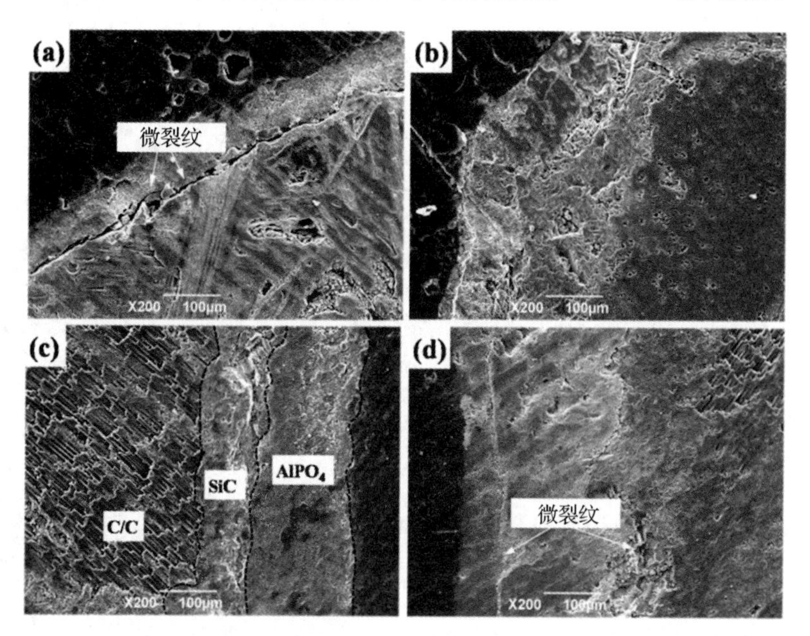

图 6－15 不同脉冲电压下所制备 C－$AlPO_4$ 外涂层的断面 SEM 照片

(a)360 V； (b)380 V； (c)400 V； (d)420 V

此条件下从图中可观察到，整个试样中的 C/C 基体、SiC 内涂层和 C－$AlPO_4$ 外涂层之间界线分明，紧密结合在一起，涂层厚度大约为 200 μm。电压超过 400 V 后，涂层中竟然出现穿透性裂纹，这是由于电压过高，荷电颗粒沉积的驱动力过大，涂层厚度增大，同时伴随剧烈的放电烧结现象，引起涂层内热应力集中而产生裂纹。

3. C－$AlPO_4$/SiC－C/C 试样的氧化保护能力分析

脉冲电压对 C－$AlPO_4$/SiC－C/C 试样氧化防护性能的影响如图 6－16 所示。调节电压低于 400 V 时，复合涂层对 C/C 基体的氧化防护能力随着电压的增大而增强。当电压为 400 V 时，涂层试样的氧化防护性能较好，经过 1 773 K 的高温下氧化 154 h 后质量损失百分比为 0.81%，并且在 22～76 h 之间的氧化过程涂层质量损失百分比最小，标志其进入氧化平稳阶段。但是单独的 SiC 涂层在 1 773 K 的空气中保护 C/C 基体 40 h，其试样的质量损失百分比可达 2.61%。当电压达到 420 V 时，C－$AlPO_4$/SiC－C/C 涂层试样的氧化防护能力又降低。因此本实验调节电压为 400 V 时，所制备的涂层试样从结构到性能都呈现较好的效果。

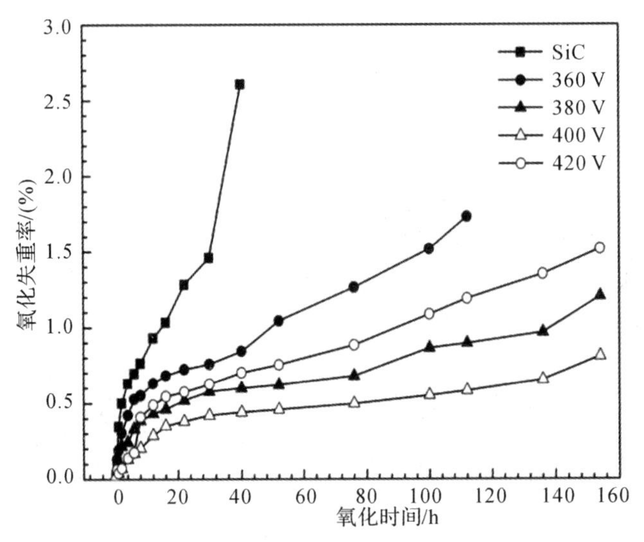

图 6-16　不同脉冲电压条件下所制备 $C-AlPO_4$/SiC-C/C 涂层试样在 1 773 K 下恒温静态氧化失重曲线

6.3.6　脉冲占空比对 $C-AlPO_4$ 涂层结构及性能的影响

1. $C-AlPO_4$ 涂层表面的 XRD 分析

图 6-17 所示为其他工艺参数(脉冲电压为 400 V,脉冲频率为 2 000 Hz,碘浓度为 $c_1=1$ g/L,水热温度为 373 K,沉积时间为 15 min,悬浮液浓度为 $c=20$ g/L)保持不变,调节脉冲占空比下制备的 $C-AlPO_4$ 涂层的表面 XRD 图谱。在调节不同占空比条件下,沉积的涂层表面 XRD 谱图中均出现了 $C-AlPO_4$ 和 Al_2O_3 晶相的衍射峰,这是由于在沉积过程中,伴随电弧放电烧结现象,使得 $C-AlPO_4$ 分解产生 Al_2O_3。$C-AlPO_4$ 和 Al_2O_3 晶相的衍射峰的峰强随着占空比的增大而渐渐增强。脉冲占空比为 70%时,涂层中各晶相的衍射峰最强,说明涂层密度足够大且结晶完善。但是当占空比增大到 90%时,反而出现了 SiC 晶相的衍射峰,这可能是由于占空比较大,涂层沉积速率较大,涂层孔隙率很大且存在缺陷导致 X 射线可以检测出内涂层中的 SiC 晶相。

2. $C-AlPO_4$ 涂层的显微结构的分析

从不同脉冲占空比下沉积的 $C-AlPO_4$ 外涂层表面微观形貌图(见图 6-18)中可以看出,占空比对涂层的微观形貌影响较大。表面多孔结构的涂层在占空比为 30%的条件下所获得(见图 6-18(a))。涂层表面的密实性和均匀性随着占空比的逐步增加而有所提高。脉冲占空比为 70%时,涂层表面较为平整,无明显缺陷,涂层的均匀性和密实性均很好(见图 6-18(c))。涂层表面的质量随着脉冲占空比增加到 90%而变差(见图 6-18(d))。产生上述现象的原因可能是占空比越大,涂层的沉积速率变大,一个周期内电弧放电烧结的效率越高,所沉积的涂层均匀密实。但是较大的占空比,涂层的沉积速率较快,涂层在沉积过程中容易引起应力集中,同时电弧放电烧结效率变低,从而使得涂层孔隙结构和缺陷较多。

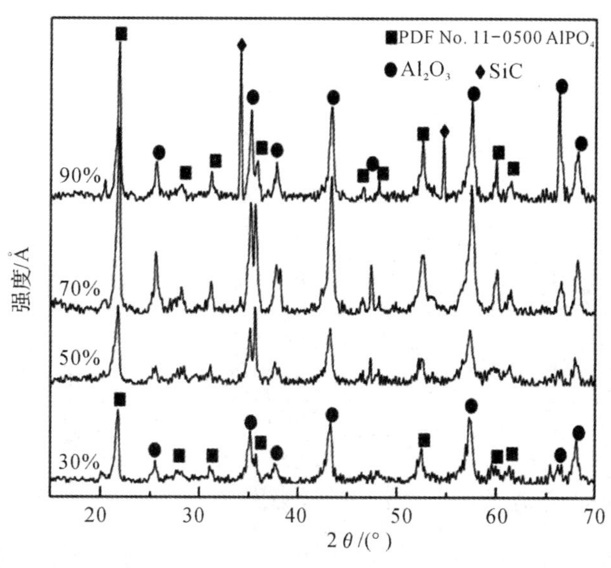

图 6－17 不同脉冲占空比下制备的 C－$AlPO_4$涂层的表面 XRD 谱图

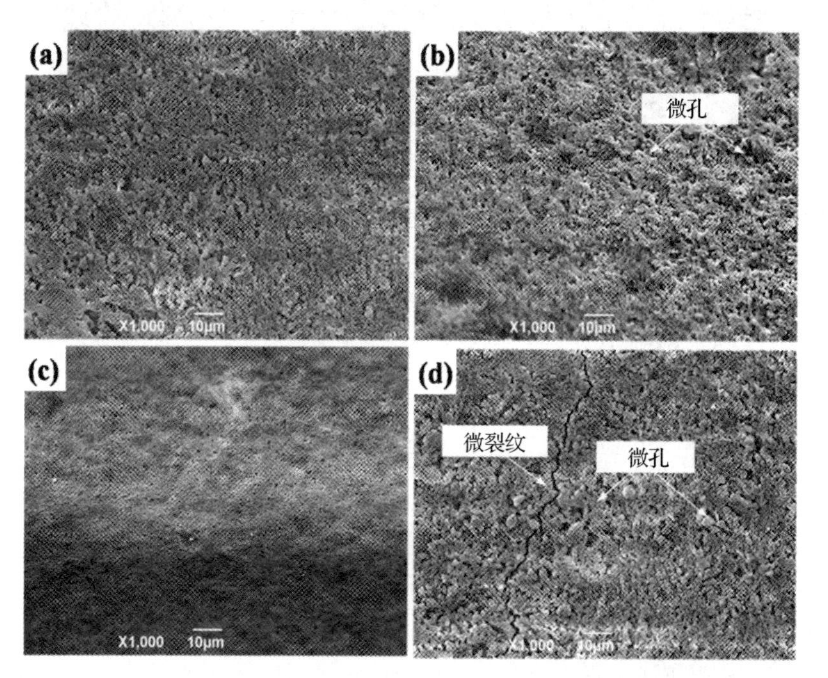

图 6－18 不同脉冲占空比下制备 C－$AlPO_4$外涂层的表面 SEM 照片

(a)30%； (b)50%； (c)70%； (d)90%

图 6－19 所示为是通过调节脉冲占空比沉积的 C－$AlPO_4$/SiC－C/C 试样的横断面显微形貌照片。以上图中显示，调节占空比为 30%时，所沉积的 C－$AlPO_4$涂层和 SiC 内

涂层之间出现了明显的穿透性裂纹并且涂层较薄(见图 6-19(a)),表明此时的内外涂层之间结合力较差。内外涂层界面结合伴随占空比的增大而有所改善,界面处的裂纹渐渐消失,同时涂层的均一性和密实性提高。当脉冲占空比为 70%时,内外涂层界线分明,结合良好,特别是涂层的均匀性和密实性较好(见图 6-19(c))。涂层厚度和涂层中穿透性裂纹产生随着占空比的继续升高而增大,这些涂层材料中的缺陷会严重影响后期涂层试样的氧化防护性能。

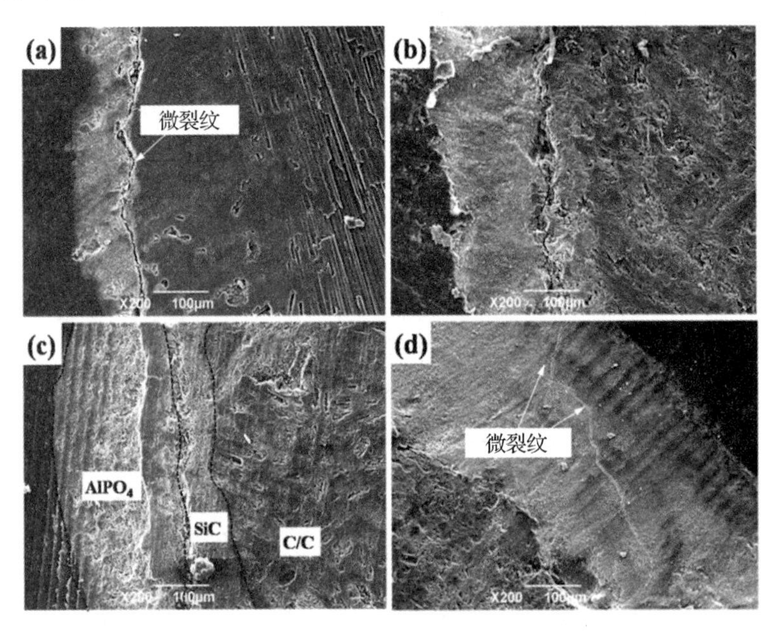

图 6-19　不同脉冲占空比下所制备 C-$AlPO_4$外涂层的断面 SEM 照片

(a)30%；(b)50%；(c)70%；(d)90%

3. C-$AlPO_4$/SiC-C/C 试样的氧化防护能力分析

C-$AlPO_4$/SiC-C/C 复合涂层试样在 1 773 K 空气中等温静态氧化性能测试曲线如图 6-20 所示。图中曲线显著表明,脉冲占空比为 30%时所制备涂层的氧化防护效果不理想,即 C-$AlPO_4$/SiC-C/C 试样在 1 773 K 高温空气气氛下氧化 136 h 后质量损失百分比达到 1.72%。所沉积的 C-$AlPO_4$/SiC-C/C 试样随着制备涂层脉冲占空比的增加而氧化防护效果明显提高,进而氧化失重百分比也降低。占空比增加到 70%时,复合涂层试样在 1 773 K 的静态空气中氧化 154 h 后的质量损失百分数仅为 0.75%,并且整个氧化过程中质量损失较缓慢。连续提高脉冲占空比到 90%时,复合涂层试样在以上高温环境下氧化 154 h 后质量损失百分比为 1.51%,涂层的氧化防护能力显著降低。此时涂层中存在大量微裂纹等缺陷是由于占空比过大,涂层沉积速率较快使得涂层中存在应力集中的区域所引起的。这与涂层显微结构分析相符的。因此,占空比是此方法制备外涂层过程中影响涂层氧化防护性能的重要工艺因素。

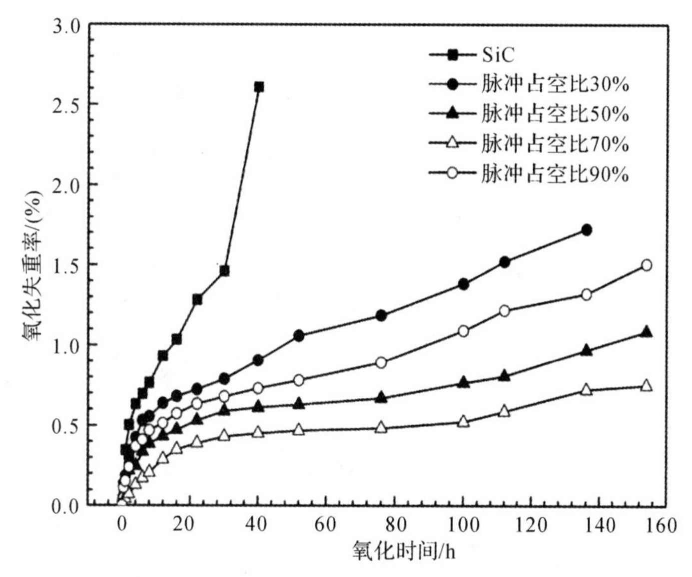

图 6-20 不同脉冲占空比下所制备 C-$AlPO_4$/SiC-C/C 涂层试样在 1 773 K 下的恒温静态氧化失重曲线

6.3.7 脉冲频率对 C-$AlPO_4$ 涂层结构及性能的影响

1. C-$AlPO_4$涂层表面的 XRD 分析

图 6-21 所示为在其他工艺参数(脉冲电压为 400 V,脉冲占空比为 70%,碘浓度为 c_1=1 g/L,水热温度为 373 K,沉积时间为 15 min,悬浮液浓度为 c=20 g/L)不变的条件下,调节脉冲频率制备的 C-$AlPO_4$涂层的表面 XRD 谱图。当脉冲频率为 500 Hz 时,复合涂层试样表面 XRD 谱图中分别有 C-$AlPO_4$,Al_2O_3和 SiC 晶相的衍射峰,但是各个晶相的衍射峰的峰强很弱。C-$AlPO_4$,Al_2O_3晶相的衍射峰强随着脉冲频率的增大而逐渐增强,同时 SiC 晶相的衍射峰逐渐消失。脉冲频率为 2 000 Hz 时,各个晶相的衍射峰最强且不存在 SiC 晶相的衍射峰。继续增大脉冲频率到 4 000 Hz 时,出现了 SiC 晶相的微弱的衍射峰,并且衍射峰整体的峰强变弱。这是由于脉冲频率过大,涂层沉积周期较小而沉积效率较低,涂层中存在缺陷所导致。因此,调节脉冲频率能有效控制涂层的结构。

2. C-$AlPO_4$涂层的显微结构

从不同脉冲频率下制备的 C-$AlPO_4$外涂层表面显微形貌分析图(见图 6-22)中得出脉冲频率对涂层的表面微观结构影响较大。在脉冲频率为 500 Hz 时所沉积涂层表面孔隙率较大,存在很多微孔,并且呈现波浪式不均匀的形貌(见图 6-22(a))。这可能是由于脉冲频率较小,沉积周期较大,涂层放电烧结效率低,从而使得涂层结构孔隙率较大。涂层表面的致密性和均匀性伴随脉冲频率的增大而有所提高。脉冲频率为 2 000 Hz 时,涂层表面平整,涂层各方面的质量均很好,无裂纹和微孔的出现(见图 6-22(c))。

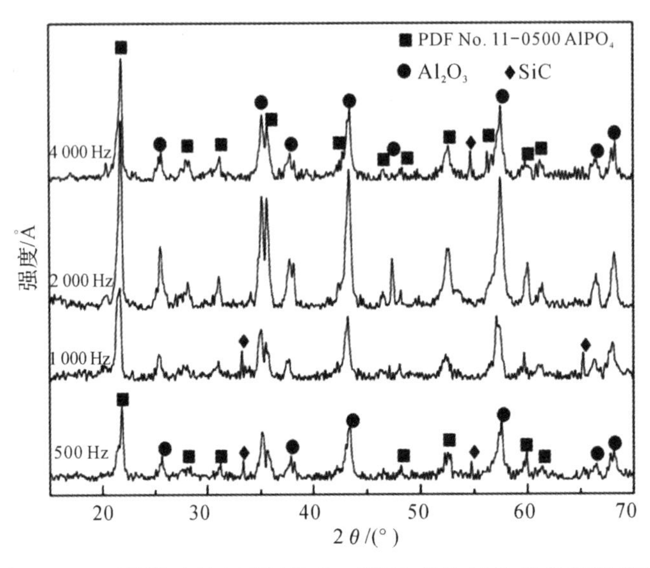

图 6－21　不同脉冲频率下制备 C－$AlPO_4$外涂层的表面 XRD 谱图

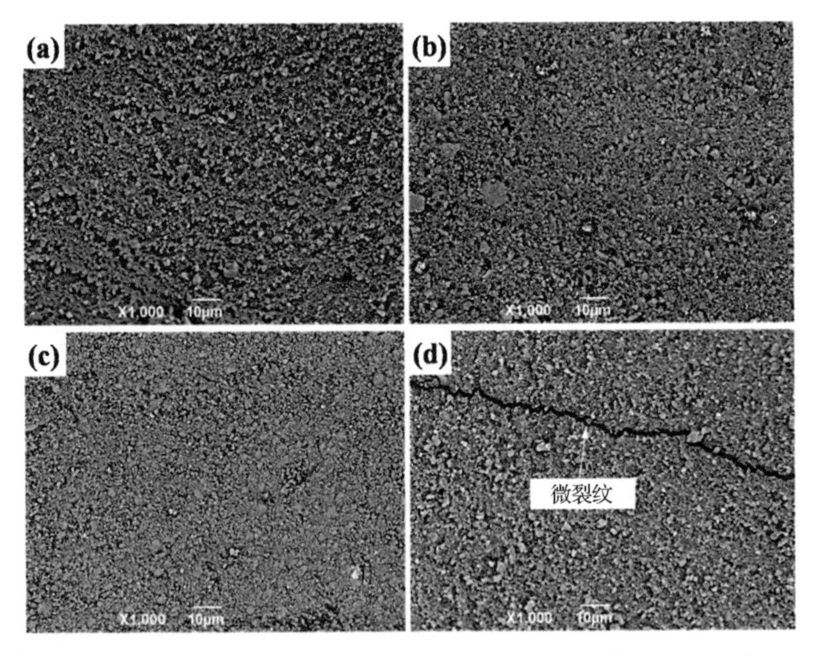

图 6－22　不同脉冲频率下制备的 C－$AlPO_4$外涂层的表面 SEM 照片

当脉冲频率继续增加到 4 000 Hz 时，涂层表面由于出现穿透性裂纹，再次产生阶梯形的表面结构，使得涂层的密实度和均匀性变差(见图 6－22(d))。这可能是由于脉冲频率越大，涂层的沉积速率变小，一个周期内电弧放电烧结次数增大，涂层中存在热应力而导致微裂纹的产生。

保持其他工艺参数不变，调节脉冲频率条件下制备的复合涂层 C－$AlPO_4$/SiC－C/C 试样的横断面显微形貌如图 6－23 所示。通过调节脉冲频率从 500 Hz 到 4 000 Hz，所制备复合涂层的断面形貌具有规律性变化。脉冲频率调节在 500 Hz 时，所制备涂层 C－$AlPO_4$/SiC－C/C试样断面形貌薄厚不均匀并且内外涂层结合性不好，涂层的厚度约为 100 μm，这并不能达到预期的目标(见图 6－23(a))。所制备复合涂层的密度和均匀性随着脉冲频率的增大而提高，同时内外涂层界面之间结合变好，涂层也变厚。当脉冲频率为 2 000 Hz 时，所获得涂层更加致密均匀，并且 SiC 内涂层与外涂层镶嵌为整体，此时外涂层的厚度约为 500 μm(见图 6－23(c))。涂层中穿透性裂纹伴随脉冲频率增加到 4 000 Hz时萌生，且此时涂层厚度变小(见图 6－23(d))，这对涂层表面形貌分析进行了验证。

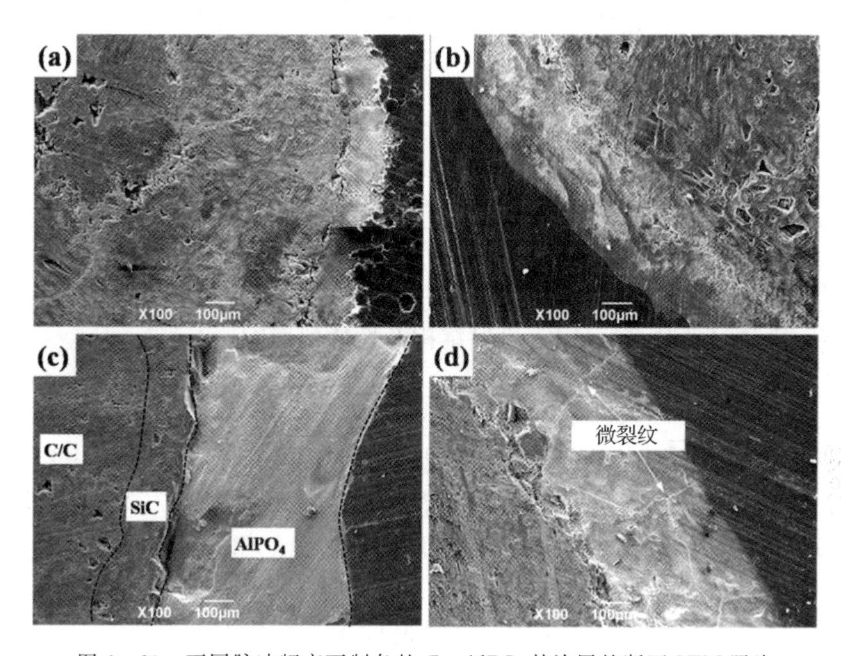

图 6－23　不同脉冲频率下制备的 C－$AlPO_4$ 外涂层的断面 SEM 照片

3. C－$AlPO_4$/SiC－C/C 试样的氧化保护能力分析

从不同脉冲频率下制备的涂层试样在 1 773 K 静态空气中氧化后的质量损失曲线(见图 6－24)中可以得出，未沉积 C－$AlPO_4$外涂层的 SiC－C/C 试样在 1 773 K 高温静态空气中氧化 40 h 后，质量损失百分比为 2.61%，不能有效地对 C/C 基体进行氧化防护。因此，沉积制备 C－$AlPO_4$外涂层是十分有必要的。脉冲频率调节在 500 Hz 时，所得到的 C－$AlPO_4$/SiC－C/C 复合涂层试样在 1 773 K 高温静态空气中氧化 136 h 后，相应的质量损失百分比为 1.45%。涂层对 C/C 基体的防氧化保护能力随着脉冲频率的升高而明显提高。在脉冲频率为 2 000 Hz 时所制得的涂层试样的性能较好，在 1 773 K 高温静态空气中氧化 154 h 后，试样的质量损失百分比只有 0.75%。涂层试样的防氧化性能在脉冲频率增加到 4 000 Hz 时显著变差，这与所制备涂层的显微形貌分析是对应的。

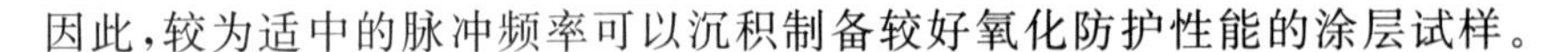

因此,较为适中的脉冲频率可以沉积制备较好氧化防护性能的涂层试样。

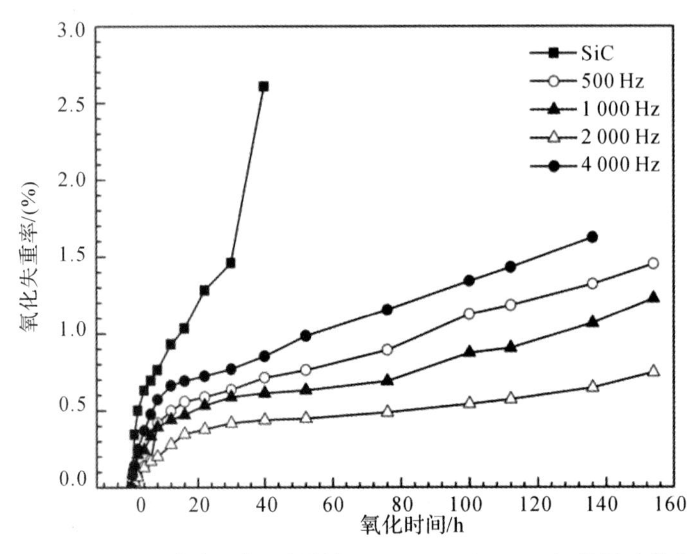

图 6-24 不同脉冲频率下所制备 C-AlPO$_4$/SiC-C/C 涂层试样在 1 773 K 下的恒温静态氧化失重曲线

6.3.8 水热温度对 C-AlPO$_4$涂层结构及性能的影响

1. C-AlPO$_4$涂层表面的 XRD 分析

控制其他工艺参数(脉冲电压为 400 V,脉冲占空比为 70%,脉冲频率为 2 000 Hz,碘浓度为 c_1=1 g/L,沉积时间为 15 min,悬浮溶液的浓度为 c=20 g/L)不变的条件下,调节水热温度制备的 C-AlPO$_4$ 外涂层的表面 XRD 谱图如图 6-25 所示。涂层的表面 SEM 照片显示了,调节温度从 353 K 增大到 413 K 时,C-AlPO$_4$ 和 Al_2O_3 晶相的衍射峰均在所制备涂层的 XRD 谱图中出现。调节温度为 353 K 时,除了存在 C-AlPO$_4$ 和 Al_2O_3 晶相的衍射峰外,还具有 SiC 晶相的峰,这可能是由于水热温度较低,水热环境下的压力较低,沉积驱动力较小,涂层厚度较薄使得 X 射线探测到内涂层引起的。主晶相 C-AlPO$_4$ 和 Al_2O_3 的衍射峰随着温度的升高逐渐增强,SiC 晶相的峰会渐渐消失。这可能是水热温度升高,水热环境的压力增大,沉积驱动力增大,涂层的厚度增加,伴随放电烧结过程而涂层的结晶性提高所导致的。

2. C-AlPO$_4$涂层的显微结构分析

图 6-26 所示为其他工艺参数不变的情况下,调节水热温度制备的 C-AlPO$_4$外涂层的表面微观形貌照片。由图可知,所制备 C-AlPO$_4$涂层表面由 C-AlPO$_4$颗粒排列堆积而成,伴随电弧放电烧结过程逐渐致密化。调节温度为 353 K 时,所制备涂层表面密度较小,存在沉积不均匀的大颗粒,且存在一些微孔洞,明显看出涂层质量较差。当温度达到 373 K 时,表面的大颗粒在放电烧结过程逐渐熔融于涂层中,表面变得平整,涂层表面无

明显的微洞等缺陷存在，这有利于涂层试样后期的氧化防护性能。继续升高温度到393 K时，所制备的涂层表面存在一些微粒，变得参差不平。当温度升高到413 K时，水热环境中的压力更大，沉积速率过快，涂层表面又出现了微孔洞。此条件下所制备的涂层表面不平，密度较小，这将会影响涂层试样后期的氧化防护性能。

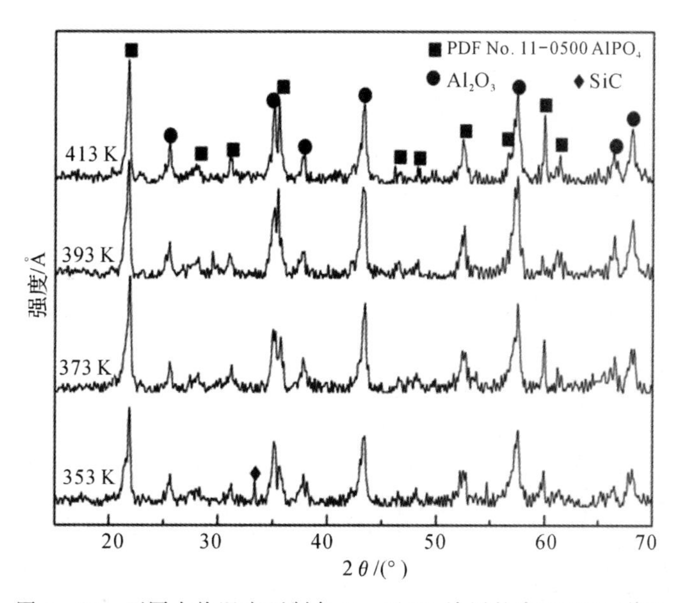

图 6-25 不同水热温度下制备 C-$AlPO_4$涂层的表面 XRD 谱图

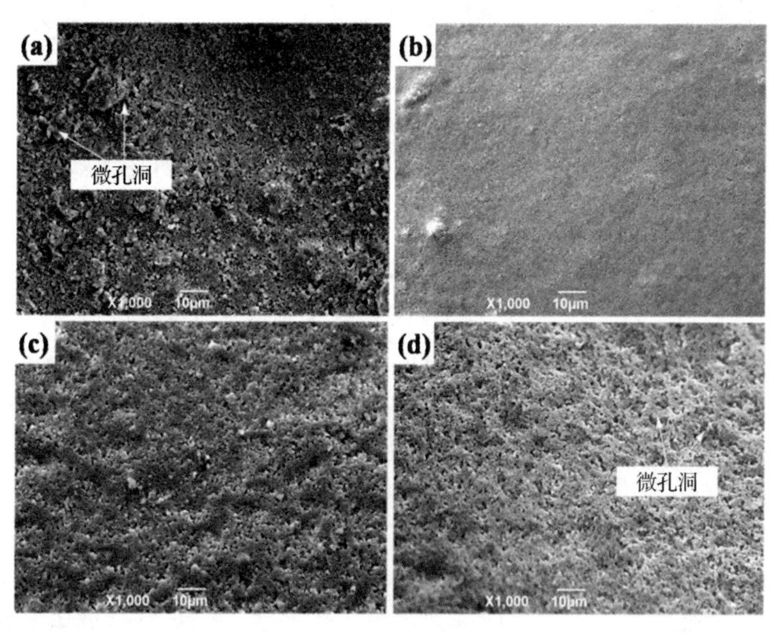

图 6-26 不同水热温度下制备 C-$AlPO_4$外涂层的表面 SEM 照片

(a)353 K； (b)373 K； (c)393 K； (d)413 K

不同水热温度下沉积的C－$AlPO_4$/SiC－C/C试样的横断面SEM照片如图6－27所示。从涂层的断面显微形貌图中得到，水热温度为353 K时所沉积的涂层中存在微裂纹且内外涂层之间结合较差，这可能是由于水热环境中的压力较低，沉积制备的驱动力较小，电弧放电烧结效率低所致。温度升高到373 K时制备的外涂层与内涂层界面结合较好，涂层表面结构均一，密度较大，无明显缺陷，其厚度约为240 μm(见图6－27(b))。涂层的表面形貌随着温度继续升高而逐渐变差，并且结构中出现缺陷。当温度达到413 K时，首先外涂层中产生穿透性裂纹，涂层的整体均匀性和密度降低。这是由于温度升高会导致悬浮液中带电颗粒扩散速率增大，从而涂层沉积速率增大，单位面积的沉积量增大，使得涂层致密化烧结过程滞后。另一方面，水热环境中的压力随温度升高而增大，过大的压力也会引起涂层内部产生应力导致微裂纹的萌生[9]。

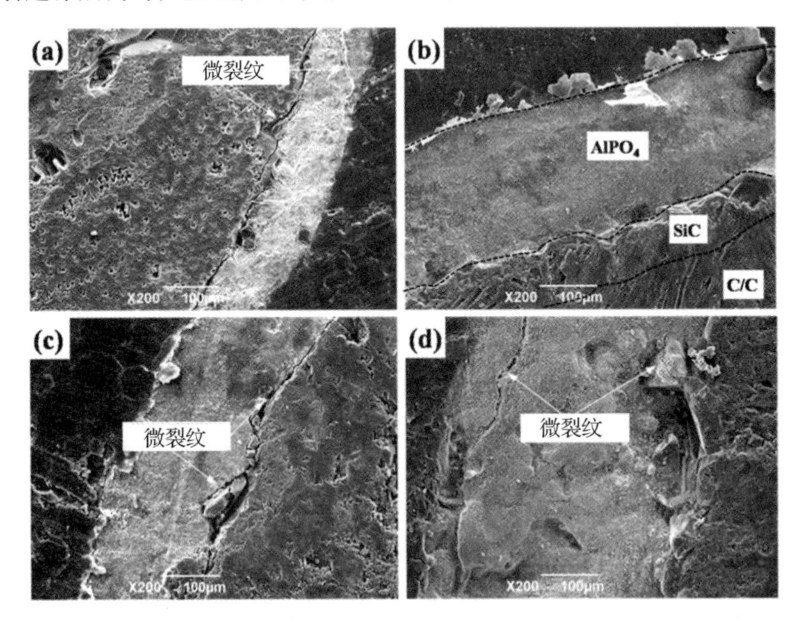

图6－27　不同水热温度下制备C－$AlPO_4$外涂层的断面SEM照片

(a)353 K；(b)373 K；(c)393 K；(d)413 K

3.C－$AlPO_4$/SiC－C/C试样的氧化防护能力分析

图6－28所示是不同水热温度下制备的C－$AlPO_4$/SiC－C/C试样在1 773 K静态空气中的氧化失重曲线。与SiC－C/C试样氧化防护效果相比，沉积有C－$AlPO_4$外涂层的SiC－C/C试样具有更好的防氧化性能。从图中可以得出，复合涂层试样在氧化初期，氧化质量损失百分比变化较大，但是随后进入氧化平稳期，试样的质量损失百分比基本维持恒定。到达氧化后期，试样的氧化行为即将进入失效状态，氧化失重迅速增大。当水热温度为353 K时所制得的C－$AlPO_4$/SiC－C/C试样质量损失百分比最大。温度为373 K时所制备的涂层试样在1 773 K高温静态空气中氧化154 h后质量损失百分比仅为0.72%。随后温度继续升高到393 K时，涂层试样的质量损失百分比继续增大。而涂层试样的质量损失百分比在温度为413 K时最大，涂层的氧化防护性能大幅度降低。联系

以上涂层的显微结构表征，对应温度为 373 K 时所制备的涂层结构较好，此时 C/C 基体得到很有效的氧化防护。

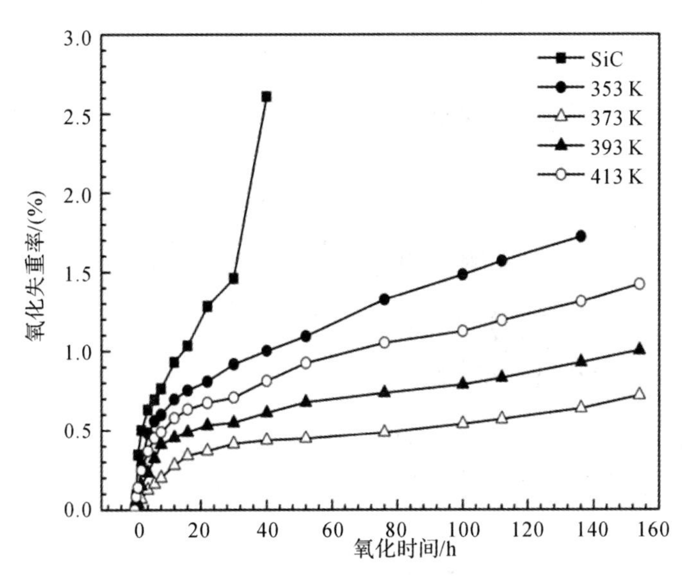

图 6－28 不同水热温度下制备 C－$AlPO_4$/SiC－C/C 试样在 1 773 K 下的恒温静态氧化失重曲线

6.3.9 沉积时间对 C－$AlPO_4$ 涂层结构及性能的影响

1. C－$AlPO_4$涂层表面的 XRD 分析

在其他工艺因素(脉冲电压为 400 V，脉冲占空比为 70％，碘浓度为 c_I＝1 g/L，水热温度为 373 K，悬浮液固含量为 c＝20 g/L)均不变的条件下，通过调节沉积时间所制备 C－$AlPO_4$外涂层表面的 XRD 谱图如图 6－29 所示。无论沉积时间多长，涂层试样的 XRD谱图均存在 C－$AlPO_4$和 Al_2O_3晶相的衍射峰，与 C－$AlPO_4$(PDF No. 11－0500)粉体原料的衍射峰是相一致的。在最初沉积 5 min 制备的涂层试样表面衍射峰均很弱，并且衍射峰中出现 SiC 晶相的峰，推测是涂层厚度比较薄，没有完全包裹试样表面且涂层本身密度低所导致的。涂层试样中 C－$AlPO_4$和 Al_2O_3晶相的衍射峰随着沉积时间增大而增强，同时 SiC 晶相的衍射峰逐渐消失，说明随着涂层厚度增加，均匀性和致密性也有所提高。当涂层沉积 15 min 时，涂层中各晶相的衍射峰均较强，并没有 SiC 晶相的峰。继续延长沉积时间到 20 min，虽然各晶相的衍射峰最强，但 SiC 晶相的衍射峰再次出现。这可能是沉积时间较长，涂层中存在缺陷所导致的。

2. C－$AlPO_4$涂层的显微结构分析

图 6－30 所示为不同沉积时间条件下所制备的 C－$AlPO_4$外涂层表面微观形貌照片。此条件下所制得的涂层均匀性和致密性较差，表面参差不平，存在聚集的大颗粒和微孔洞等缺陷。这与图 6－29 中 XRD 分析结果是相符的。涂层的均匀性和致密性伴随沉积时间的延长而提高，同时微孔洞等缺陷也减少。特别是在沉积时间调节为 15 min 时所制备

的 C－$AlPO_4$外涂层表面由于放电烧结效率高而存在放电烧结的层叠致密化痕迹，且涂层均匀性也很好。继续延长沉积时间到 20 min，涂层中出现起伏不平的现象，存在低凹形貌。这可能是由于沉积后期悬浮液中的带电颗粒较少，回路电流变小，不均一性沉积所造成涂层表面不平整。这将会降低涂层试样后期的防氧化性能。因此，确保合适的沉积时间和沉积速率是改善涂层的质量，进而提高涂层的氧化防护性能的最有利途径。

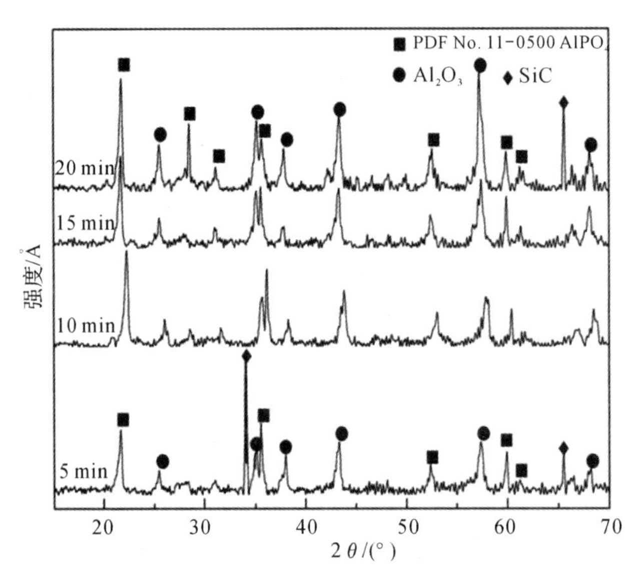

图 6－29　不同沉积时间下制备 C－$AlPO_4$涂层的表面 XRD 谱图

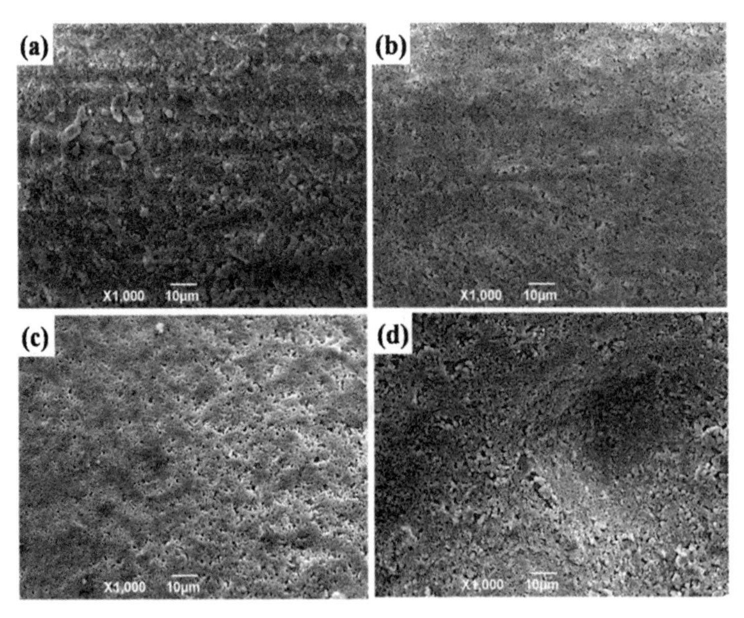

图 6－30　不同沉积时间下制备 C－$AlPO_4$外涂层的表面 SEM 照片

(a)5 min；(b)10 min；(c)15 min；(d)20 min

经过不同沉积时间所制备的 C－$AlPO_4$/SiC－C/C 涂层试样的横断面扫描电子显微镜图见图 6－31。沉积时间调节在 5 min 时，所制备的 C－$AlPO_4$外涂层的断面 SEM 照片显示了涂层较薄且微观结构较为疏松。但是延长沉积时间到 10 min 时，不仅涂层的厚度和均匀性有所提高，而且涂层的致密性有很大的改善。继续延长沉积时间到 15 min 时制备的 C－$AlPO_4$外涂层显微结构较为致密且均匀性最好，外涂层中的颗粒紧密镶嵌于内涂层中使得内外涂层界面之间结合得很好。并且整个复合涂层试样各个界面之间界线分明。涂层沉积制备时间延长到 20 min 时，涂层中存在明显的微裂纹，这可能是由于沉积时间过长，涂层的厚度增大，随之涂层内部在沉积过程中产生的应力，进而导致裂纹的产生。从 5 min 增加到 20 min，涂层厚度随着沉积时间的增加，各自分别为 150 μm，200 μm，300 μm 和 400 μm。由此可得，控制涂层厚度可以通过调节沉积时间来实现，也就是说沉积时间的延长有利于涂层厚度的增加。

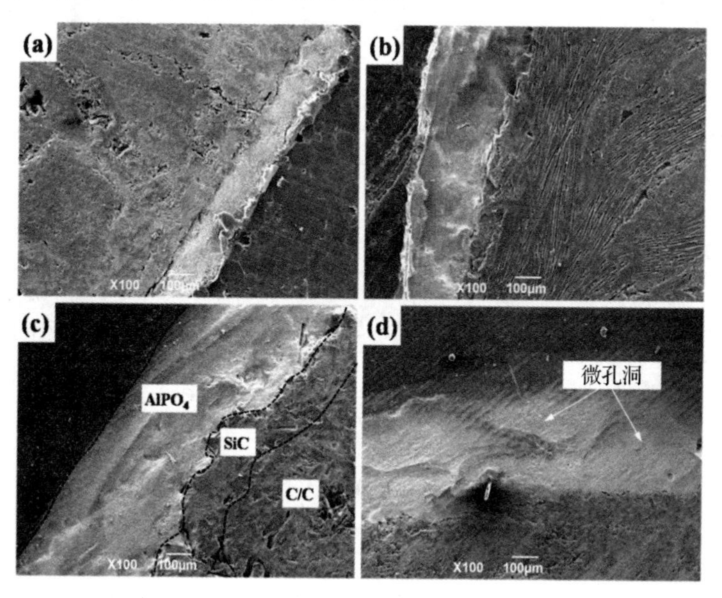

图 6－31 不同沉积时间下制备 C－$AlPO_4$外涂层的断面 SEM 照片

(a)5 min； (b)10 min； (c)15 min； (d)20 min

3. C－$AlPO_4$/SiC－C/C 试样的氧化防护能力分析

从图 6－32 的不同沉积时间下制备的 C－$AlPO_4$/SiC－C/C 试样以及 SiC－C/C 复合材料在 1 773 K 静态空气中的氧化失重曲线可以得出以下结果，所制备的 SiC－C/C 涂层试样在1 773 K条件下氧化测试 40 h 后，氧化失重百分比可达 2.61%，由此可推断仅仅的 SiC 内涂层不能对 C/C 基体进行长时间有效的氧化防护。而 C－$AlPO_4$外涂层的制备可以明显提高涂层试样的高温氧化防护能力。并且从图中可以看出，延长沉积制备涂层的时间，所沉积制备的 C－$AlPO_4$/SiC－C/C 复合涂层试样的氧化防护能力逐渐提高，也跟上述涂层试样的显微结构分析结果相一致。沉积制备 5 min 的涂层试样在1 773 K下静态空气中氧化 112 h 后，质量损失百分比为 2.23%。沉积时间较短，所制备的外涂层厚度较薄，其中涂层中缺陷较多是造成复合涂层氧化防护能力降低的主要原因。所沉积的涂层试样的氧化防护性能随着沉积时间的变长而逐渐提高。当沉积制备时间为15 min时，所获得的C-$AlPO_4$/SiC-C/C试样在1 773 K高温静态空气中氧化154 h后，氧化失重百分比仅为0.85%，表现出优异的氧化防护性能。继续延长沉积时间到20 min时，由于复合涂层较厚，沉积效率很低，涂层中存在裂纹等缺陷引起复合涂层试样的防氧化能力显著下降。这对上述涂层试样的显微结构分析进行了验证。

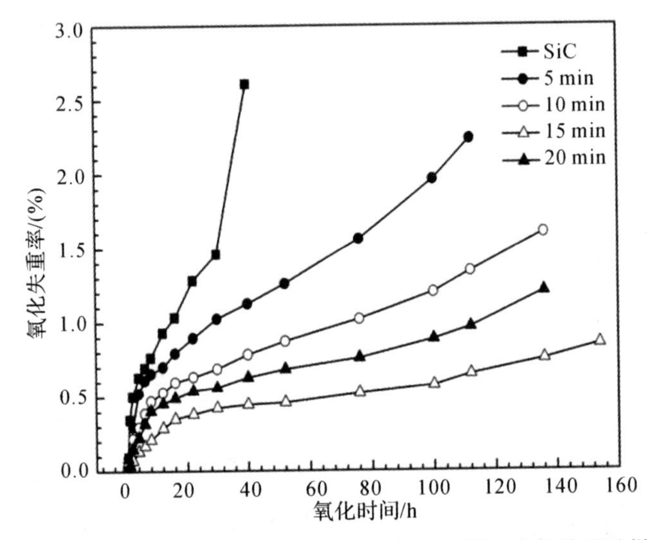

图6-32 不同沉积时间下制备C-$AlPO_4$/SiC-C/C涂层试样在1 773 K下的恒温静态氧化失重曲线

6.3.10 最佳工艺条件下制备的C-$AlPO_4$外涂层结构分析

1. C-$AlPO_4$外涂层的晶相组成分析

通过以上沉积工艺因素的探索性研究，以涂层的氧化防护性能为导向，得出以下优化工艺参数：脉冲电压为400 V，脉冲占空比为70%，脉冲频率为2 000 Hz，碘浓度为c_1=1 g/L，水热温度为373 K，悬浮液浓度为c=20 g/L，沉积时间为15 min。在此工艺条件下所制备的C-$AlPO_4$(PDF No. 11-0500)外涂层的XRD图谱如图6-33所示。试样表面XRD图谱中没有发现SiC内涂层中晶相的衍射峰，说明C-$AlPO_4$外涂层具有一定厚度且均匀致密。

在此条件下所制备的C-$AlPO_4$/SiC-C/C涂层试样的表面显微形貌照片及表面元素能谱分析如图6-34所示。从图6-34(a)明显可以看出，所制备的涂层表面较为平整均匀，密度大，表明脉冲电弧放电沉积法可以制备出结构较好的涂层材料。图6-34(b)表面能谱分析中得出C-$AlPO_4$/SiC-C/C复合涂层表面中所含有C，Al，Si，O和P元素的具体成分含量见表6-3，这与初始涂层制备原料成分相符，也跟涂层预期的设计一致。

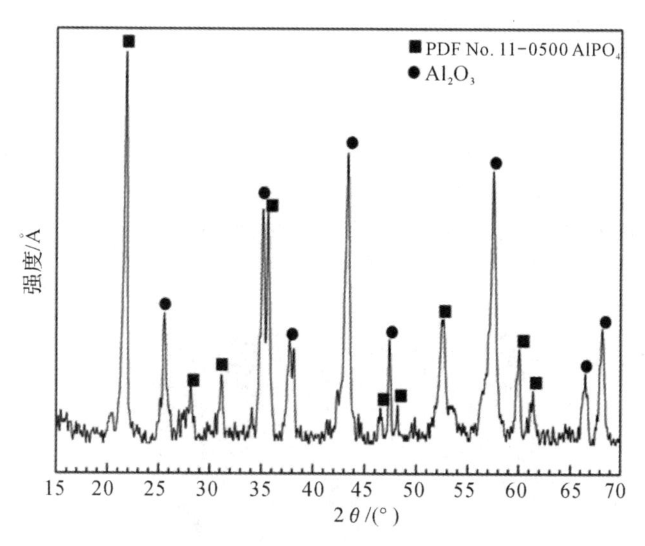

图 6-33 脉冲电弧放电沉积法所制备的 C-AlPO$_4$/SiC-C/C 试样表面 XRD 谱图

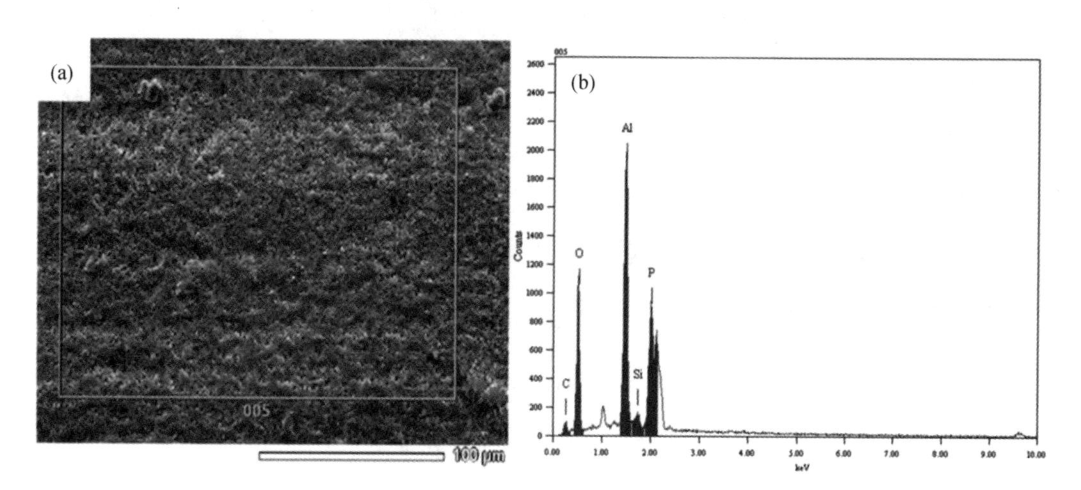

图 6-34 脉冲电弧放电沉积法制备 C-AlPO$_4$外涂层表面元素面能谱分析

表 6-3 图 6-34(a)中 005 区域的元素组成

元 素	质量含量/(%)	原子含量/(%)
C	10.61	16.82
O	43.96	52.28
Al	31.93	22.52
Si	1.55	1.05
P	11.94	7.34
Total	100.00	100.00

图 6－35 所示为优化后工艺条件下所沉积的 C－$AlPO_4$/SiC－C/C 复合涂层试样的横断面线扫描能谱图。图中显示涂层试样由 C/C 基体、SiC 内涂层和 C－$AlPO_4$ 外涂层组成，分别对应图 6－35 的 A 区域、B 区域和 C 区域，各层之间界面结合较好，没有明显的裂纹出现，涂层厚度均一，这与 C－$AlPO_4$/SiC 复合氧化防护涂层的最初设计体系相符合（见图 6－36）。对应的 EDS 能谱线扫描分析图显示了 C，O，Al，Si，P 各元素沿着 C－$AlPO_4$/SiC－C/C试样横断面的浓度分布（见图 6－35）和元素面分布情况（见图 6－37）。

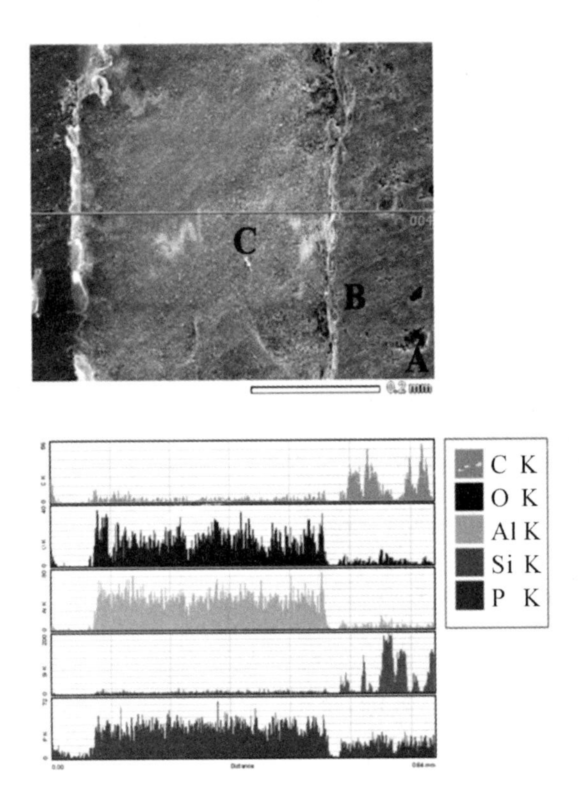

图 6－35 C－$AlPO_4$/SiC－C/C 试样断面元素能谱线扫描分析图

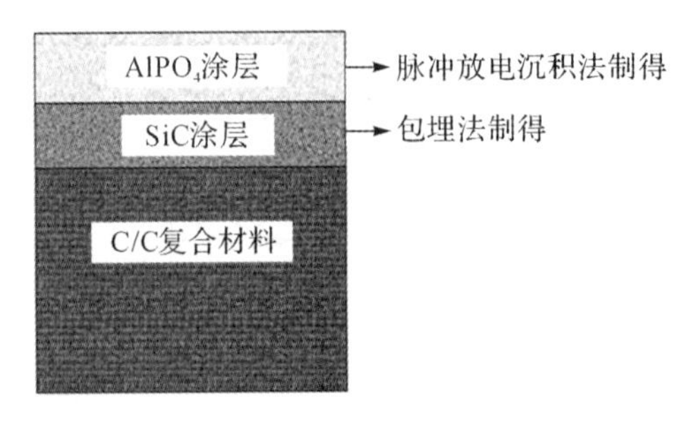

图 6－36 C－$AlPO_4$/SiC 复合抗氧化涂层体系设计示意图

从线能谱分析图中可以得出，整个试样分为三个区域A，B和C。A区域为C/C基体，同时形成的良好过渡层是界面过渡部分处有少量Si元素渗透于C/C基体中所导致的(见图6-37(d))，以上现象可能是在高温条件下促渗剂促进Si元素渗入C/C基体而形成的；B区域是SiC内涂层；C区域是C-$AlPO_4$外涂层，并且在内外涂层界面处存在少许Al和P元素填充于SiC内涂层中，显示了内外涂层之间互相填补，可以完全结合。此外，所制备的外涂层结构致密均匀，厚度约为350 μm，涂层中各元素分布符合涂层的最初设计，这有利于提高涂层的氧化防护能力。

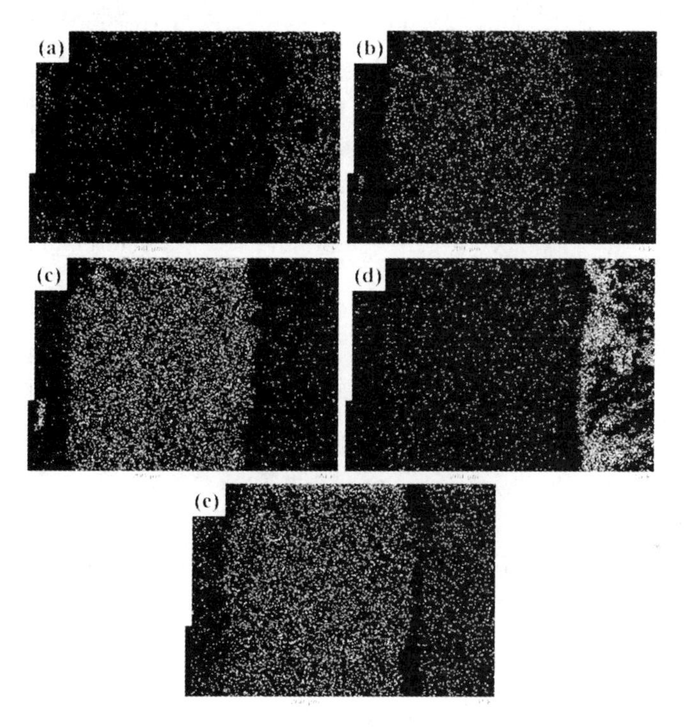

图6-37 C-$AlPO_4$/SiC-C/C试样横断面元素面能谱分析图

6.3.11 C-$AlPO_4$/SiC-C/C涂层试样的高温氧化行为及其氧化动力学分析

6.3.11.1 C-$AlPO_4$/SiC-C/C涂层试样氧化行为分析

1.涂层试样在室温到1 873 K温度段的氧化行为分析

图6-38所示为在室温到1 873 K温度段内，C-$AlPO_4$/SiC-C/C试样氧化2 h后的质量损失百分比与温度的关系曲线，该曲线揭示了在整个温度范围内C-$AlPO_4$/SiC-C/C试样存在不同的氧化失重变化。通过分析曲线的变化趋势，涂层试样的氧化过程分为3个阶段(分别为A，B，C)。A阶段是从室温到673 K，由于温度较低，涂层试样基本没有质量损失。B阶段为从673 K到1 473 K，试样的氧化失重较为明显。当温度达到1 473 K时，涂层试样的氧化质量损失百分比为1.83%，并且质量损失达到最大。推断可

能由于涂层试样在此温度段内长时间氧化，玻璃层的高温挥发以及多次的室温与高温之间热震过程使得涂层表面生成缺陷而使得氧化失重明显增大。从 1 473 K 到 1 873 K 的 C 阶段，高温条件下氧气透过表面玻璃层后，进入内外涂层界面处使得内涂层发生氧化生成 SiO_2 玻璃相，引起涂层试样质量的增加。此外，逐渐形成的玻璃相封填涂层中的缺陷，随后伴随长时间的高温高密度的玻璃防护层完全形成。因此，C 阶段涂层试样的氧化过程主要取决于主要氧气在 SiO_2 玻璃铺展层中迁移速[10]。

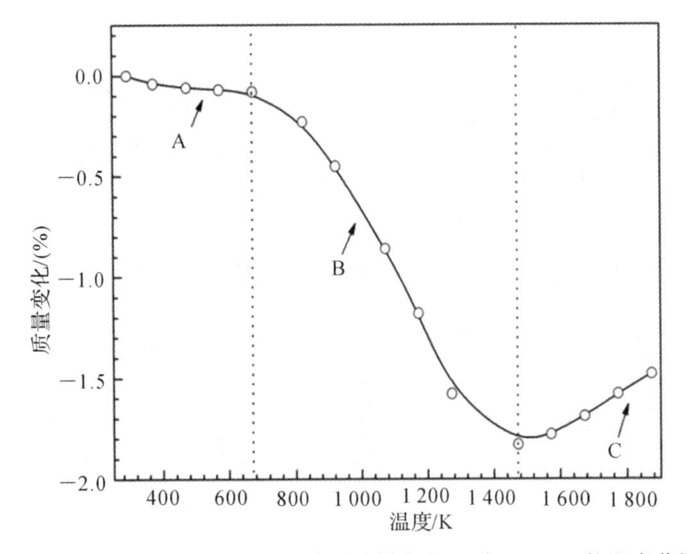

图 6-38 C-$AlPO_4$/SiC-C/C 涂层试样在室温到 1 873 K 的温度范围内氧化 2 h 后质量损失百分比与温度的关系曲线(氧化 2 h 后)

图 6-39 所示为涂层试样从室温到 1 873 K 温度段内，分别氧化 2 h 后的表面和断面微观形貌照片。明显可以看到涂层试样有较为显著的失效迹象，表面存在氧化孔洞和穿透性裂纹，并且表面不平整(见图 6-39(a))，玻璃层的流失是导致其失效的可能原因[7]。涂层断面结构中同样存在氧化孔洞，并且内外涂层由于氧化而融合为一体，没有明显界面分界线。同时涂层的均匀性变得不好(见图 6-39(b))，这对上述图 6-38 中 C 阶段氧化防护性能的分析进行了验证。

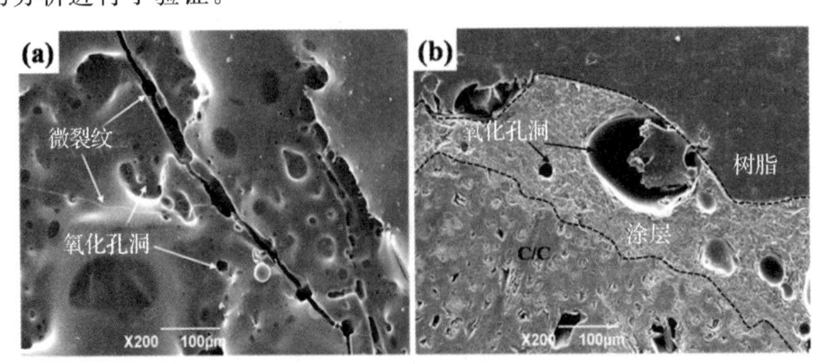

图 6-39 C-$AlPO_4$/SiC-C/C 试样在室温到 1 873 K 的温度范围氧化后的表面(a)及断面(b)SEM 照片(氧化 2 h 后)

2.涂层试样在不同氧化温度下的氧化防护能力分析

图6-40所示为脉冲电弧放电沉积法制备的C-$AlPO_4$/SiC-C/C涂层试样在1 773 K和1 873 K下的静态空气中氧化失重曲线。所制备的C-$AlPO_4$/SiC复合涂层能有效保护C/C基体在1 773 K静态空气中160 h,氧化后涂层试样的质量损失百分比为0.70%,而在1 873 K静态空气中氧化100 h后相应的质量损失百分比可达1.8%。这说明所制备的C-$AlPO_4$/SiC-C/C涂层试样在高温段具有好的氧化防护性能。以下重点研究涂层试样在1 773 K静态空气中的氧化防护性能。

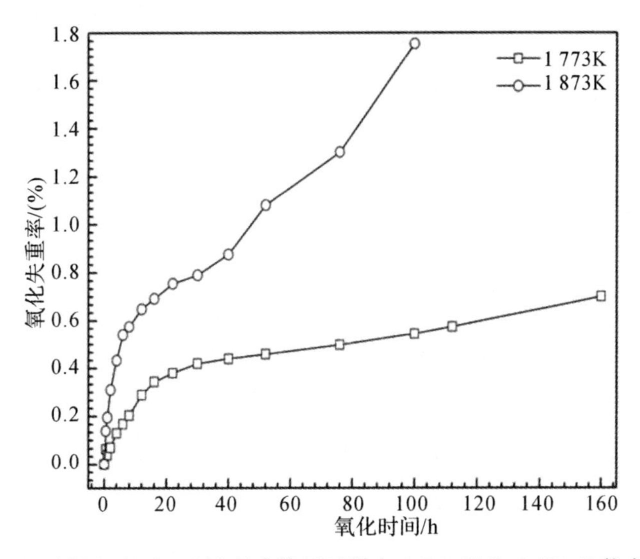

图6-40 C-$AlPO_4$/SiC-C/C复合涂层试样在1 773 K和1 873 K静态空气中的氧化质量损失曲线

C-$AlPO_4$/SiC-C/C涂层试样在1 773 K静态空气中的氧化质量损失曲线如图6-41所示。明显看出所制备C-$AlPO_4$/SiC复合涂层能有效保护C/C基体在1 773 K空气中160 h,氧化后涂层试样单位面积的质量损失为1.82×10^{-3} g·cm^{-2},对应的平均氧化失重速率为1.14×10^{-5} g·cm^{-2}·h^{-1}。涂层试样的氧化过程可分为A,B和C三个阶段,相应的动力学方程为

$$\Delta W=0.047\,735+0.757\,35t-0.014\,71t^2 \quad (0\leqslant t<22\ \mathrm{h}, R^2=0.967\,81) \tag{6-15}$$

$$\Delta W=7.943\,53+0.111\,21t-5.953\,17\times10^{-4}t^2 \quad (22\ \mathrm{h}\leqslant t<76\ \mathrm{h}, R^2=0.967\,81) \tag{6-16}$$

$$\Delta W=8.090\,23+0.062\,82t \quad (76\ \mathrm{h}\leqslant t<160\ \mathrm{h}, R^2=0.988\,66) \tag{6-17}$$

式中,ΔW为涂层试样的单位面积的氧化质量损失(g·cm^{-2});t为氧化时间(h)。

结合相关文献报道[11-12],从C-$AlPO_4$/SiC-C/C涂层试样经历160 h的氧化后的XRD谱图(见图6-42)可以得出,复合涂层试样中各组分在1 773 K的有氧环境下发生了复杂的化学反应,其反应式为

$$AlPO_4(s)\longrightarrow Al_2O_3(s)+PO_x(g) \tag{6-18}$$

$$AlPO_4(s) \longrightarrow AlPO_4(m) \tag{6-19}$$

$$3\,AlPO_4(s) \longrightarrow Al(PO_3)_3(s) + Al_2O_3(s) \tag{6-20}$$

$$SiC(s) + O_2(g) \longrightarrow SiO(g) + CO(g) \tag{6-21}$$

$$SiC(s) + 2O_2(g) \longrightarrow SiO_2(s) + CO_2(g) \tag{6-22}$$

$$2C(s) + O_2(g) \longrightarrow 2CO(g) \tag{6-23}$$

$$C(s) + O_2(g) \longrightarrow CO_2(g) \tag{6-24}$$

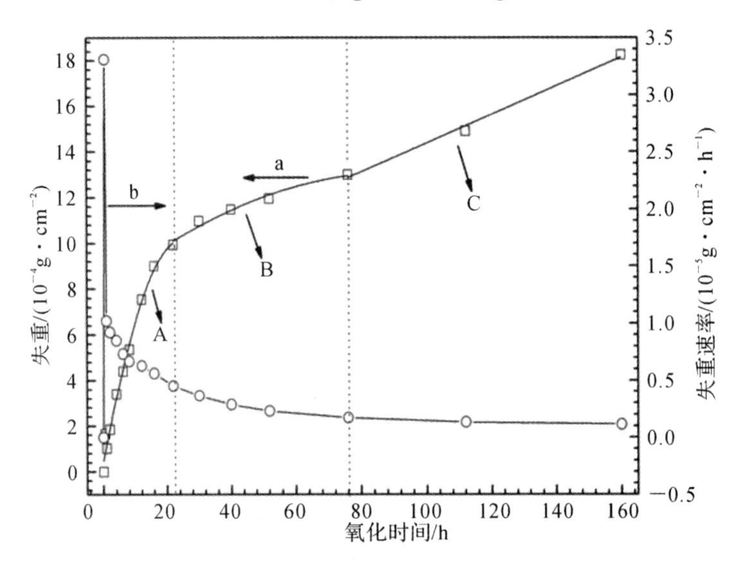

图 6-41　C-AlPO$_4$/SiC-C/C 涂层试样在 1 773 K 静态空气中的氧化失重速率曲线

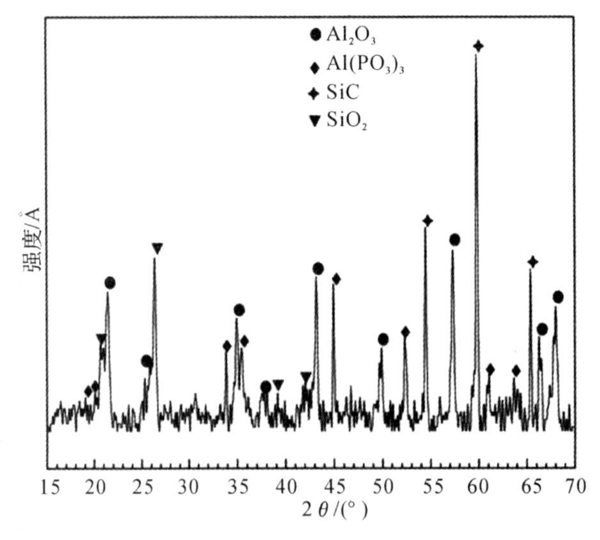

图 6-42　C-AlPO$_4$/SiC-C/C 涂层试样在 1 773 K 静态空气中的氧化 160 h 后的表面 XRD 谱图

在初始氧化阶段(0～22 h)(A 阶段),涂层试样的单位面积氧化质量损失快速达到 9.94×10^{-4} g·cm^{-2},并且其与时间的关系曲线符合抛物线规律。同时从涂层表面的SEM 照片(见图 6-43(a))可以看出,涂层表面存在未熔融的大颗粒状物质,并且非常粗糙,这可能是由于 C-$AlPO_4$在高温下分解(见式(6-18))引起氧化质量损失。并且在此氧化阶段,部分的 C-$AlPO_4$发生高温转变,形成熔融态 $AlPO_4$(见式(6-19))。随着氧化时间的延长,涂层表面的 Al_2O_3颗粒逐渐变小,熔融于所形成的偏磷酸盐玻璃保护层中(见式(6-20)),涂层表面变的光滑且平整,如此可以提高涂层的氧化防护能力。氧化时间从 22 h 延长到 76 h(B 阶段),光滑而致密的偏磷酸盐玻璃层完全形成(见图 6-43(b)),具有低氧渗透率和良好的自愈合的偏磷酸盐玻璃层可以有效保护涂层试样被高温氧化。此阶段涂层试样的平均氧化失重速率保持在 1.71×10^{-5} g·cm^{-2}·h^{-1}以下,这说明此阶段的氧化速率取决于高温下氧气在偏磷酸盐玻璃层中的扩散速率。

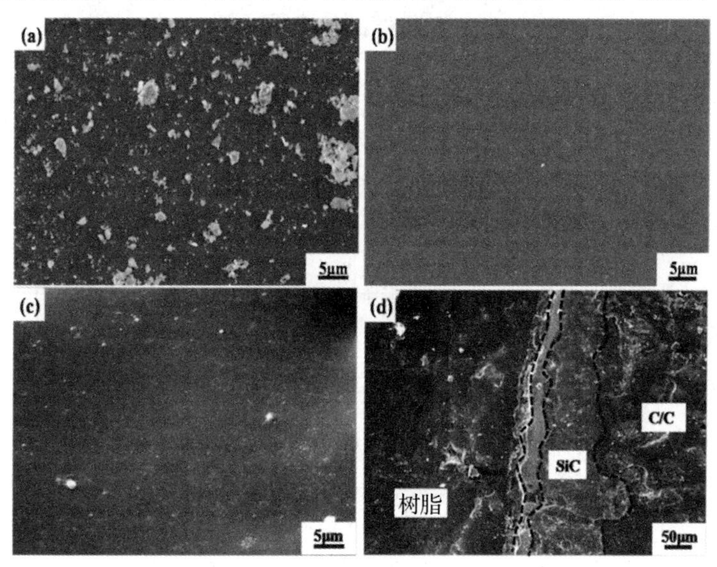

图 6-43 C-$AlPO_4$/SiC-C/C 涂层试样经历不同氧化阶段后的微观结构照片

氧化 76 h 后(C 阶段),随着氧化时间的继续延长,试样的氧化质量损失迅速增大,这可能是玻璃态保护层的高温挥发引起涂层变薄(见图 6-43(d))并且表面变得粗糙不平,存在缺陷造成的(见图 6-43(c))。另一方面,可能由于内涂层与扩散进入内外涂层界面处的氧发生反应生成 SiO_2玻璃层(见图 6-42)(见式(6-21)～式(6-22)),同时可以填充涂层中的缺陷,所以涂层断面处没有看到明显的缺陷。最终,氧气将会透过玻璃层扩散与 C/C 基体发生反应(反应见式(6-23)～式(6-24)),生成的 CO 和 CO_2气体,这些气体在高温下从反应界面扩散出会导致微孔洞和微裂纹的产生,同时在静态氧化测试过程中,在室温与高温之间的热震过程也可能导致氧化孔洞和微裂纹的产生。氧气通过以上缺陷扩散进入 C/C 基体,并且与 C/C 基体发生反应,最终导致涂层试样的高温氧化失效。

3. C-$AlPO_4$/SiC-C/C 涂层试样的弯曲力学性能

不同试样氧化前后的弯曲性能的测试数据见表 6-4。由表可以得出,单一 C/C 复合材料的抗弯强度为92.31 MPa，而经过高温包埋法制备的内涂层SiC－C/C试样的抗弯强度降低为85.12 MPa，SiC－C/C试样相对于原始C/C基体强度的92.21%，这可能：一方面由于在高温条件下对C/C基体具有热损伤，使得材料内部存在缺陷，进而其力学性能变差；另一方面，导致试样的力学性能的下降的原因可能是在本实验2 200℃高温条件下制备SiC内涂层，难于避免内涂层中存在热应力产生微裂纹等缺陷。然而，采用脉冲电弧放电沉积法制备C－$AlPO_4$外涂层试样的弯曲强度与SiC－C/C试样相比弯曲强度有明显改善，从85.12 MPa提高到88.09 MPa，这可能是伴随放电烧结过程的沉积制备外涂层技术使得SiC内涂层中的缺陷被微米级颗粒所填充，并且烧结使其致密化，所以试样的弯曲强度再次提高。当在1 773 K高温下，C－$AlPO_4$/SiC－C/C试样氧化测试160 h后，弯曲强度降低为83.25 MPa，相对于原始基体弯曲强度的90.19%，这可能是由于经历长时间的氧化后，涂层试样表面高温氧化产生各种缺陷使得基体材料力学性能降低。

表6－4　不同样品的弯曲力学性能

样　品	弯曲强度/MPa	残余强度百分比/(%)
C/C	92.31	—
SiC－C/C	85.12	92.21
$AlPO_4$/SiC－C/C	88.09	95.43
试样在1 773 K氧化160 h后	83.25	90.19

6.3.11.2　C－$AlPO_4$/SiC复合涂层试样氧化动力学分析

图6－44所示为C－$AlPO_4$/SiC涂层试样在1 573～1 773 K温度段内，0～80 h的氧化过程中的单位面积质量损失曲线。该曲线的趋势显示：涂层试样经历氧化初始的调整期后，单位面积质量损失升高到一定值；当涂层试样进入下一阶段的氧化平稳期，此过程的氧化质量损失基本维持恒定不变。涂层试样的单位面积的质量损失速率随着温度的升高，快速进入氧化过程的平稳期。C－$AlPO_4$/SiC复合涂层试样在1 573～1 773 K范围，氧化阶段在22～80 h内单位面积氧化失重质量的二次方与氧化时间的关系曲线如图6－45所示。由曲线可知，涂层试样的单位面积氧化失重质量的二次方与氧化时间(22～80 h)的关系在1 573～1 773 K温度范围内符合直线规律[13]。

此阶段是整个氧化过程中的平稳期，其中ΔW^2作为氧化时间的函数符合方程：

$$\Delta W^2 = kt + C \tag{6-25}$$

式中，ΔW为单位面积的氧化失重($g \cdot cm^{-2}$)；t为氧化时间(h)；k为速率常数($g^2 \cdot cm^{-4} \cdot h^{-1}$)；$C$为常数($g^2 \cdot cm^{-4}$)。

计算氧化激活能(E_a)公式为

$$k = A\exp\left(\frac{-E_a}{RT}\right) \tag{6-26}$$

式中，A为指前常数；E_a为氧化激活能；T为绝对摄氏度；R为理想气体常数。

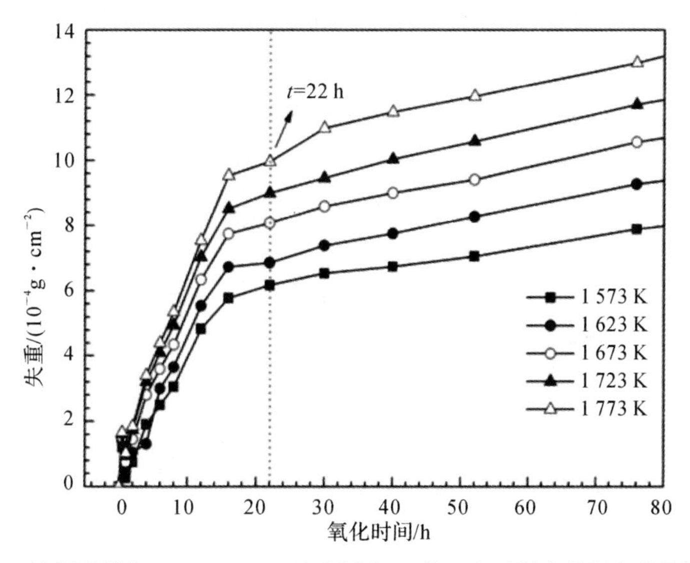

图 6-44 涂层试样在 1 573～1 773 K 范围内,0 到 80 h 时间内的氧化质量损失曲线

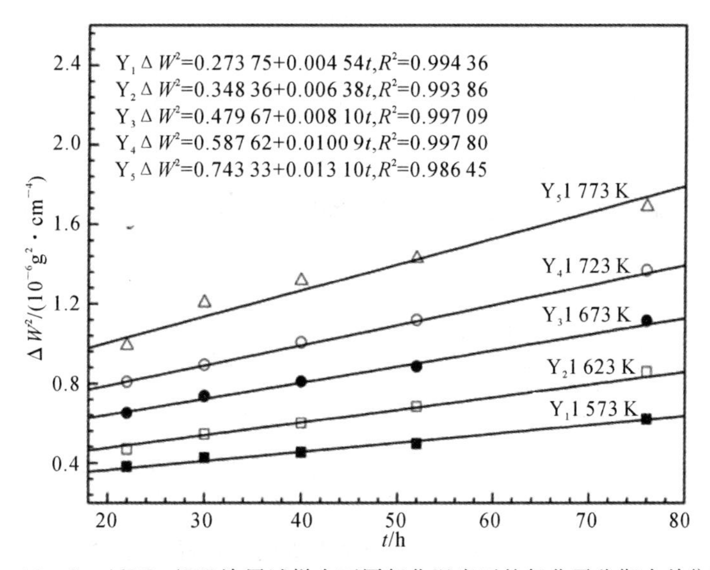

图 6-45 C-$AlPO_4$/SiC 涂层试样在不同氧化温度下的氧化平稳期内单位面积氧化失重的二次方与时间的关系曲线(22～80 h)

ln$k$ 与其对应的氧化温度(1 573～1 773 K)之间满足的 Arrhenius 关系曲线如图 6-46所示。经过计算得到涂层试样氧化平稳阶段(22～80 h)内氧化激活能为 119.2 kJ/mol。参考 Yang[14] 和 Li[15] 等人的氧化动力学研究,氧化激活能在 112～117.2 kJ/mol之间时,C/C 复合材料氧化质量变化主要取决于氧气在 SiO_2 玻璃层和偏磷酸盐玻璃层中渗透速率。基于以上研究结论,C-$AlPO_4$/SiC-C/C 试样在 1 573～1 773 K 的氧化过程取决于高温下氧气在致密硅酸盐和偏磷酸盐玻璃层中的扩散速

率[16]，同时得出在以上温度范围内，氧化时间在 22～80 h 之间，涂层具有较好的氧化防护能力。

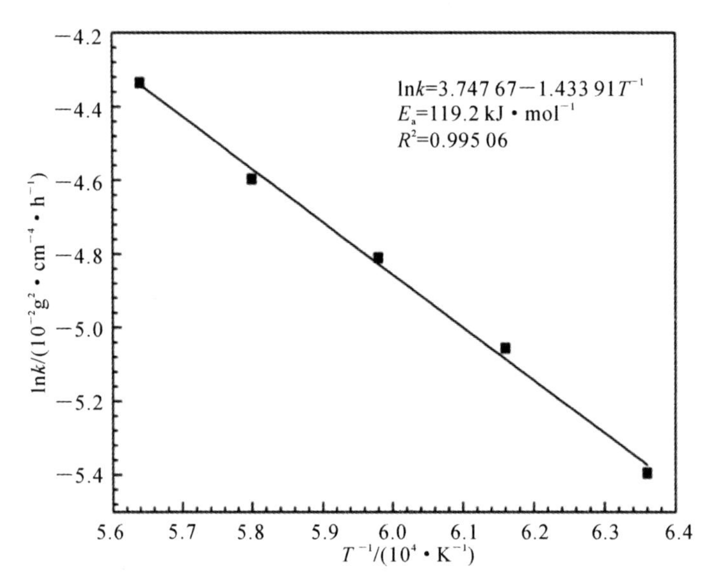

图 6-46 C-$AlPO_4$/SiC-C/C 复合试样在不同氧化温度下(1 573～1 773 K)的 $\ln k-1/T$ 关系曲线

6.4 本章小结

(1)一次固渗后的涂层为 Si-β-SiC 涂层，二次包埋后可以获得致密的 Si-α-SiC-β-SiC 复合涂层，涂层厚约 100 μm，颗粒状 SiC 和熔融 Si 形成了涂层的致密结构，没有开裂和孔隙等缺陷。

(2)1 500℃下的氧化失重表明，一次包埋 SiC 涂层 C/C 试样在 1 500℃空气气氛中氧化 15 h 后的失重率仅为 3.10%，二次包埋 SiC 涂层 C/C 试样的抗 氧化能力进一步增强，1 500℃空气气氛氧化 16 h 后，试样失重率为 1.42%。

(3)Si/β-SiC/α-SiC 涂层 C/C 试样最终失效的原因是由于涂层氧化后界面上产生的 SiO 和 CO 气体的逸出而在涂层表面形成了难以愈合的孔隙所造成的。

(4)采用脉冲电弧放电沉积法在 SiC-C/C 基体表面制备了 C-$AlPO_4$ 外涂层。其中脉冲电压、脉冲频率、脉冲占空比、沉积时间、水热温度对所制备的 C-$AlPO_4$ 外涂层的结构和氧化防护性能具有较大的影响。最终通过实验得出最优的工艺条件为：脉冲电压为 400 V，脉冲占空比为 70%，脉冲频率为 2 000 Hz，碘浓度为 $c_1=1$ g/L，水热温度为 373 K，悬浮液浓度为 $c=20$ g/L，沉积时间为 15 min。

(5)所制备的 C-$AlPO_4$/SiC-C/C 复合涂层试样在 1 773 K 的静态空气条件下氧化 160 h 后，复合涂层氧化质量损失百分比为 0.7%，单位面积的氧化失重仅为 1.82×

10^{-3} g·cm^{-2},对应的平均氧化失重速率为 1.14×10^{-5} g·cm^{-2}·h^{-1},此时试样抗弯强度降为 83.25 MPa,相应的保留原始抗弯强度的 90.19%;同时,试样在 1 873 K 的静态空气条件下氧化 100 h 后,复合涂层氧化失重百分比为 1.8%,其具有良好的氧化防护性能。

(6)C-AlPO$_4$/SiC-C/C 试样在静态氧化测试中,在高温下复合涂层首先在表面生成熔融态玻璃体,然后熔融态玻璃体逐渐形成光滑致密的偏磷酸盐与硅酸盐玻璃保护层。最终导致涂层失效的原因是所形成的玻璃层经历长时间的氧化挥发而变薄,无法愈合和填充表面的孔隙、裂纹等缺陷,高温条件下氧气会通过以上缺陷扩散进入 C/C 基体。C-AlPO$_4$/SiC-C/C试样在稳定氧化阶段(1 573~1 773 K)内的氧化过程取决于氧气在均匀致密玻璃层中的扩散速率,计算了 C-AlPO$_4$/SiC-C/C 复合涂层试样氧化激活能,其值为 119.2 kJ/mol。

参考文献

[1] 杨文冬.碳/碳复合材料 SiC/C-AlPO$_4$复合涂层的制备及机理研究[D].西安:陕西科技大学,2010.

[2] Joshi A, Jsiee. Coating with particulate dispersions for high-temperature oxidation protection of carbon and C/C composites[J]. Composites (Part A), 1997, 28A (2): 181-189.

[3] Li Hejun, Yao Xiyuan, Zhang Yulei, et al. Anti-oxidation properties of ZrB$_2$ modified silicon-based multilayer coating for carbon/carbon composites at high temperatures[J]. Transactions of Nonferrous Metals Society of China, 2013, 23 (7): 2094-2099.

[4] 侯进.浅谈脉冲电镀电源[J].电镀与环保,2005,25(3):4-8.

[5] 向国朴.脉冲电镀的理论与应用[M].天津:天津科学技术出版社,1989.

[6] 曾育才,潘湛昌.脉冲技术电沉积铅镉合金的研究[J].广州化工,1998,26(1):16-19.

[7] Huang Jian-Feng, Hao Wei, Cao Li-Yun, et al. An AlPO$_4$/SiC coating prepared by pulse arc discharge deposition for oxidation protection of carbon/carbon composites[J]. Corrosion Science, 2014, 79: 192-197.

[8] Huang Jianfeng, Zhang Yutao, Zeng Xierong, et al. Hydrothermal Electrophoretic Deposition of Yttrium Silicate Coating on SiC-C/C Composites[J]. Mater Technol, 2007, 22(2): 85-87.

[9] Hao Wei, Huang Jianfeng, Cao Liyun, et al. Oxidation protective AlPO$_4$ coating for SiC coated carbon/carbon composites for application at 1 773 K and 1 873 K [J]. Journal of Alloys and Compounds, 2014, 589 (3): 153-156.

[10] Wang Kaitong, Cao Liyun, Huang Jianfeng, et al. A mullite/SiC oxidation protective coating for carbon/carbon composites[J]. Journal of the European

Ceramic Society, 2013, 33 (1): 191 - 198.

[11] 王开通,曹丽云,黄剑锋,等. 水热温度对 C - AlPO$_4$-莫来石复合涂层显微结构及抗氧化性能的影响[J]. 功能材料,2012,43(22):3162 - 3166.

[12] 杨文冬,黄剑锋,曹丽云,等. 水热沉积电压对 C - AlPO$_4$涂层显微结构的影响[J]. 硅酸盐学报,2009,37(8):1316 - 1321.

[13] Nickel K G. Ceramic matrix composite corrosion models [J]. Journal of European Ceramic Society, 2005, 25: 1699 - 1704.

[14] Huang Jian Feng, Yang Wen Dong, Cao Li Yun, et al. Preparation of a SiC/Cristobalite - AlPO$_4$ multi - layer protective coating on carbon/carbon composites and resultant oxidation kinetics and mechanism [J]. Journal of Materials Science and Technology, 2010, 26 (11): 1021 - 1026.

[15] Huang Jian Feng, Li He Jun, Zeng Xie Rong, et al. Preparation and oxidation kinetics mechanism of three - layer multi - layer - coatings coated carbon/carbon composites[J]. Surface and Coatings Technology, 2006, 200 (18 - 19): 5379 - 5385.

[16] Zhu Qingshan, Qiu Xueliang, Ma Changwen. Oxidation resistant SiC Coating for Graphite Materials[J]. Carbon, 1999, 37 (9): 1475 - 1484.

第7章 脉冲电弧放电沉积法制备 $AlPO_4-SiC_n-MoSi_2$ 外涂层

7.1 引言

目前,在高温下的氧化问题严重限制了碳/碳复合材料在航空航天领域的推广和使用,而涂层技术是该材料高温防氧化技术的最佳手段被国内外研究者广泛地研究。虽然玻璃涂层具有较好的高温自修复功能,但其在高温下的流动性以及挥发性对 C/C 复合材料长时间的高效防护是不利的;金属涂层和陶瓷涂层尽管拥有耐高温的特性,但在高温下容易产生对其涂层的氧化防护性能不利的缺陷;基于此考虑开发复合涂层技术并且结合其各组分以及各涂层间的优异性能,可以达到其在高温条件下互相补充达到较好的氧化防护效果。近年来以较好的制备技术制备性能更好的氧化防护涂层为目标,研究者在涂层体系和涂层制备技术方面展开丰富的研究,但是仍然存在不理想的方面。尽管现有的涂层工艺所制备的涂层材料具备较好氧化防护性能,但其工艺技术存在以下缺点和问题需要解决:制备条件苛刻,操作流程复杂,能耗高,对仪器设备要求较高等。因此,为了解决以上涂层制备技术问题,研究开发新的涂层制备技术具有现实意义。本章提出一种简单高效制备涂层的技术——脉冲电弧放电沉积法,并且沉积制备新的复合涂层体系,即 $AlPO_4-SiC_n-MoSi_2$ 复合外涂层。

脉冲电弧放电沉积法是将脉冲技术和电弧放电技术[1-3]应用于电沉积技术中,首先采用脉冲直流电源提供高电压电流,在配置好一定浓度的具有特殊耐高温、耐氧化腐蚀的固体颗粒的悬浮液中进行电泳沉积,伴随高电压电弧放电烧结过程,所获得的涂层致密化程度高且界面结合力好。脉冲电弧放电沉积法在提高悬浮液体系的极化分散能力,沉积效率,放电烧结效率等方面与水热电泳沉积技术相比均有很大优势,可获得均一密实且界面结合较好的复合涂层[4-5]。

本章主要内容:采用脉冲电弧放电沉积法制备 $AlPO_4-SiC_n-MoSi_2$ 外涂层,首先研究脉冲电弧放电沉积法制备 $AlPO_4-SiC_n-MoSi_2$ 外涂层的沉积动力学,计算其沉积活化能;其次探索研究了脉冲电弧放电沉积法制备 $AlPO_4-SiC_n-MoSi_2$ 外涂层的脉冲电压工艺因素对复合涂层的结构及氧化防护性能的影响。

7.2 $AlPO_4-SiC_n-MoSi_2$外涂层的制备及表征

7.2.1 $AlPO_4-SiC_n-MoSi_2$/SiC－C/C 试样的制备

1. 实验所用 $AlPO_4$,SiC_n和 $MoSi_2$粉体的准备

本章所采用的磷酸铝粉体为方石英型磷酸铝(C－$AlPO_4$)粉体,具体参阅 6.2.2。

本实验所采用的纳米碳化硅(SiC_n)是由合肥开尔纳米技术公司生产的。碳化硅粉体的 XRD 谱图(见图 7－1(a))及 FESEM 照片(见图 7－1(b))表明,纳米粉体的粒径约为 40 nm,由单一的 β－SiC 晶相组成。

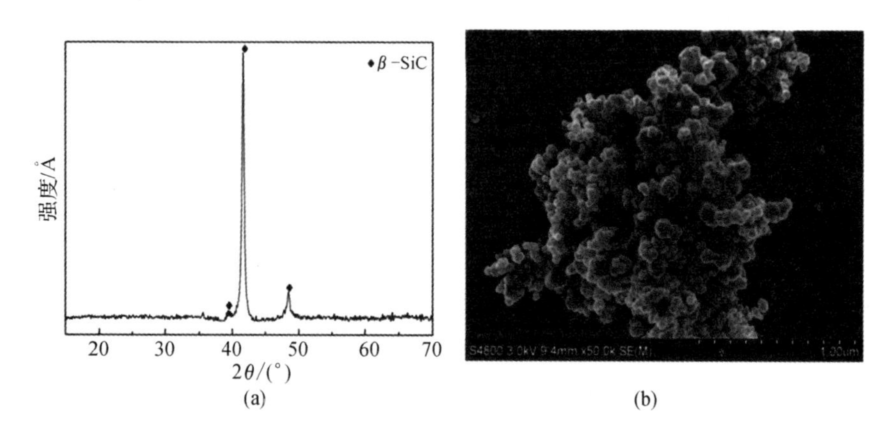

图 7－1　纳米碳化硅粉体的 XRD 谱图(a)及 FESEM 照片(b)

本实验所采用的 $MoSi_2$粉体是经过 20 h 快速间歇式湿法球磨后所得,球磨介质为乙醇。研磨后制得的粉体的 XRD 谱图(见图 7－2(a))及 SEM 照片(见图 7－2(b))表明,所获得的粉体粒径为 2～5 μm 并且为纯相 $MoSi_2$(PDF No. 41－0612)。

2. 配制 $AlPO_4-SiC_n-MoSi_2$悬浮溶液

分别称取以上准备好的 $AlPO_4$,SiC_n,$MoSi_2$粉体为 2.27 g,2.27 g,2.27 g,再量取 170 mL 的异丙醇混合转入锥形瓶中,将上述锥形瓶放入超声清洗仪中超声振荡 30 min,然后用磁力搅拌器搅拌 12 h 后加入一定量的荷电介质碘,调节悬浮液浓度为 40 g/L,其中荷电介质碘的浓度为 0.6 g/L,经过 30 min 的超声震荡后,再次使用磁力搅拌 12 h 即可得到稳定性和分散性较好的 $AlPO_4-SiC_n-MoSi_2$悬浮溶液液。最后将预先用包埋法制备好的 SiC－C/C 试样放入无水乙醇中进行超声清洗 15 min,再采用温度为 333 K 的烘箱进行干燥以待实验用。

3. $AlPO_4-SiC_n-MoSi_2$外涂层的沉积过程

首先,实验前将 SiC－C/C 复合材料试样固定安装在反应釜的阴极位置,并且电源阳极连接规格为 20 mm×10 mm×3 mm 的石墨电极,将上述配置好待用的 $AlPO_4-SiC_n-$

$MoSi_2$悬浮液转入自制的水热釜内，具体的脉冲电弧放电沉积实验装置图见图 6－2。实验中分别调节脉冲沉积电压为 340～400 V，水热釜的填充比为 67%，脉冲占空比为 70%，脉冲频率为 2 000 Hz，水热沉积温度为 393 K，沉积时间为 30 min 进行脉冲电弧放电沉积实验，具体工艺流程图如图 7－3 所示。实验结束后，将所沉积好的试样放于温度为 333 K 的烘箱中干燥 4 h，即可得到 $AlPO_4$－SiC_n－$MoSi_2$/SiC－C/C 涂层试样。

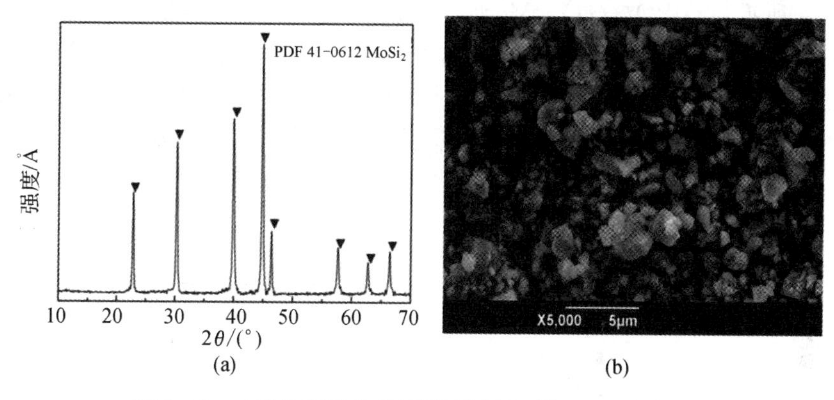

图 7－2 二硅化钼粉体的 XRD 谱图(a)及 SEM 照片(b)

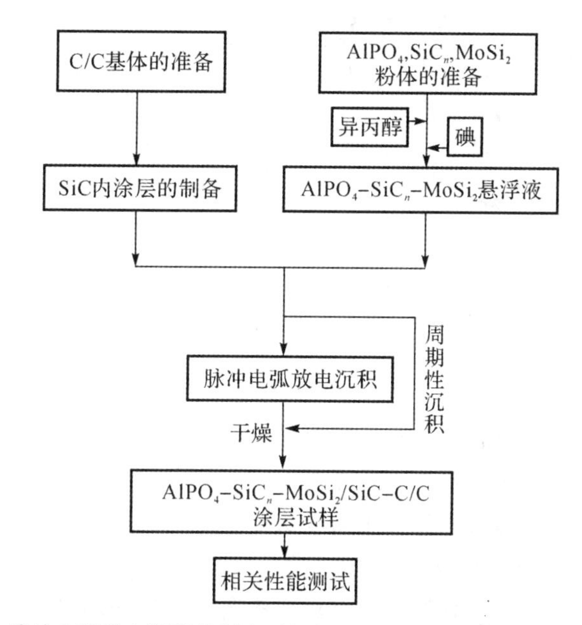

图 7－3 脉冲电弧放电沉积法制备 $AlPO_4$－SiC_n－$MoSi_2$ 外涂层的工艺流程图

7.2.2 $AlPO_4$－SiC_n－$MoSi_2$/SiC－C/C 复合涂层试样的表征及性能测试

XRD 分析测试过程、显微结构及能谱成分分析以及氧化防护性能的测试分析具体见 7.3.2。

7.3 结果与讨论

7.3.1 $AlPO_4-SiC_n-MoSi_2$涂层沉积动力学的研究

图7-4所示为$AlPO_4-SiC_n-MoSi_2$涂层沉积过程中沉积质量与温度(353～413K)的关系曲线图(脉冲电压为380 V,脉冲占空比为70%,脉冲频率为2 000 Hz,悬浮液浓度为40 g/L,单质碘的浓度为0.6 g/L,沉积时间为30 min)。由图可知,涂层的沉积质量随着水热温度的提高而增加。这是因为荷电颗粒迁移速率随着水热温度的升高而增大,悬浮溶液中的荷电颗粒能够更快速地沉积到SiC-C/C基体上,也就是沉积驱动力的增大引起单位时间内的沉积质量增大。

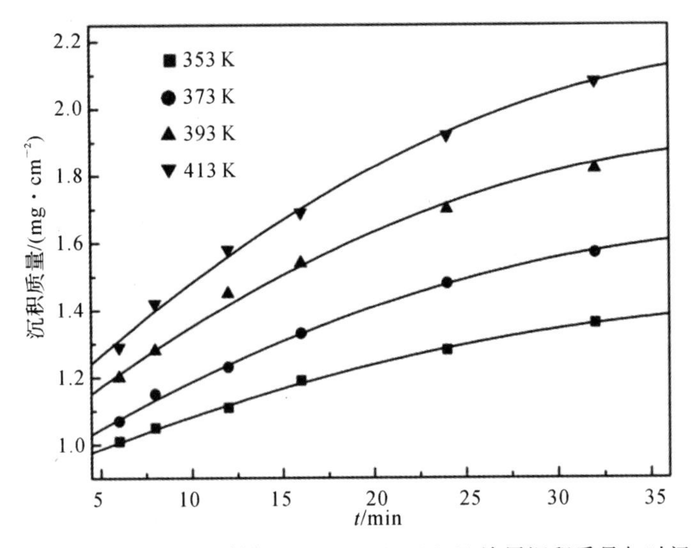

图7-4 不同水热温度下所制备$AlPO_4-SiC_n-MoSi_2$涂层沉积质量与时间关系图

不同水热温度下涂层沉积质量与时间二次方根的关系曲线如图7-5所示。此曲线图显示了$AlPO_4-SiC_n-MoSi_2$涂层沉积量与沉积时间的二次方根符合线性关系,这表明$AlPO_4-SiC_n-MoSi_2$涂层的沉积过程主要取决于荷电的$AlPO_4$,SiC_n和$MoSi_2$颗粒的扩散迁移速率。

当涂层的沉积速率取决于荷电颗粒的扩散速率时,涂层的沉积质量X与时间满足关系式

$$X=\mathrm{Const}\sqrt{Dt} \tag{7-1}$$

式中,D为扩散系数,t为时间。

根据图7-5所得曲线的相关数据可以获得$\ln k-1/T$关系曲线如图7-6所示,图中相关参数:k为图7-5中各直线的斜率,X为沉积质量,t为时间,T为温度。数据计算拟合得出$\ln k$与$1/T$之间关系复合线性关系,可以得出其完全符合Arrhenius关系。

Arrhenius 公式为

$$D=D_0\exp\frac{-E_a}{RT} \tag{7-2}$$

式中，D 为扩散速率；D_0和 R 为常数；E_a为沉积激活能；T 为温度。把式(7－2)代入式(7－1)，两边同时取自然对数，可得

$$\ln k=-\frac{E_a}{2RT}+\ln k_0 \tag{7-3}$$

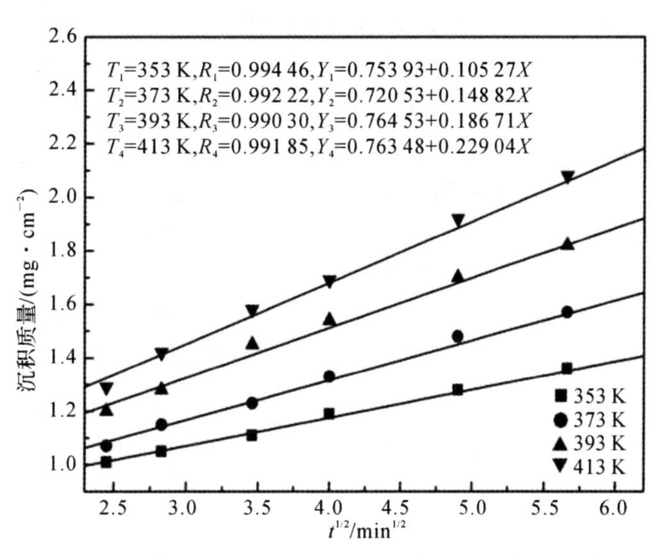

图 7－5　不同水热温度下所制备 AlPO$_4$－SiC$_n$－MoSi$_2$涂层沉积质量与时间二次方根的关系图

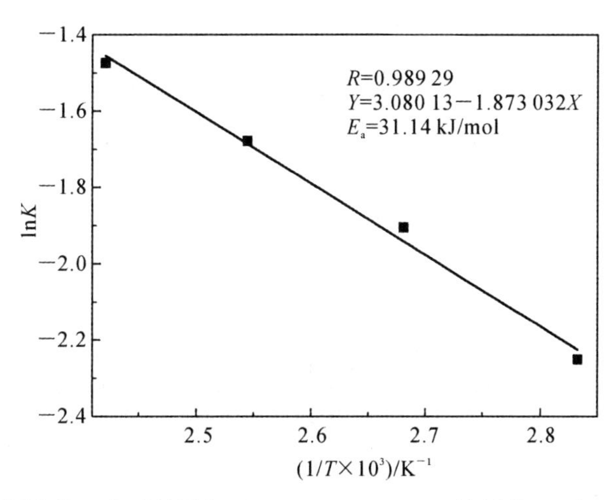

图 7－6　不同水热温度下所制备 AlPO$_4$－SiC$_n$－MoSi$_2$ 涂层的 ln$k$ 与 1/T 的关系图

由式(7－3)可知，ln$k$－1/T 的曲线的斜率为$-E_a/2R$，由此脉冲电弧放电沉积法制备 AlPO$_4$－SiC$_n$－MoSi$_2$涂层的沉积激活能可以计算得出 E_a为 31.14 kJ/mol，与文献报道的通常化学反应激活能(40～100kJ/mol)相比较低。由此表明在脉冲电弧放电沉积过程

中，脉冲技术使得荷电颗粒均匀沉积，沉积过程在特殊物理化学条件下传质迁移速率快，所以证明了此方法沉积涂层具有一定优势。

7.3.2 脉冲电压对 $AlPO_4$ - SiC_n - $MoSi_2$ 外涂层的影响

1. $AlPO_4$ - SiC_n - $MoSi_2$ 外涂层的晶相组成分析

图 7-7 为不同脉冲电压条件下所沉积的 $AlPO_4$ - SiC_n - $MoSi_2$ 外涂层的表面 XRD 谱图(脉冲频率为 2 000 Hz，脉冲占空比为 70%，水热温度为 393 K，悬浮液浓度为 40 g/L，沉积时间为 30 min，$m(AlPO_4):m(SiC_n):m(MoSi_2)=1:1:1$)。由图可以得出，脉冲电压从 340 V 增加到 420 V 过程中，所沉积复合涂层的 XRD 谱图中均出现了 $AlPO_4$，SiC 和 $MoSi_2$ 晶相的衍射峰，同时存在 SiO_2 晶相的峰，这可能是由于脉冲放电使得阴阳两极在瞬间产生较大的电流，产生强烈地放电烧结现象，进而促使涂层中的部分 SiC 被氧化生成 SiO_2 所致。当脉冲电压调节到 340 V 时，XRD 图谱中的衍射峰强度均很弱且存在单质 Si 的衍射峰，这可能是由于脉冲电压过低，涂层沉积速率较小，放电烧结效率低，涂层厚度较薄以至于 X 射线探测到内涂层成分所造成的。$AlPO_4$，SiC 和 $MoSi_2$ 晶相的衍射峰伴随脉冲电压的升高逐渐增强，但是 Si 单质的衍射峰逐渐消失。脉冲电压为 380 V 时，各晶相的衍射峰均很强，同时 SiO_2 晶相的衍射峰最强，说明沉积速率大，放电烧结效率高，涂层具有一定的厚度。当脉冲电压增大到 400 V 时，$MoSi_2$ 晶相的衍射峰强度较强，其他晶相的衍射峰较弱，可能是脉冲电压过高，沉积速率过大，高压放电烧结现象效率低，涂层表面成分不均匀所致。

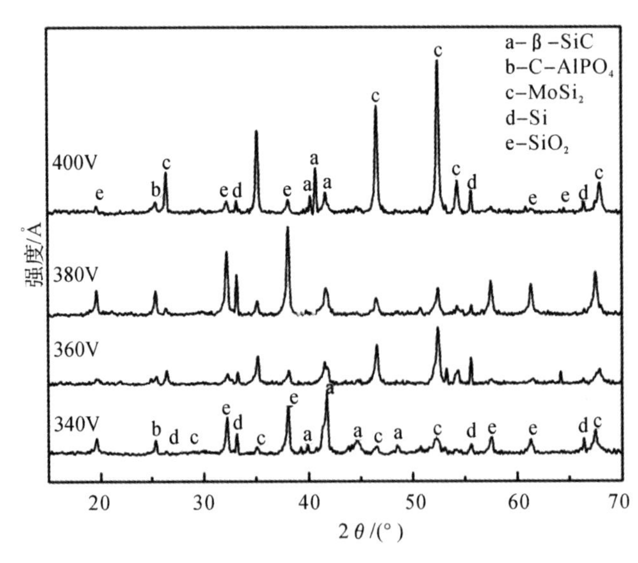

图 7-7 不同脉冲电压下制备的 $AlPO_4$ - SiC_n - $MoSi_2$ 外涂层的表面 XRD 谱图

2. $AlPO_4$ - SiC_n - $MoSi_2$ 外涂层的微观结构分析

不同脉冲电压条件下所沉积的 $AlPO_4$ - SiC_n - $MoSi_2$ 外涂层的表面 SEM 显微形貌图

如图7-8所示。由图可知，脉冲电压调节在340～400 V的范围内，可以获得表面显微形貌各不相同的$AlPO_4$-SiC_n-$MoSi_2$涂层。调节脉冲沉积电压为340 V时，所制备的外涂层表面存在较大的颗粒，粗糙且不均匀，致密性较差。涂层的致密性和均匀性随着脉冲电压的升高而提高，涂层表面颗粒细化，微孔洞逐渐减少。持续增大沉积电压到380 V时，可获得均一且密实的外涂层，并且涂层表面很平整，仅有少许微孔存在，这可能是放电烧结过程中，涂层颗粒细化，气孔逐渐排出而导致的，这在后期氧化防护阶段中可以促使高密度的玻璃层的形成。当脉冲电压调节到400 V时，所沉积的复合涂层密度又降低，涂层中出现锯齿状显微形貌且不均一。这是由于伴随脉冲电压的提高，沉积速率增大，放电烧结过程使得涂层表面颗粒结晶细化，表面均匀性和致密性明显提高。涂层的质量明显变差也可能由于过高的脉冲电压引起涂层沉积速率过快，放电烧结效率降低造成的。

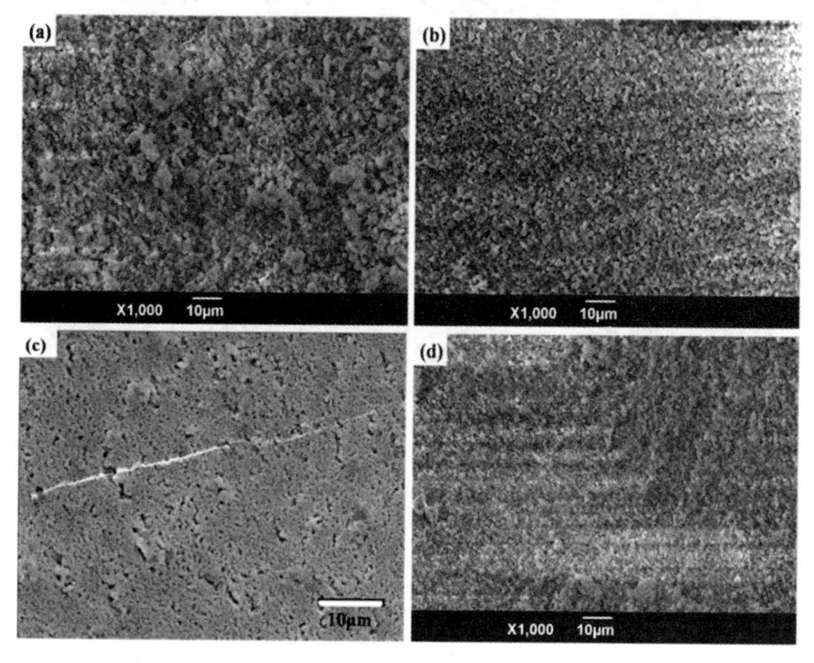

图7-8　不同脉冲电压下制备的$AlPO_4$-SiC_n-$MoSi_2$外涂层的表面微观结构照片

(a)340 V；(b)360 V；(c)380 V；(d)400 V

不同脉冲电压下所沉积的$AlPO_4$-SiC_n-$MoSi_2$/SiC-C/C复合涂层试样的横截面微观形貌照片如图7-9所示。图中展示了，调节电压为340 V时，制备的复合外涂层明显可以看到裂纹存在于其中，并且外涂层的结构均匀性较差，厚度很薄。这可能是电压较低，沉积速率小，电弧烧结效率低，外涂层内部的不均匀导致涂层产生应力集中而开裂。伴随电压的增大，所制备的$AlPO_4$-SiC_n-$MoSi_2$外涂层的密实程度和均匀性有明显的提高，涂层的厚度也在增加，但是有待于进一步改善内外涂层界面的结合状态；电压随后增大到380 V时，外涂层与内涂层的界面结合和涂层均匀密实性均较好，这分析与外涂层的表面显微形貌(见图7-8(c))相吻合。此时外涂层中有部分颗粒填充到SiC内涂层中，内外涂层已经没有明显的界线，这有利于复合涂层的氧化防护性能的提高。当脉冲电压增大到 400 V 时，由于脉冲电压过高导致带电颗粒扩散迁移速率以及沉积速率增大，外涂层均匀性变差且内外涂层界面处产生裂纹。总之，随着脉冲电压的增大，放电烧结效率的提高，涂层的质量有所提升。但是沉积速率过快是由过高的脉冲电压所引起，进而使放电烧结效率降低，沉积效率低，涂层的均匀性和致密性最终变差。这与复合涂层表面的显微形貌分析相对应（见图 7-8(d)）。

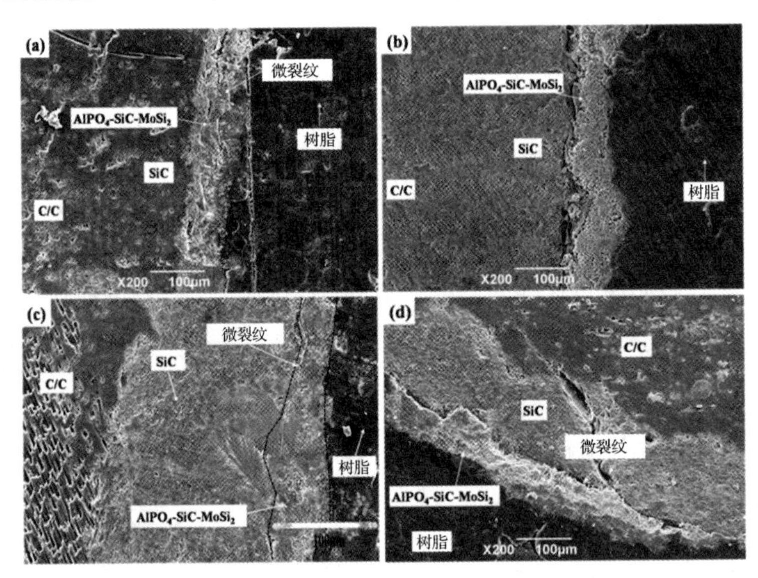

图 7-9　不同脉冲电压下制备的 $AlPO_4$-SiC_n-$MoSi_2$外涂层的横截面的微观结构照片

(a)340 V；(b)360 V；(c)380 V；(d)400 V

在脉冲电压为 380 V 时，所制备的 $AlPO_4$-SiC_n-$MoSi_2$/SiC-C/C 复合涂层试样的横断面元素能谱线扫描图如图 7-10 所示。图中明显看出复合涂层试样由 C/C 基体、SiC 内涂层和 C-$AlPO_4$外涂层组成，分别对应图 7-10 的 A 区域、B 区域和 C 区域，并且各个区域之间界面结合较好，涂层厚度均匀。对应的 EDS 能谱线扫描分析图显示了沿着 $AlPO_4$-SiC_n-$MoSi_2$/SiC-C/C 涂层试样横断面 C，O，Al，Si，P 元素的分布浓度（见图 7-10）。A 区域为 C/C 基体，同时界面处有少量 Si 元素渗入 C/C 基体中，形成良好的元素浓度梯度过渡层，这是由于促渗剂促使 Si 元素在包埋法高温环境下渗入基体所致；B 区域是 SiC 内涂层；C 区域是 $AlPO_4$-SiC_n-$MoSi_2$外涂层，涂层显微结构均匀且致密，厚度约为 90 μm，涂层中各元素分布较为均匀，这对于提高涂层的氧化防护能力是有利的。

3. $AlPO_4$-SiC_n-$MoSi_2$/SiC-C/C 试样的氧化防护能力分析

不同脉冲电压下所制备 $AlPO_4$-SiC_n-$MoSi_2$/SiC-C/C 试样在 1 873 K 下静态空气中的氧化失重曲线如图 7-11 所示。从曲线中可以得出，氧化质量损失百分比在复合涂层试样最初的氧化阶段内变化较小，但经历 44 h 的氧化后，氧化质量损失百分比明显增大。当脉冲电压为 340 V 时，所获得的涂层试样在 1 873 K 高温静态空气中质量损失加快。随着脉冲电压的提高，在 1 873 K 高温静态空气条件下涂层试样质量损失百分比变化逐渐缓慢。涂层试样质量损失变化在所制备脉冲电压为380 V时趋于平缓，经过相同的氧化时间后氧化失重百分比最小，质量损失百分比在1 873 K下氧化44 h后仅为1.57%。而脉冲电压提高到400 V时，所制得涂层试样氧化质量损失百分比又增大，进而推测涂层的氧化防护能力明显降低。结合以上的显微结构分析，在脉冲电压为380 V时所制备的涂层试样具有较好的氧化保护性能。

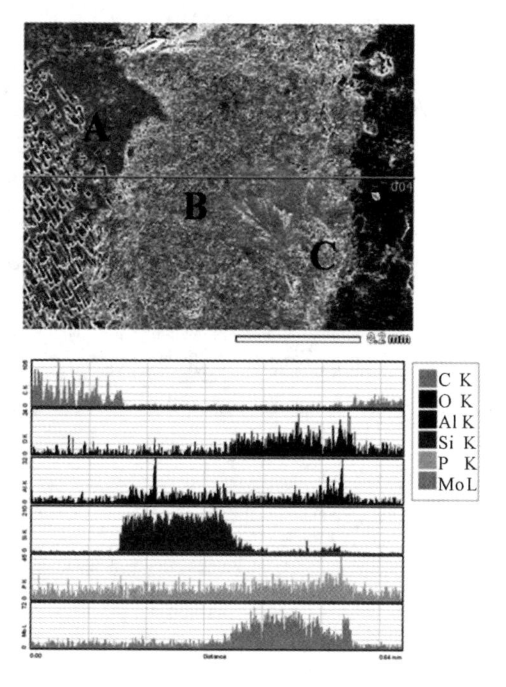

图7-10 $AlPO_4$-SiC_n-$MoSi_2$/SiC-C/C涂层试样横截面线能谱分析图

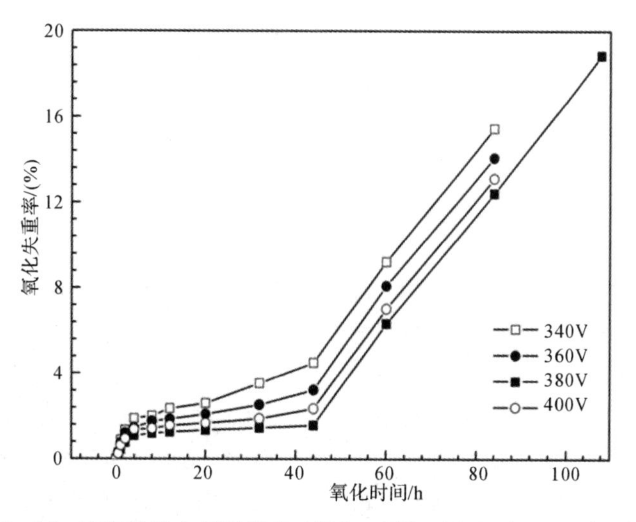

图7-11 不同脉冲电压下制备$AlPO_4$-SiC_n-$MoSi_2$/SiC-C/C试样在1 873 K下静态空气中的氧化失重曲线

$AlPO_4$-SiC_n-$MoSi_2$/SiC-C/C 涂层试样在 1 873 K 静态空气中的氧化失重曲线如图 7-12 所示。从图中明显看出所制备的 $AlPO_4$-SiC_n-$MoSi_2$/SiC 复合涂层能有效保护 C/C 复合材料在 1 873 K 空气中 44 h，氧化后涂层试样单位面积的氧化失重为 2.9×10^{-3} g·cm^{-2}，对应的平均氧化失重速率为 0.70×10^{-4} g·cm^{-2}·h^{-1}。本章将复合涂层试样的氧化过程可分为 A，B，C 和 D 四个阶段，对应的氧化动力学方程见式为

$$\Delta W=0.003\ 33+0.900\ 45t-0.099\ 14t^2 \quad (\text{Process A: } 0<t\leqslant4,\ R^2=0.999\ 23) \tag{7-4}$$

$$\Delta W=1.79+0.063\ 75t-0.001\ 56t^2 \quad (\text{Process B: } 4<t\leqslant12,\ R^2=0.999\ 56) \tag{7-5}$$

$$\Delta W=2.114\ 49+0.017\ 7t \quad (\text{Process C: } 12<t\leqslant44,\ R^2=0.998\ 57) \tag{7-6}$$

$$\Delta W=-18.383\ 67+0.492\ 35t \quad (\text{Process D: } 44<t\leqslant108,\ R^2=0.998\ 81) \tag{7-7}$$

式中，ΔW 为涂层试样的累积单位面积的氧化质量损失(g·cm^{-2})；t 为氧化时间(h)。

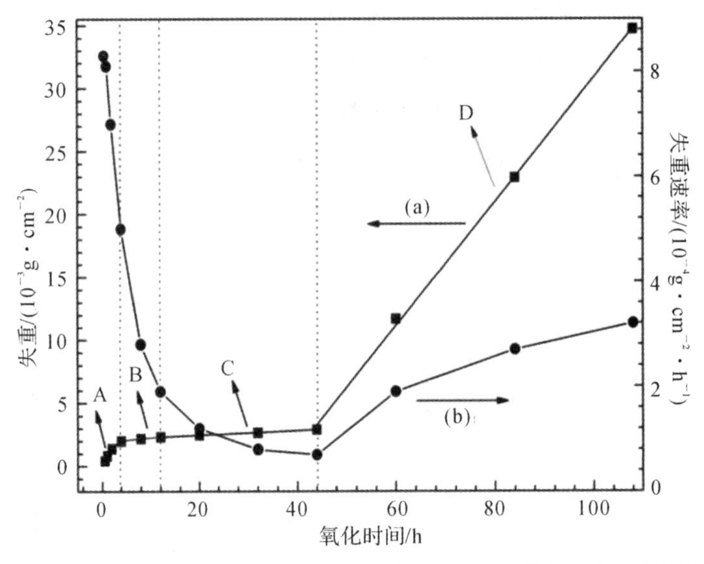

图 7-12　$AlPO_4$-SiC_n-$MoSi_2$/SiC-C/C 涂层试样在 1 873 K 静态空气中的氧化失重率曲线

在初始氧化阶段(0～4 h)(A 阶段)，涂层试样的单位面积的氧化失重与时间的关系曲线符合抛物线规律。相应的单位面积的氧化失重迅速增加到 2.02×10^{-3} g·cm^{-2}，同时从对应涂层表面的 SEM 照片(见图 7-13(a))可以看出，由于涂层表面存在未熔融的大颗粒，涂层表面变得很粗糙，这可能是由于 $AlPO_4$的高温分解生成 Al_2O_3和 SiC 的氧化生成 SiO_2所致。随着氧化时间的延长(4～12 h)(B 阶段)，涂层试样的氧化失重曲线逐渐变得平缓，从而氧化失重速率减小，此时的涂层表面结构逐渐变得平整，外涂层逐渐转变为熔融态的偏磷酸盐和硅酸盐防护层。氧化时间从 12 h 延长到 44 h(C 阶段)，光滑而致

密的偏磷酸盐和硅酸盐玻璃层完全形成(见图7-13(b)),所形成的具有低氧渗透率和良好的自愈合功能的玻璃防护层可以有效阻止氧气的扩散和愈合涂层表面的缺陷。此时涂层试样的平均氧化失重速率保持在$0.70\times10^{-4}\ g\cdot cm^{-2}\cdot h^{-1}$以下,这说明此阶段的氧化速率取决于氧气在致密玻璃层中的扩散速率。当氧化44 h以后(D阶段),随着时间的继续延长,涂层试样的熔融态保护层挥发导致表面产生微裂纹和氧化孔洞,进而引起氧化失重速率迅速增大(见图7-13(c))。最终,氧气将会透过玻璃防护层扩散与C/C基体发生反应,生成的CO和CO_2气体高温下逸出也会导致微孔洞和微裂纹的产生,同时在静态氧化测试过程中,在室温与高温之间的热震过程也可能导致氧化孔洞和微裂纹的产生(见图7-13(d))。氧气通过所产生的微裂纹和氧化孔洞扩散进入C/C基体,与其发生反应,最终导致涂层试样的氧化失效。

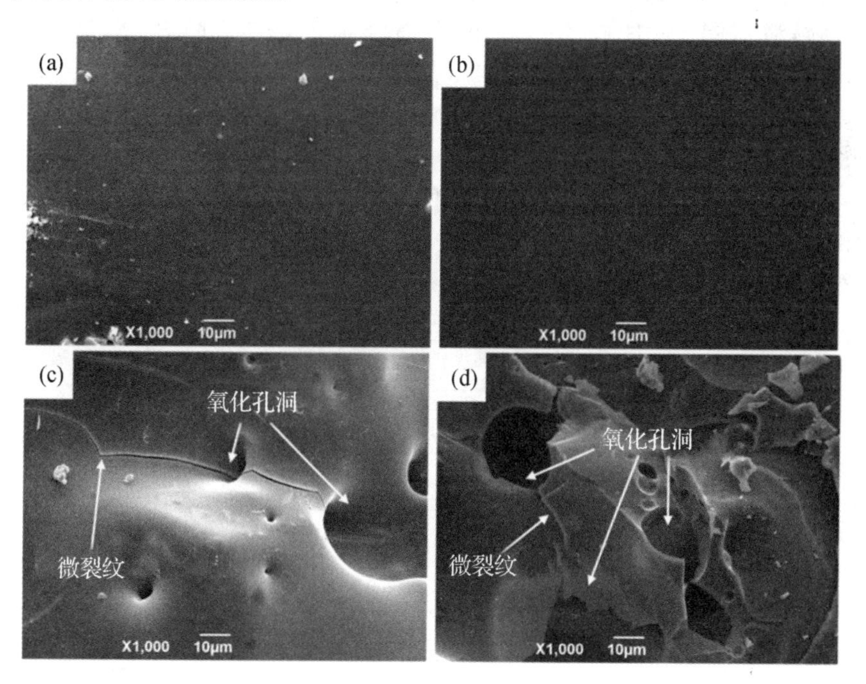

图7-13 $AlPO_4-SiC_n-MoSi_2/SiC-C/C$涂层试样不同氧化阶段的SEM照片

7.4 本章小结

(1)采用脉冲电弧放电沉积法在SiC-C/C复合材料表面制备了$AlPO_4-SiC_n-MoSi_2$外涂层。首先建立沉积动力学模型,计算了所制备$AlPO_4-SiC_n-MoSi_2$复合外涂层的沉积活化能,其值为31.14 kJ/mol。其次初步探索研究得出脉冲电压对$AlPO_4-SiC_n-MoSi_2$外涂层的结构和氧化防护性能具有较大的影响。最终通过实验得出:脉冲电压为380 V时,所制备的涂层的性能较好。此时其他工艺参数为:脉冲占空比为70%,脉冲频率为2 000 Hz,碘浓度为$c_I=0.6$ g/L,水热温度为393 K,悬浮液固含量为$c=$

40 g/L,沉积时间为 30 min。

(2)所沉积的 $AlPO_4-SiC_n-MoSi_2/SiC-C/C$ 试样具有良好的氧化防护性能,复合涂层试样在 1 873 K 的静态空气条件下氧化 44 h 后,复合涂层氧化质量失重百分比为 1.57%,并且单位面积的氧化失重仅为 2.9×10^{-3} g·cm^{-2},对应的平均氧化失重速率为 0.70×10^{-4} g·cm^{-2}·h^{-1}。

参考文献

[1] 侯进.浅谈脉冲电镀电源[J].电镀与环保,2005,25(3):4-8.

[2] 向国朴.脉冲电镀的理论与应用[M].天津:天津科学技术出版社,1989.

[3] 曾育才,潘湛昌.脉冲技术电沉积铅镉合金的研究[J].广州化工,1998,26(1):16-19.

[4] 李雪松,吴化.脉冲电沉积 $Ni-Al_2O_3$ 纳米复合镀层晶体结构的变化[J].金属热处理,2008,33(6):57-60.

[5] 武剑,陈阵,司云森,等.脉冲纳米复合电沉积的研究现状及前景展望[J].金属制品,2010,36(6):25-29.